普通高等院校土木工程专业"十三五"规划教材

国家应用型创新人才培养系列精品教材

土木工程测量

主　编　高　伟　韩兴辉　肖　鸾

副主编　李　曼　许万旸　宋福成

U0278815

中国建材工业出版社

图书在版编目（CIP）数据

土木工程测量/高伟，韩兴辉，肖鸾主编．--北京：
中国建材工业出版社，2017.12（2021.1 重印）
普通高等院校土木工程专业"十三五"规划教材国家
应用型创新人才培养系列精品教材
ISBN 978-7-5160-2035-7

Ⅰ.①土⋯ Ⅱ.①高⋯ ②韩⋯ ③肖⋯ Ⅲ.①土木工
程—工程测量—高等学校—教材 Ⅳ.①TU198

中国版本图书馆 CIP 数据核字（2017）第 241751 号

内 容 简 介

　　本书作为土木工程专业基础课教材，注重培养学生应用测量技术的技能和创新
能力，具有广泛的适用性。全书共分 14 章，内容以目前土木工程建设中采用的测量
仪器与方法为主线，在阐述测量学基本理论与技术和传统土木工程测量方法的基础
上，适当介绍了一些测绘新技术、新仪器与新方法，尤其融入了 GPS-RTK 测图与
放样、地图编制、地下管线探测、自动化变形监测等内容。

　　本书可作为高等院校土木工程专业及相关专业的教材，也可供从事测绘工作的
工程技术人员学习参考。

土木工程测量

主　编　高　伟　韩兴辉　肖　鸾
副主编　李　曼　许万旸　宋福成

出版发行：中国建材工业出版社
地　　址：北京市海淀区三里河路 1 号
邮　　编：100044
经　　销：全国各地新华书店
印　　刷：北京雁林吉兆印刷有限公司
开　　本：787mm×1092mm　1/16
印　　张：18.75
字　　数：460 千字
版　　次：2017 年 12 月第 1 版
印　　次：2021 年 1 月第 3 次
定　　价：**59.80 元**

本社网址：**www.jccbs.com**　微信公众号：**zgjcgycbs**
本书如出现印装质量问题，由我社市场营销部负责调换。联系电话：**（010）88386906**

前　言

　　本书作为普通高等院校土木工程专业"十三五"规划教材和国家应用型创新人才培养系列精品教材中的一门专业基础课教材，结合土木工程建设领域对测绘技术与方法的应用需求，融入一些正在应用的测绘新技术和新方法，更加注重培养学生测量技术的应用技能和创新能力，有效激发学生的学习热情，力求做到内容和技术方法精炼、理论联系实际、注重实践教学、概念清晰、通俗易懂、适应面广、应用性强。

　　《土木工程测量》是土建类等非测绘工程专业的一门专业基础课，具有广泛的适用性。本教材面向初学者，强调通过学习测绘理论、技术、仪器与方法，为土木工程建设等领域提供测绘技术支撑，并有助于读者在土木工程与城市建设等领域运用测绘科学与技术知识，去解决实际工作中遇到的决策、规划、管理、工程、研发等问题。按照国家培养应用型创新人才的要求，结合测绘地理信息新技术发展迅猛的特点和教学课时趋于减少以及强化实践的现状，本教材在注重基本原理的基础上，试图妥善处理传统测量学内容与新知识、新仪器和新技术的衔接，凝练和精简传统的测绘理论知识，淡化测量数据与误差处理理论，逐渐调整以地形测图为主线的教学思路，强化测绘技术在土木建筑类专业上的应用，有意识融入一些新的理念和新的土木工程测量方法，比如强化地图信息与数据的获取与应用、地图编制、土木工程施工放样新方法、地下空间工程测量、地下管线探测、建筑物的自动化变形监测等，使读者付出更少的时间和精力，掌握现代土木工程测量的精髓。

　　本书由天津城建大学高伟、天津大学仁爱学院韩兴辉、湖南工业大学肖鸾、天津城建大学李曼、天津城建大学许万旸、临沂大学宋福成共同完成，全书由高伟负责协调与统稿。

　　限于时间和编者水平，书中难免有疏漏和不足之处，恳请读者批评指正。

编者

2017 年 12 月

目　　录

第 1 章 绪论

本章导读

　　本章主要介绍测量学的内容与任务、地面点位的确定、用水平面代替水准面的影响、测量的基本工作与原则等内容；其中水准面、大地水准面、高斯投影、坐标系与高程系是学习的重点与难点；采取课堂讲授与课下练习相结合的学习方法，建议2~4个学时。

1.1 测量学概述

　　测量学是研究地球的形状、大小以及测定地球表面各种物体的形状、大小和空间位置的一门应用科学。测量学是测绘科学的重要组成部分。

　　测量学按照研究对象和应用范围以及采用的技术手段不同，可分为大地测量学、地形测量学、摄影测量学、地图制图学、工程测量学和海洋测量学。

1.1.1 测量学的内容与分支学科

1. 大地测量学

　　大地测量学是研究和确定地球的形状、大小、重力场、整体与局部运动和地表面点的几何位置以及它们变化的理论和技术的学科。由于研究范围较大，在其研究过程中要顾及地球曲率的影响。大地测量学是测量学的理论基础，基本任务是建立地面控制网、重力网，精确测定控制点的空间三维位置，为地形测图提供控制基础，为各类工程施工测量提供依据，为研究地球形状、大小、重力场及其变化、地壳形变及地震监测预警提供信息。现代大地测量学可分为三个基本分支：几何大地测量学、物理大地测量学和卫星大地测量学。

2. 地形测量学

　　地形测量学是研究将地球表面局部区域的起伏形状和各种物体按一定比例尺测制成地形图的理论和方法的学科。由于范围较小，在研究过程中不考虑地球曲率的影响，也称为普通测量学。其主要任务包括小区域图根控制网的建立、地形图测绘及一般工程施工测量。

3. 摄影测量学

　　摄影测量学是研究利用摄影影像测定地表物体的形状、大小及空间位置关系的学科。

按照摄影距离远近不同，摄影测量主要分为近景摄影测量、地面摄影测量、航空摄影测量和航天摄影测量。

4. 地图制图学

地图制图学是研究利用测量数据资料绘制模拟和数字地图的基础理论、地图设计、地图编绘、地图复制的技术方法以及应用的学科。地图是测量工作的重要产品形式。地图制图学主要有地图投影与制图理论、制图方法和地图应用三部分组成。

5. 工程测量学

工程测量学是研究在工程建设和自然资源开发中的规划、勘测设计、施工、竣工验收和运营管理等各个阶段所需要的测量理论和技术的学科。

6. 海洋测量学

海洋测量学是以海洋水体、海岸线、港口、航道和海底地形为对象，研究海洋定位、测定海洋大地水准面和平均海水面、海底和海面地形、海洋重力、海洋磁力、海洋环境等自然和社会信息的地理分布及编制各种海图的理论和技术的学科。

本书作为土建、地理、资源、环境等各类专业的一门技术基础课教材，统称为土木工程测量，主要介绍测量学的基本概念、基本理论和方法、测量的基本工作、大比例尺地形图测绘、地形图的识读与应用、地图编制、土木建筑施工测量以及变形监测等方面的技术与方法。

1.1.2 测量学的发展概况

测量学有着悠久的历史。测量技术起源于社会的生产需求，随着社会的进步而发展。在上古时代，人类为了丈量土地，兴修水利，就已发明和使用了测量工具和方法。据历史记载，我国著名的夏禹治水所用的"左准绳、右规矩"，就是当时的测量工具。我国秦朝李冰父子修建的四川都江堰，如此宏伟的水利工程，若没有相当水平的测量技术，是不可能完成的。

公元 1492 年欧洲哥仑布发现美洲新大陆，促进了航海事业的发展，从而对测量学提出了新的要求，也激发了人们对制图学以及地球形状和大小的研究。公元 17 世纪，人类发明了望远镜，扩大了测量工作者的眼界，使测量工作的仪器和方法有了很大的改进。随着测量仪器和方法的不断完善，测量学科的内容逐步得到充实和加深。公元 19 世纪，德国数学家高斯，应用已有的或然率理论得出了依最小二乘法进行测量平差的方法，并著有横圆柱投影的学说，进一步完善了测量科学的基本理论。20 世纪初，摄影技术用于测量领域，使测量手段有了新的发展。从 20 世纪中叶开始，随着电磁波测距仪、电子计算机、全站仪等仪器设备的出现，测量仪器又朝着电子化和自动化的方向发展，使测量工作更为简便、快速和精确。

测量学的主要研究对象是地球以及地球表面上的各种物体。随着人类认识的逐步深化以及对测量精度要求的不断提高，测量学的内涵不断发生变化，测量学逐渐从概念上演变成内涵更为丰富的测绘学。20 世纪 50 年代以来，尤其进入 21 世纪后，随着空间技术、计算机技术和信息技术以及通信技术的发展，测绘学这一古老的学科在这些新技术的支撑和推动下，出现了以全球导航卫星系统（GPS 或 GNSS）、遥感（RS）和地理信息系统（GIS）的"3S"技术为代表的现代测绘科学技术，使得测绘学科从理论到手段发生了根本性的变化。

传统的测绘技术由于受到观测仪器和方法的限制，只能在地球的某一局部区域进行测量工作，而空间定位、航空（航天）遥感、地理信息系统和数据通信等现代信息技术的发展及其相互渗透和集成，则提供了对地球整体进行观察和测绘的工具，推动了现代测绘高新技术日新月异的迅猛发展，使得测绘学的理论基础、测绘工程技术体系、研究领域和科学目标等正在适应形势的需要而发生深刻的变化。从测绘学的现代发展可以看出，现代测绘学是指空间数据的测量、分析、管理、存储和显示的综合研究，这些空间数据来源于人造地球卫星、空载和船载的传感器以及地面的各种测量仪器。通过信息技术，利用计算机的硬件和软件对这些空间数据进行处理和使用。这是应现代社会对空间信息有极大需求这一特点形成的一个更全面且综合的学科体系，它更准确地描述了测绘学科在现代信息社会中的作用。测绘学的现代概念就是研究地球和其他实体的与地理空间分布有关的信息的采集、量测、分析、显示、管理和利用的科学和技术。测绘学科的发展促使测绘学中出现若干新学科，如卫星大地测量（或空间大地测量）、遥感测绘（或航天测绘）、地图制图与地理信息工程等。由于将空间数据与其他专业数据进行综合分析，使测绘学科从单一学科走向多学科的交叉，其应用已扩展到与空间分布信息有关的众多领域，显示出现代测绘学正向着近二十年来兴起的一门新兴学科——地球空间信息科学（Geo-Spatial Information Science，简称 Geomatics）跨越和融合。

1.1.3 测量学的任务

1. 测图

测图就是使用测量仪器和工具，测量测区内地形点的平面位置和高程，对测区内的地形进行测量，根据地表形态规律及其信息，按一定的比例尺、规定的符号绘制成图，供规划设计、工程建设和科学研究使用。

2. 测设

测设也叫放样，就是将图上已规划设计好的工程建（构）筑物的平面位置和高程，准确地测定到实地上，作为工程建设施工的依据。

3. 用图

用图就是指识别并使用地形图的知识、方法和技能，进行地形判读、地图标定、确定站立点和利用地图研究地形、地图编制等，以解决各类工程建设中遇到的问题，为各行各业绘制专题图和获得空间位置数据提供支撑。

1.1.4 测量学的作用

测量学有着广泛的应用，在国民经济建设、国防建设、科学研究以及社会发展等领域，都占有重要的地位，既有社会公益性，又有市场价值。测绘工作常被人们称为建设的尖兵，无论是国民经济建设还是国防建设，其勘测、设计、施工、竣工及运营等阶段都需要测绘工作，而且都要求测绘工作"先行"。

在国民经济建设方面，测绘信息是最重要的基础信息之一，测绘学应用广泛。在经济发展规划、土地资源调查和利用、海洋开发、农林牧渔业的发展、生态环境保护、疆界的划定以及各种工程、矿山和城镇建设等各个方面都必须进行相应的测量工作，编制各种地图和建立相应的地理信息系统，以供规划、设计、施工、管理和决策使用。尤其是土建类工程，测绘工作要贯穿于工程建设的全过程。如施工前的图纸测绘，施工中的标定放样，施工后的竣工验收，以及工程运营中的变形监测等。而测量的精度与速度，也将直接影响工程的质量与进度。因此说测绘工作对于保证工程质量与安全运行有着十分重要的意义。

在国防建设方面，测绘工作为打赢现代化战争可持续、实时地提供战场环境，为作战指挥和武器定位与制导提供测绘保障。各种国防工程的规划、设计和施工需要测绘工作，战略部署、战役指挥离不开地形图，现代测绘科学技术对保障远程导弹、人造卫星或航天器的发射及精确入轨起着非常重要的作用，现代军事科学技术与现代测绘科学技术已经紧密结合在一起。

在科学研究方面，是测定地球的动态变化，研究地壳运动及其机制的重要手段。各种测绘资料又可用于探索某些自然规律，研究地球内部构造、环境变化、资源勘探、灾害监测和防治等。测绘学在探索地球的奥秘和规律、深入认识和研究地球的各种问题中发挥着重要作用。

在社会发展方面，当今人类正面临环境日趋恶化、自然灾害频繁、不可再生能源和矿产资源匮乏及人口膨胀等社会问题，社会、经济迅速发展和自然环境之间产生了巨大矛盾。要解决这些矛盾，维持社会的可持续发展，则必须了解地球的各种现象及其变化和相互关系，采取必要措施来约束和规范人类自身的活动，减少或防范全球变化向不利于人类社会方面演变，指导人类合理利用和开发资源，有效地保护和改善环境，积极防治和抵御各种自然灾害，不断改善人类生存和生活环境质量。各种测绘和地理信息可用于规划、方案的制订，灾害、环境监测系统的建立，风险的分析，资源、环境调查与评估、可视化的显示以及决策指挥等。

1.2 地面点位的确定

1.2.1 地球的形状和大小

测量工作的绝大部分是在地球表面上进行的，所以有必要首先来讨论地球的形状和大小。地球是一个两极稍扁、赤道略鼓的不规则椭圆球体，平均半径约为 6371km。地球的自然表面高低起伏，错综复杂，极不规则，有高山、丘陵、平原、海洋、河流和湖泊等。最高的山峰珠穆朗玛峰高达 8844.43m，地球海水面下最深处是位于太平洋的马里亚纳海沟深达 11034m。尽管有这样大的高低起伏，但相对地球庞大的体积来说仍可忽略不计。在太空上看地球呈蓝色，海洋约占整个地球表面积的 71%，陆地约占 29%。因此，测量工作者假设静止的海水面延伸穿过陆地和岛屿，包围整个地球，形成一闭合的曲面，这个闭合曲面称为水准面。如图 1-1 所示。

水准面是水在地球重力的作用下形成的静止闭合曲面，因此，水准面处处与铅垂线垂直。但因海水面是动态变化的，时高时低，所以水准面有无数个，测量上把通过平均海水面的水准面叫作大地水准面，作为确定高程的基准面。大地水准面所包围的形体叫作大地体。

由于地球表面起伏不平和内部质量分布不均匀，引起铅垂方向不规则变化，所以大地水准面实际上是一个略有起伏的不规则曲面，无法用公式表达。为此，人们用一个可以用数学公式表示又很接近大地水准面的参考椭球面来代替它。如图 1-2 所示，参考椭球面是由一个椭圆绕其短轴旋转而形成的椭球面，参考椭球面所围成的球体称为参考椭球体，其形状和大小由椭圆的长半轴 a 和短半轴 b（或扁率 e）决定。其中，我国采用过的 1975 年国际大地测量与地球物理联合会通过并推荐的椭球元素，其值为：

$$a=6378140\text{m}, \quad b=6356755\text{m}, \quad e=1:298.257$$

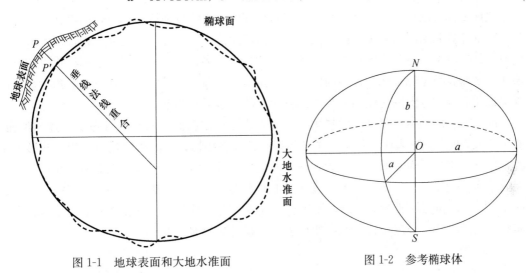

图 1-1 地球表面和大地水准面   图 1-2 参考椭球体

由于地球的扁率很小，接近于圆球，因此在精度要求不高的情况下，可以近似的将其当作一个圆球，取其半径为 $R=6371\text{km}$。

1.2.2 地面点位置的表示方式

测量工作的根本任务是确定地面点的位置。为了确定地面点的位置，需要建立坐标系。按照数学理论来确定一个点在空间的位置，需要 3 个坐标量来表示。在测量工作中，一般常将地面点的空间位置用平面位置和高程表示，其中平面位置常用地理坐标或者平面直角坐标来表示，而高程常采用指定的高程系统中的高程值表示。由于基准面不同，这 3 个量的表达形式也不尽一致。

1. 地面点的平面位置

（1）地理坐标

地面点的地理坐标是用经纬度来表示的。过地面上某点的子午面与首子午面的夹角，称为该点的经度。经度从首子午面向东 $0°\sim180°$ 称为东经，从首子午面向西 $0°\sim180°$ 称为西经。

过地面上某点的铅垂线（或者法线）与赤道面的夹角，称为该点的纬度，纬度从赤道面向北 $0°\sim90°$ 称为北纬，从赤道面向南 $0°\sim90°$ 称为南纬。

如果基准投影面为大地水准面，即以铅垂线为依据，则该坐标称为天文地理坐标，简称为天文坐标，用 λ、φ 表示。如果基准投影面为参考椭球面，即以法线为依据，则该坐标称为大地地理坐标，简称为大地坐标，用 L、B 表示。

天文坐标和大地坐标可以互相换算。在测绘工作中，某点的位置一般用大地坐标表示。但实际进行观测时，如量距、测角都是以铅垂线为基准，因而所测得的数据若要求精确地换算成大地坐标则必须经过改化，在普通测绘工作中，由于精度要求不高，可不考虑这种改化。

在我国天文大地网建立初期，经过与苏联天文大地网联测，确定了一个临时性的坐标系统，称为 1954 年北京坐标系。由于其有关定位参数与我国实际情况出入较大，国家测绘局根据我国实际情况建立了 1980 年国家大地坐标系，其原点设在陕西省泾阳县永乐镇。

（2）高斯平面直角坐标

地理坐标可以使全球的坐标统一，但对局部的工程测量来说是不方便的。在工程建设中，测量计算和绘图多采用平面直角坐标，但球面是一个不可展的曲面，把地球表面上的点换算到平面上，称为地图投影。地图投影的方法很多，我国采用高斯横圆柱投影的方法来建立平面直角坐标系统，称为高斯平面直角坐标。高斯投影的最大特点是等角投影，可以保证在有限的范围内使地图上图形同椭球上的原形保持相似。

高斯投影的基本思想是：设想用一个大小合适的圆柱面，横套在参考椭球体的外面，如图 1-3 所示。椭球表面上只有一条子午线与圆柱面相切，在保持投影前后相应图形等角的条件下，将椭球面上的图形投影到圆柱面上，然后将圆柱面沿过南北极的母线切开，并展成平面，就得一张平面图形了。椭球面上的点与平面上的点建立起一一对应的关系。如图 1-4 所示，相切的那条子午线，投影后为直线，长度不变。它两边的子午线投影后为凹向相切的子午线，长度变长，距离相切子午线越远则变形越大。

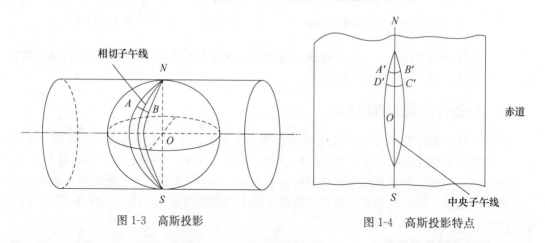

图 1-3　高斯投影　　　　　　　　图 1-4　高斯投影特点

高斯投影是正形投影的一种，投影前后的角度相等，除此以外，高斯投影还具有以下特点：

① 中央子午线投影后为直线，且长度不变。距中央子午线愈远的子午线，投影后变曲程度愈大，长度变形也愈大。

② 椭球面上除中央子午线外，其他子午线投影后，均向中央子午线弯曲，并向两极收敛，对称于中央子午线和赤道。

③ 在椭球面上对称于赤道的纬圈，投影后仍成为对称的曲线，并与子午线的投影曲线互相垂直且凹向两极。

为了限制长度变形在一定的范围之内，通常采用分带投影的办法。如图 1-5 所示，从首子午面开始，由西向东按经差 6° 进行分带，称为 6° 带。全球共分 60 个带，带号依次为 1、2……60，位于各带中央的子午线称为该带的中央子午线，第一带的中央子午线的经度为 3°，第二带为 9°，以此类推，设带号为 N，中央子午线的经度为 L_0，则

$$L_0 = 6N - 3 \tag{1-1}$$

对于某些大比例尺测图或有某些特殊要求的测量工作，6° 带的边缘地区其长度变形不能满足精度要求时，可以采取 3° 的投影带，如图 1-5 下半部分所示。3° 带是从东经 1°30′ 开始，每 3° 分为一带，全球共分 120 个带。设 3° 带的带号为 n，中央子午线的经度为 l_0，则

$$l_0 = 3n \tag{1-2}$$

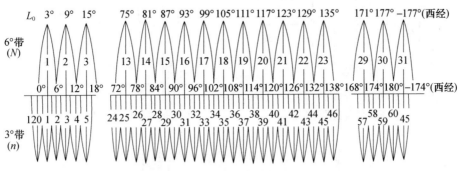

图 1-5 高斯投影的 6° 带和 3° 带

需要说明的是，式（1-1）和（1-2）适用于东半球，西半球则不同，在此不再讨论。我国领土跨 11 个 6° 投影带，即第 13～23 带，跨 22 个 3° 投影带，即第 24～45 带，投影带号不重叠。

当分带投影时，让每一带中央子午线与圆柱面相切，单独投影。投影后展开在平面上，中央子午线与赤道的投影为相互垂直的直线。以中央子午线的投影作为 x 轴（纵轴），以赤道的投影作为 y 轴（横轴），两轴的交点作为原点，建立一个平面直角坐标系，称为高斯平面直角坐标系。如图 1-6 所示。它既是平面直角坐标系，又与大地坐标的经纬度发生联系，且是等角投影，因此是世界上应用最广泛的坐标系。由于我国领土全部位于北半球，因此，x 坐标均为正值，y 坐标有正有负，为了避免 y 坐标出现负值，规定每带中央子午线均西移 500km，即在每带所有的 y 坐标值上加 500km，如图 1-6 所示。同时，为了表明各点所在的投影带，还规定，在横坐标前加上所在的带号。例如，中国某点 P 的高斯平面直角坐标为：

$$x_P = 4008441.664m$$
$$y_P = 39510990.242m$$

式中数值说明，该点位于赤道以北 4008441.664m，在 3° 带的第 39 带的中央子午线以东 10990.242m。

（3）假定平面直角坐标

当测绘区域面积较小时，可以不考虑地球曲率的影响，把该地区的水准面当成平面看待。如果不能或者不需要采用高斯平面直角坐标系，还可以假定一个平面直角坐标系来确定地面点的相对位置。如图 1-7 所示，坐标系的原点设在测区的西南边界外，x 轴方向尽

量与北方向一致，也可以用罗盘仪测定某起始边的磁方位角，这样整个测区都落在第一象限内，纵横坐标都是正值，且图纸方向与现实符合较好，便于使用。需要注意一点，因为测量上的方位角是顺时针旋转的，与数学上正好相反，为了使数学公式完全应用于测量，规定测量上的平面直角坐标系纵轴为 X 轴，横轴为 Y 轴，象限编号按顺时针排列，如图 1-8 所示。

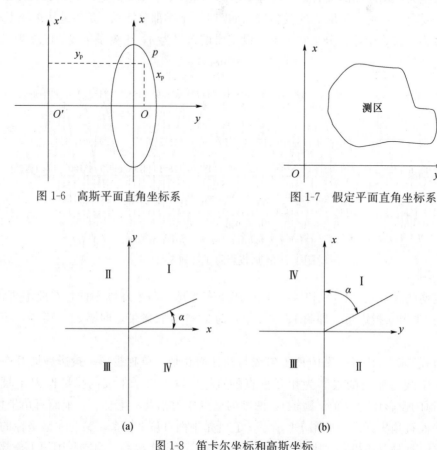

图 1-6 高斯平面直角坐标系   图 1-7 假定平面直角坐标系

图 1-8 笛卡尔坐标和高斯坐标
（a）笛卡尔坐标系；（b）高斯坐标系

2. 地面点的高程

地面点到大地水准面的铅垂距离称为该点的绝对高程，简称高程或海拔。地面点到假定水准面的铅垂距离称为相对高程，也称假定高程。绝对高程是全国的统一高程系统，对于某些局部地区，联测统一高程尚有困难时，可采用相对高程。

地面点的高程通常用字母 H 表示，如图 1-9 中，A、B 两点的高程分别表示为 H_A、H_B。地面上两点高程之差称为两点间的高差，通常用 h 表示。在图 1-9 中，A、B 两点高差为

$$h_{AB} = H_B - H_A \tag{1-3}$$

新中国成立前，我国的高程系很不统一。新中国成立后，根据青岛验潮站 1950～1956 年的观测资料，将所推算的黄海平均海水面（大地水准面）作为高程起算的基准面，其绝对高程为零。凡由此基准起算的高程称为 1956 年黄海高程系。并于山东省青岛市附近建立了"中华人民共和国水准原点"，经联测，1956 年黄海高程系的原点高程为

72.289m。1985年，我国又决定自1987年起采用青岛潮站1953～1979年观测资料所推算的黄海平均海水面作为我国高程起算的基准面。命名为"1985年国家高程基准"。根据这个基准推算，"中华人民共和国水准原点"的高程为72.260m。

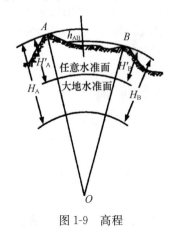

图1-9 高程

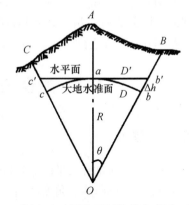

图1-10 用水平面代替水准面

1.3 用水平面代替水准面的影响

水准面是一个曲面，曲面上的图形投影到平面上，总会产生一些变形。以下讨论以水平面代替水准面对距离和高程的影响，以便明确可以代替的范围，或必要时加以改正。

1.3.1 对水平距离的影响

在图1-10中，A、B两点在水准面上投影的距离为D，在水平面上投影的距离为D'，设两者之差为ΔD，将水准面近似的看成半径为R的圆球面。则

$$\Delta D = D' - D$$

经推导可得

$$\Delta D = \frac{D^3}{3R^2} \tag{1-4}$$

或

$$\frac{\Delta D}{D} = \frac{D^2}{3R^2}$$

取$R = 6371$km，用不同的D值代入上式，根据计算结果可得出以下结论：当距离为20km时，以水平面代替水准面所产生的距离之差为0.0657m，相对误差为1：304000。这样小的误差，对一般精密距离测量是允许的。因此对一般精度要求的距离测量，在半径为20km的范围内，可以以水平面代替水准面。半径大于20km，则必须考虑地球曲率的影响。

1.3.2 对高程的影响

在图1-10中，Δh（bb'）是由于水平面代替水准面对地面点高程所产生的误差，也就是地球曲率对地面点高程产生的影响。根据勾股定理可知

$$(R + \Delta h)^2 = R^2 + D'^2$$

经推导可得

$$\Delta h = \frac{D^2}{2R}$$

(1-5)

取 $R=6371km$，用不同的 D 值代入上式，根据计算结果可得出以下结论：当 D 取 100m 时，Δh 为 0.0008m；当 D 取 200m 时，Δh 为 0.0031m，这个精度对于精密高程而言是不允许的，因此在进行精密高程测量时，不允许用水平面代替水准面。但对普通高程测量而言，距离在 100m 之内，可以不考虑地球曲率的影响。

1.4 测量的基本工作和原则

1.4.1 测量的基本工作

地面点的位置是由地面点的平面坐标和高程来确定的，坐标和高程并不是直接观测的，而是通过测定点与点之间的距离、角度和高差，然后经过一系列的计算而得的。距离、角度和高差通常称之为测绘工作的三个基本观测元素，如图 1-11 所示。本书以后的章节将逐一介绍测定这三个基本元素所用的仪器和方法，以及如何应用这三个观测元素计算地面点的坐标和高程。

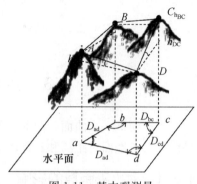

图 1-11 基本观测量

1.4.2 测量的基本原则

测绘工作是一个智力和体力相结合的高科技工作，它必须遵循一定的程序和原则。根据理论研究和实践，测绘工作要遵循以下主要原则：在布局上要"由整体到局部"；在精度上要"由高级到低级"；在程序上要"先控制后碎部（细部）"，另外还必须坚持"边工作边校核"的原则。

如图 1-12 所示，先在测区内部设 A、B、C、D、E、F 等控制点连成控制网（图中为闭合多边形），用较精密的方法测定这些点的平面位置和高程以控制整个测区，并依一定的比例尺将它们缩绘到图纸上，然后以控制点为依据进行碎部测量。

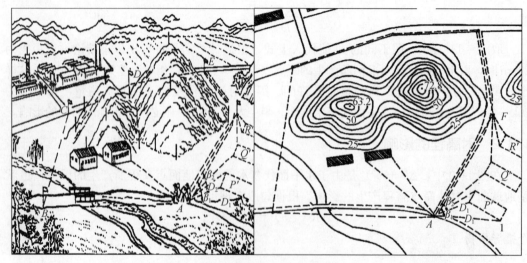

图 1-12 测量工作的程序

遵循以上工作原则，既可以保证测区控制的整体精度，又不至于使碎部测量误差积累而影响整个测区。另一方面，做完整体控制后，把整个测区划分成若干局部，各个局部可以同时展开测图工作，从而加速工作进度，提高作业效率。

本章思考题

1. 测量学是研究什么的？主要有哪些分支学科？
2. 什么是测图、放样和用图？
3. 什么是水准面、大地水准面？
4. 高斯投影有哪些特点？
5. 什么是绝对高程、相对高程和高差？
6. 测绘工作应遵循哪些原则？为什么？

第 2 章   水准测量

本章导读

　　本章主要介绍水准测量的原理、水准仪的使用、普通水准测量、三等与四等水准测量、水准测量的误差来源、电子水准仪等内容。其中普通水准测量以及三等与四等水准测量的外业观测和内业计算是学习的重点与难点，采取课堂讲授、实验操作与课下练习相结合的学习方法，建议 6～8 个学时。

　　高程是确定地面点位置的三个坐标量之一。测定地面点高程的工作称为高程测量。根据测量使用仪器及施测方法的不同，高程测量分为水准测量、三角高程测量、气压高程测量以及 GPS 高程测量。水准测量是目前精度较高和最常用的一种高程测量方法，广泛应用于高程控制测量及工程勘测、施工测量中。

2.1　水准测量原理

　　水准测量是根据水准仪提供的水平视线，借助水准尺测定地面两点间的高差，进而由已知点高程求出待测点高程的方法。

　　如图 2-1 所示，已知 A 点的高程 H_A，求待定点 B 的高程 H_B。首先测出 A 点与 B 点之间的高差 h_{AB}，那么 B 点的高程 H_B 则为：

$$H_B = H_A + h_{AB} \tag{2-1}$$

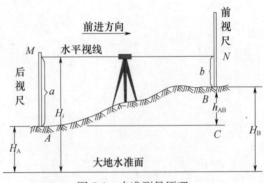

图 2-1　水准测量原理

欲测 A、B 两点之间的高差 h_{AB}，可先在 A、B 两点分别竖立一根带有刻划的水准尺，并在 A、B 之间安置一台能够提供水平视线的水准仪。通过观测，水平视线在 A、B 尺上的读数分别为 a、b，则 A、B 两点间的高差为：

$$h_{AB}=a-b \tag{2-2}$$

水准测量的前进方向是由已知点开始向待测点方向。在图 2-1 中，前进方向是从 A 点向 B 点，则称 A 点为后视点，B 点为前视点，A、B 点竖立的水准尺分别称为后视尺、前视尺，读数 a、b 分别称为后视读数、前视读数。那么 A、B 两点间高差等于"后视读数"减去"前视读数"。如果后视读数大于前视读数，则高差 h_{AB} 为正值，表示后视点低于前视点；反之则高差 h_{AB} 为负值，表示后视点高于前视点。

于是 B 点的高程 H_B 可按下式计算：

$$H_B=H_A+(a-b) \tag{2-3}$$

由图 2-1 可知，B 点的高程还可以通过水准仪的视线高程 H_i 来计算：

$$\left.\begin{array}{c}H_i=H_A+a\\ H_B=H_i-b\end{array}\right\} \tag{2-4}$$

式（2-3）中根据高差计算高程的方法称为高差法；式（2-4）中根据视线高程计算高程的方法称为视线高法。

当架设一次仪器要测量出多个前视点 B_1、B_2……B_n 的高程时，采用视线高法比较方便。如图 2-2 所示，当使用水准仪进行地面找平时，依次观测竖立在点 B_1、B_2……B_n 上的水准尺，如果其读数分别为 b_1、b_2……b_n，则各点高程计算公式为：

$$H_i=H_A+a$$
$$H_{B1}=H_i-b_1$$
$$H_{B2}=H_i-b_2$$
$$\cdots\cdots$$
$$H_{Bn}=H_i-b_n$$

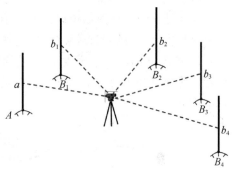

图 2-2 地面找平

2.2 水准测量的仪器和工具

水准测量所使用的仪器为水准仪，工具有水准尺和尺垫。目前我国制造的水准仪器按精度不同，可分为 DS_{05}、DS_1、DS_3、DS_{10} 四个等级。其中"D"、"S"分别是"大地"和"水准仪"汉语拼音的首字母，"05"、"1"、"3"和"10"等数字代表该类仪器的精度，即仪器所能达到的每千米往返测高差中数的偶然中误差。本节着重介绍工程建设中常用的 DS_3 型微倾式水准仪和其他常用测量工具。

2.2.1 水准仪的构造

图 2-3 为国产 DS_3 型微倾式水准仪的外形及各部件名称，它主要由望远镜、水准器和基座三个部分组成。

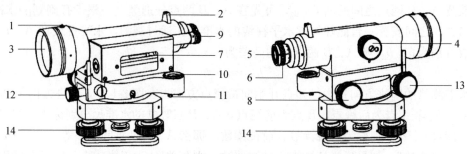

图 2-3　DS₃微倾式水准仪

1—准星；2—照门；3—物镜；4—物镜调焦螺旋；5—目镜；6—目镜调焦螺旋；7—管水准器；

8—微倾螺旋；9—管水准气泡观察窗；10—圆水准器；11—圆水准器校正螺钉；

12—水平制动螺旋；13—水平微动螺旋；14—脚螺旋

1. 望远镜

测量仪器上望远镜的主要作用是使人们看清不同距离处的目标，并提供水平视线用于读数。

望远镜由物镜、调焦透镜、目镜、十字丝分划板等基本构件组成。图 2-4 为 DS₃水准仪望远镜构造图。物镜、调焦透镜和目镜多采用复合透镜组。物镜固定在望远镜镜筒前端，调焦透镜可以通过物镜调焦螺旋沿光轴在镜筒内前后移动，调整物像成像质量。十字丝分划板安装在物镜和目镜之间的一块平板玻璃上，上面刻有十字丝，十字丝由一条水平位置的横丝（中丝）、一条竖直位置的竖丝和上下两条短视距丝（用来测定距离）构成，横丝和竖丝互相垂直，十字丝分划板是望远镜的瞄准标志。目镜自带调焦螺旋，调整十字丝成像的质量。

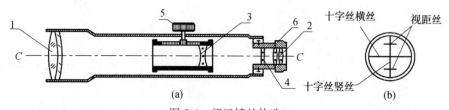

图 2-4　望远镜的构造

1—物镜；2—目镜；3—调焦透镜；4—十字丝分划板；5—物镜调焦螺旋；6—目镜调焦螺旋

为控制望远镜的左右转动，水准仪上安装了一套制动水平和微动装置，当拧紧制动螺旋后，望远镜不能转动，如要做微小转动，可以通过旋转水平微动螺旋进行调整，用以精确瞄准目标，制动螺旋拧松后，微动螺旋就不起作用了。为方便瞄准目标，望远镜上还安装了准星与照门。

物镜光心与十字丝中心交点的连线 CC 称为望远镜视准轴，它是目标瞄准的依据。

图 2-5 为望远镜成像原理图，目标 AB 发出的光线经过物镜及调焦透镜的折射，在十字丝分划板上形成一个倒立缩小的实像 ab，人眼通过目镜，可以看到放大了的虚像 $a'b'$ 以及十字丝。

人眼通过目镜看到的目标像的视角 β 与不通过望远镜看到的目标的视角 α 之比，称为望远镜的放大倍率，$V = \beta/\alpha$。DS₃微倾水准仪望远镜的放大倍率一般不小于 28 倍。

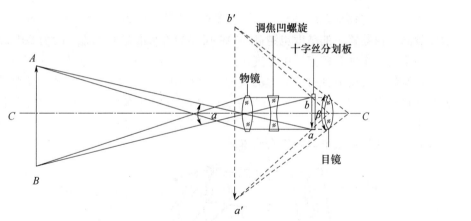

图 2-5 望远镜成像原理

为了获得比较清晰的目标影像，首先要将望远镜对准明亮的背景，旋转目镜调焦螺旋，使十字丝清晰，再将望远镜对准目标 AB（水准尺），旋转物镜调焦螺旋使物像 AB 清晰。此时，物像与十字丝分划板平面重合，观测者的眼睛在目镜端上下移动时，物像与十字丝没有相对移动，如图 2-6（a）所示，如果物像与十字丝存在相对移动现象，表明物像与十字丝分划板平面不重合，这种现象称为视差，如图 2-6（b）所示。视差是由于调焦不完善导致的。视差会影响读数的准确性，读数前应通过反复调节目镜和物镜调焦螺旋来消除视差。

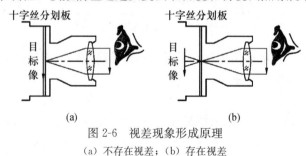

图 2-6 视差现象形成原理

（a）不存在视差；（b）存在视差

2. 水准器

水准器是利用液体受重力作用后使气泡居于最高处的特性，指示视准轴是否水平和仪器竖轴是否铅直的装置。水准器分为管水准器和圆水准器两种。

（1）管水准器

管水准器也叫长水准管，是内壁纵向磨成圆弧状的玻璃管，其内装有酒精和乙醚的混合液，密封高温冷却后形成一个长气泡，管上对称刻有间隔为 2mm 的分划线，长水准管内壁圆弧中心点为长水准管的零点。过长水准管零点的切线 LL 为长水准管轴，如图 2-7 所示。当气泡居中时，长水准管轴水平，此时若 LL 平行于视准轴，则视准轴也水平。

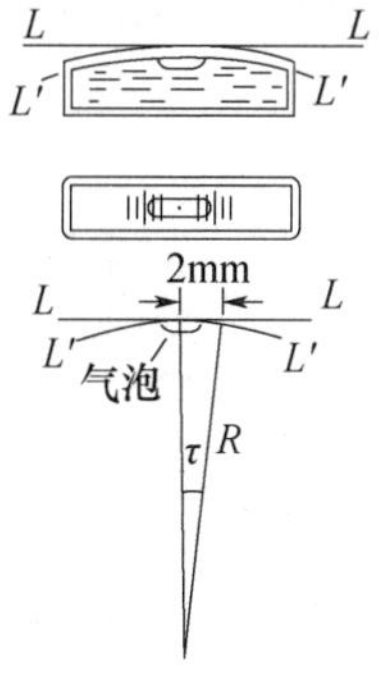

定义管水准器每 2mm 弧长所对应的圆心角叫水准管分划值

$$\tau = \frac{2\text{mm}}{R} \rho'' \tag{2-5}$$

图 2-7 管水准器

式中，$\rho'' = 206265$，为 1 弧度对应的秒值，R 为以 mm 为单位的管水准器内圆弧半径。

当水准气泡移动 2mm 时，管水准器轴倾斜的角度为 τ。R 越大，τ 越小，管水准器灵敏度越高，仪器置平的精度也越高。DS$_3$ 仪器的管水准器分划值一般为 $20''/2mm$。

为了提高水准管气泡居中精度，便于观测，在长水管上方装有一组棱镜，将长水准管气泡两端的影像反射到目镜旁边的气泡观察孔中，如图 2-8 所示。当气泡居中时，两个半泡影就符合在一起，如图 2-9（b）所示；若两个半气泡互相错开，则表明长水准管气泡不居中，如图 2-9（a）所示，此时通过旋转微倾螺旋可使气泡（即两个半气泡）符合。这种带有符合棱镜的水准器叫符合水准器。

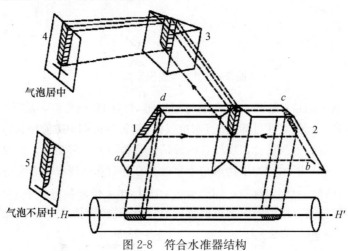

图 2-8　符合水准器结构

微倾螺旋的作用是在水准仪接近水平时，通过抬高或降低望远镜的一端，使符合气泡符合，从而使水准仪视线精确水平。

（2）圆水准器

圆水准器用玻璃制成，其内装有酒精和乙醚的混合液，密封高温冷却后形成圆气泡。圆水准器顶面内壁为球面，球面中心刻有一个圆圈，通过圆圈中心的球面法线 OO 叫圆水准器轴。气泡居中时，圆水准器轴就处于铅垂位置，如图 2-10 所示，此时只要圆水准器平行于仪器竖轴，则仪器竖轴就处于铅垂位置；气泡不居中时，每偏离 2mm，圆水准器轴所倾斜的角度叫圆水准器分划值。DS$_3$ 仪器的圆水准器分划值一般为 $8'/2mm$。因此，管水准器比圆水准器精度高，圆水准器一般只用于仪器的粗平，而管水准器用于仪器的精平。

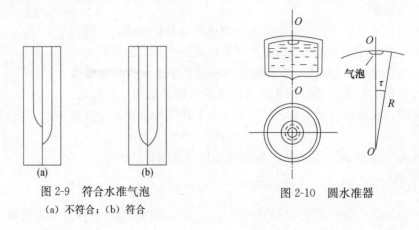

图 2-9　符合水准气泡　　　　　图 2-10　圆水准器
（a）不符合；（b）符合

3. 基座

基座主要由轴座、脚螺旋和连接螺旋组成。轴座用来支承仪器上部，连接螺旋用来连接仪器与三脚架，通过调节脚螺旋可使圆水准气泡居中，从而整平仪器。

2.2.2　水准尺和尺垫

1. 水准尺

水准尺是带有刻划的、可以为测量提供照准读数的标尺，一般使用优质木材、玻璃钢或铝合金制成。如图 2-11 所示，常用的水准尺有塔尺和双面尺两种。

塔尺多用于图根水准测量，是由多节尺子套在一起形成的塔状水准尺，尺长有 2m、3m 和 5m 等。尺底部为零刻划，塔尺上按 1cm 或 0.5cm 的间隔涂以黑白相间的分划，并在分米和米处标注数字，大于 1m 的数字注记加注红点或黑点，点的个数表示米数。

双面尺又称红黑面尺，每两根组成一对使用，常用于三、四等水准测量。尺长为 2m或 3m，尺的两面均有分划，一面为黑白相间，一面为红白相间。两面尺的最小分划均是1cm，在分米处标有注记。每对尺黑面尺底均从零开始，而红面尺底起点一根为 4.687m，另一根为 4.787m，两把尺红面注记的零点差为 0.1m。水准尺上装有圆水准器，以便立直尺子。

2. 尺垫

尺垫呈三角状，一般用生铁铸成，如图 2-12 所示，中央有一凸起的半球，半球顶部用来放置水准尺，下部有 3 个尖脚便于踩入土中使其稳定，以防止转点处点位移动及水准尺下沉。

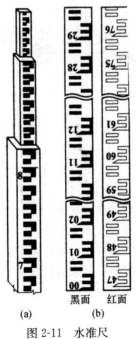

（a）　（b）

黑面　红面

图 2-11　水准尺

（a）塔尺；（b）双面尺

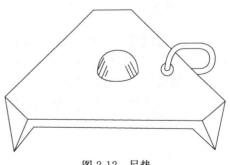

图 2-12　尺垫

2.3 水准仪的使用

水准仪使用的基本操作步骤有：水准仪的安置、粗平、调焦与瞄准、精平和读数。

2.3.1 安置水准仪

打开三脚架，安置在测站上，调节架腿长度使架头高度适中，目估架头大致水平，取出水准仪并用连接螺旋将其安装在三脚架上，安装时一只手扶住仪器，另一只手旋紧连接螺旋，防止仪器滑落，最后踩紧脚尖，避免仪器下沉。

2.3.2 粗略整平

粗平是指通过调节仪器脚螺旋使圆水准气泡居中，从而使水准仪竖轴大致铅直，视线粗略水平。具体操作步骤如图 2-13 所示，任选两个脚螺旋，将圆水准器转到这两个脚螺旋的中间，双手分别握住脚螺旋向相反方向旋转，将气泡调至这两个脚螺旋连线的垂直平分线上，然后再调节第三个脚螺旋使气泡居中。旋转脚螺旋方向与圆水准气泡移动方向的规律是：气泡移动方向与左手大拇指转动方向一致。

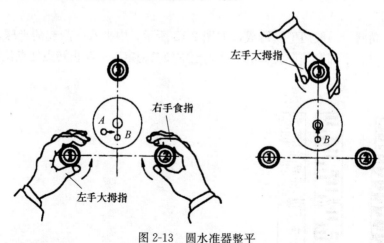

图 2-13 圆水准器整平

2.3.3 调焦与瞄准

调焦与瞄准的目的是使观测者通过望远镜能清晰地看到水准尺和十字丝，以便正确读数。具体操作方法是：先将望远镜照准远处明亮背景，调节目镜调焦螺旋使十字丝成像最清晰；然后松开制动螺旋，转动望远镜，用准星和照门瞄准水准尺，粗略瞄准目标，当在望远镜内看到水准尺像时，拧紧制动螺旋；旋转物镜调焦螺旋，使水准尺像最清晰，转动微动螺旋，使十字丝竖丝对准水准尺中间稍偏一点，方便读数。

2.3.4 精确整平

精平是指在读数前通过微倾螺旋调整至符合水准气泡符合，使视准轴精确水平。具体操作方法是：先从望远镜侧面观察管水准气泡偏离零点的方向，旋转微倾螺旋，使气泡大致居中，然后从符合气泡观察窗中察看气泡的两个半边影像是否符合，如果不符合，再慢慢旋转微倾螺旋至气泡完全符合。

当望远镜转到另一方向观测时，符合气泡不一定符合，应重新精平，待气泡符合后才能读数。

2.3.5 读数

气泡符合后，应立即用十字丝横丝在水准尺上读数。读数前要清楚水准尺的注记方式，读数时要迅速准确，由于水准尺的像是倒立的，因此，读数时应自上而下、从小到大读，可先估读出毫米位，再读厘米、分米和米。米和分米位直接从水准尺注记的数字读取，厘米位则通过数分划数读取。如图 2-14 所示，水准尺的读数分别是 1.274m 和 5.958m。

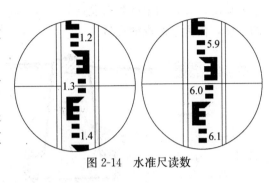

图 2-14 水准尺读数

2.4 普通水准测量

2.4.1 水准点

为统一全国高程系统和满足各种测量需要，国家测绘部门根据青岛水准原点，在全国范围内埋设并用水准测量方法测定了很多高程点，这些点称为水准点（benchmark，通常缩写为 BM）。水准测量是从某一已知的高程点开始，经过一定的水准路线，测量待定点的高程，作为地形测量和施工测量的高程依据。水准点的标志有永久性和临时性两种。水准点应按照水准测量等级，根据地区气候和工程需要，每隔一段距离埋设不同类型的水准标石。水准标石应埋设在土质坚实、稳固的地面或地表冻土线以下，便于长期保存又利于观测和寻找。国家等级永久性水准点，一般采用石料或钢筋混凝土制成，如图 2-15 所示，标石的顶面设有不锈钢或其他不易腐蚀材料制成的半球形标志。有些永久性水准点也可以直接设置在稳固建筑物的墙角上，称为墙上水准点，如图 2-16 所示。

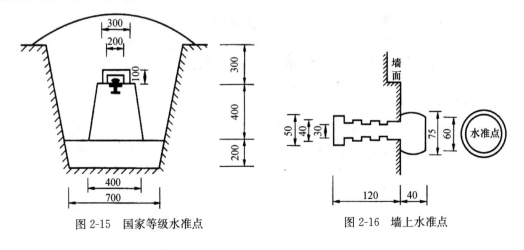

图 2-15 国家等级水准点　　　　　图 2-16 墙上水准点

土木施工中的永久性水准点一般用混凝土或钢筋混凝土制成，如图 2-17（a）所示，顶部设有半球形金属标志。临时性水准点可用大木桩打入地下，木桩顶部钉一个半圆球状铁钉，或用大铁钉直接打入沥青等路面，如图 2-17（b）所示，也可以在桥台、房基石、坚硬岩石上刻记号来表示。

埋设水准点后，为方便日后寻找使用，应绘制水准点与周围建筑物或其他固定地物关系的草图，并在图上标明水准点的编号与高程，称为点之记。水准点的编号前通常加 BM 的字样，作为水准点的代号。

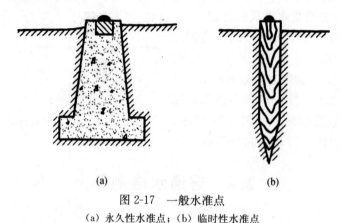

(a) (b)

图 2-17 一般水准点

（a）永久性水准点；（b）临时性水准点

2.4.2 水准路线

水准测量所经过的路线称为水准路线。根据测量需要及已知水准点情况，水准路线一般可布设为以下几种形式。

1. 闭合水准路线

从一个已知高程水准点出发，沿若干待测高程点 A、B、C、D 进行水准测量，最后又回到原已知点所形成的环状路线称为闭合水准路线，如图 2-18（a）所示，理论上各测站所测高差之和应等于零，即：

$$\sum h_{理论} = 0$$

2. 附合水准路线

从一个已知高程水准点 BM_1 出发，沿若干待测高程点 A、B、C 进行水准测量，最后附合到另一已知高程水准点 BM_2 所形成的路线叫附合水准路线，如图 2-18（b）所示，理论上各测站所测高差之和应等于两个已知点高程的差值，即：

$$\sum h_{理论} = H_{BM2} - H_{BM1}$$

3. 支水准路线

从一个已知高程水准点 BM_1 出发，沿若干待测高程点 A、B……进行水准测量，既不闭合也不附合的路线叫支水准路线，如图 2-18（c）所示。为了检核支水准路线成果的正确性，提高观测精度，支水准路线应进行往返测量。理论上各测站往测高差之和与返测高差之和应大小相等、符号相反，即：

$$\sum h_{往} = -\sum h_{返}$$

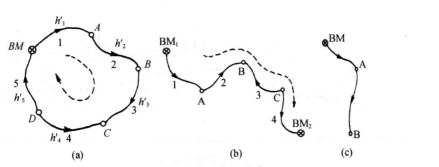

图 2-18 水准路线的布设形式

（a）闭合水准路线；（b）附合水准路线；（c）支水准路线

2.4.3 普通水准测量外业施测

1. 连续水准测量

水准测量时，当已知高程点与待测高程点相距较远或高差较大时，很显然安置一次仪器是无法测出两点间高差的，需要连续安置水准仪进行水准测量，如图 2-19 所示，已知 A 点的高程 H_A，求相距较远的 B 点高程时，必须先在 A、B 间水准路线上设置若干个临时立尺点作为高程的传递点，将测量路线分成若干段进行连续观测，这些临时立尺点叫转点，转点上需安放尺垫。在每一段上安置一次仪器就可测出一段高差，即：

$$h_1 = a_1 - b_1$$
$$h_2 = a_2 - b_2$$
$$\vdots$$
$$h_n = a_n - b_n$$

将各式相加得：

$$\sum h_i = \sum a_i - \sum b_i \tag{2-6}$$

高差测出后，根据起始点 A 的高程，计算 B 点高程：

$$H_B = H_A + \sum h_i \tag{2-7}$$

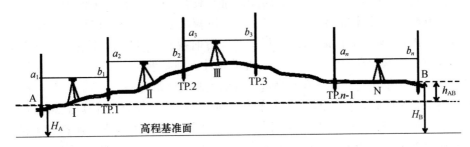

图 2-19 连续水准测量

如图 2-20 所示，假设 A 点高程为 15.550m，现以普通水准测量的方式求待定点 B 高程。具体作业过程如下：

（1）在转点 TP.1 处安放尺垫，A、TP.1 两点分别竖立水准尺，两点大致中间位置处架设一台水准仪并进行粗平。

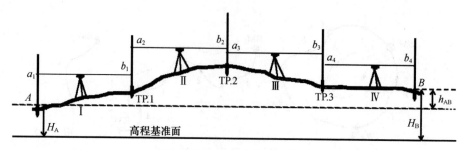

图 2-20 普通水准测量示例图

（2）瞄准后视点 A 上的水准尺，仪器精平后读取黑面中丝读数 a_1 为 1516，计入水准测量观测手簿，见表 2-1；瞄准前视点 TP.1 上的水准尺，精平后读取黑面中丝读数 b_1 为 1535，计入观测手簿，计算该测站高差为 -0.019m，计入高差栏中。以上两步即为第一测站工作。

表 2-1 普通水准测量观测手簿

测站	点号	水准尺读数（mm）		高差（m）	高程（m）	备注
		后视（a）	前视（b）			
I	BM. A	1516		-0.019	15.550	
II	TP. 1	1562	1535	$+0.060$	15.531	
	TP. 2	1611	1502		15.591	
III	TP. 3	1545	1588	$+0.023$	15.614	
IV	B		1548	-0.003	15.611	
	Σ	6234	6173	$+0.061$		
计算检核		$\Sigma a - \Sigma b = 6.234 - 6.173 = +0.061$ $\Sigma h = +0.061\ h_{AB} = H_B - H_A = 0.061$ $\Sigma a - \Sigma b = \Sigma h = H_B - H_A$				

（3）保持转点 TP.1 上尺垫不动，转动水准尺使黑面朝向下一测站方向，转点 TP.2 上安放尺垫并将 A 点上水准尺移到 TP.2 点，水准仪由第一测站搬迁至第二测站。观测员先后视转点 TP.1，精平后读取读数 a_2 为 1562，再前视转点 TP.2，精平后读取读数 b_2 为 1502，计算第二测站的高差为 $+0.060\text{m}$，并分别计入观测手簿。

按照上述方法依次进行连续水准测量，直到观测到待测点 B。

水准测量要求每页记录都要进行计算校核，如表 2-1 中，先分别计算出 Σa、Σb、Σh，若 $\Sigma a - \Sigma b = \Sigma h = H_B - H_A$，则说明计算正确。计算校核只能检查出计算有无错误，不能检查观测是否有误，为了保证水准测量外业成果符合要求，还需要进行测站校核和成果校核。

2. 测站校核

在水准测量中，任何一个读数有错误都会影响高差的准确性，因此，对于每一测站，常采用双面尺法和变动仪器高法检核水准尺读数的准确性。

（1）双面尺法

每一测站上，保持仪器高度不变，分别用双面尺的红、黑面测出两点间的高差$h_红$、$h_黑$，当高差之差$|h_红 - h_黑|$不大于容许值时，取其平均值作为该站高差，否则应重测。

（2）变动仪器高法

在同一测站上通过改变仪器高度（高度相差$>10\text{cm}$）进行两次观测，可以得到两个不同的观测高差h_1、h_2，若这两个高差之差$|h_1 - h_2|$不大于容许值，则取其平均值作为该站高差，否则应重测。

3. 成果校核

测站校核只能检核每一测站所测高差是否正确，不能保证整条水准路线的精度，例如各测站上如果高差误差出现符号的一致性，随着测站数的增多，就会导致整条水准路线上的高差误差累积过大。因此，水准测量外业结束后，还要对水准路线高差测量成果进行校核计算。测量上把水准路线高差观测值与其理论值之差叫作水准路线高差闭合差。水准路线成果校核的方法就是检验水准路线高差闭合差是否超限。

根据水准路线布设形式的不同，其高差闭合差有以下几种：

（1）闭合水准路线高差闭合差

闭合水准路线起点和终点为同一点，其高差的理论值$\sum h_理$等于零，因此其高差闭合差为：

$$f_h = \sum h_测 - \sum h_理 = \sum h_测 \tag{2-8}$$

（2）附合水准路线高差闭合差

从起点 BM. A 测至终点 BM. B 点，起点和终点高程分别为$H_始$、$H_终$，则附合水准路线高差理论值为$\sum h_理 = H_终 - H_始$，其高差闭合差为：

$$f_h = \sum h_测 - \sum h_理 = \sum h_测 - (H_终 - H_始) \tag{2-9}$$

（3）支水准路线高差闭合差

支水准路线一般采用往、返观测进行校核，往测和返测高差理论上应大小相等、符号相反，故往返观测闭合差的理论值为零，其高差闭合差为：

$$f_h = \sum h_往 + \sum h_返 \tag{2-10}$$

高差闭合差是由各种因素产生的测量误差，为保证测量成果符合要求，闭合差数值大小应在容许范围之内。

普通水准测量的路线高差闭合差容许值为

$$或\quad \left. \begin{array}{l} 平地：f_{h容} = \pm 40\sqrt{L}\,\text{mm} \\ 山地：f_{h容} = \pm 12\sqrt{n}\,\text{mm} \end{array} \right\} \tag{2-11}$$

式中，L为水准路线总长度，单位为千米；n为水准路线测站总数；支水准路线的L或n以单程计。

2.5　三、四等水准测量

三、四等水准路线应沿利于施测的公路、大路及坡度较小的乡村路布设，避免跨越500m 以上的河流、湖泊、沼泽等障碍物。

水准点应选在土质坚实、安全僻静、观测方便和利于长期保存的地点。水准点上应埋设普通水准标石，也可以利用平面控制点作为水准点。为方便以后寻找和使用，水准点选好后应绘制点之记。

2.5.1　三、四等水准测量技术要求

　　三、四等水准测量所使用的仪器为 DS_3 级以上型号的水准仪，标尺为一对双面水准尺。根据《国家三、四等水准测量规范》，每一测站的视线长度（仪器至标尺的距离）、前后视距差、任一测站上前后视距差累积、视线高度以及数字水准仪重复测量次数应满足表 2-2 中的规定。

表 2-2　三、四等水准测量技术要求

等级	视线长度（m）	前后视距差（m）	任一测站上前后视距差累积（m）	视线高度	黑红面读数差（mm）	黑红面所测高差之差（mm）	数字水准仪重复测量次数
三	≤75	≤2.0	≤5.0	三丝能读数	≤2.0	≤3.0	≥3
四	≤100	≤3.0	≤10.0	三丝能读数	≤3.0	≤5.0	≥2

　　三等水准测量采用中丝读数法进行往返测。四等水准测量采用中丝读数法进行单程观测，支水准路线或与高等级水准点连测时应往返测，附合或闭合水准路线可只进行单程观测。

　　在连续各测站上安置水准仪的三脚架时，应使其中两脚与水准路线的方向平行，第三脚轮换置于路线方向的左侧与右侧。

　　除路线转弯处外，每一测站上仪器和前后视标尺的三个位置，应接近一条直线。

　　每一测段的往测和返测，其测站数均应为偶数，以消除水准尺零点差。由往测转向返测时，两支标尺应互换位置，并应重新整置仪器。

2.5.2　三、四等水准测量的观测

　　三、四等水准测量每一测站上所有观测值必须记入专用表格中，见表 2-3。观测过程中注意消除视差。整平仪器后，其观测程序如下：

　　1. 观测后视尺黑面，读上丝、下丝、中丝读数。记入表中（1）、（2）、（3）的位置。

　　2. 观测前视尺黑面，读上丝、下丝、中丝读数。记入表中（4）、（5）、（6）的位置。

　　3. 观测前视尺红面，读中丝读数。记入表中（7）的位置。

　　4. 观测后视尺红面，读中丝读数，记入表中（8）的位置。

　　若是微倾式水准仪，每次读中丝读数前，都应做好精平工作。

　　为便于记忆，可以把上述四步观测顺序总结为"后前前后"或"黑黑红红"，采用这样的观测顺序主要是为了抵消水准仪下沉产生的误差。较之三等水准测量，四等水准测量精度要求较低，也可以采用"后后前前"的观测顺序。

表 2-3 四等水准测量观测手簿

测站编号	点号	后尺 上丝 下丝	前尺 上丝 下丝	方向及尺号	水准尺中丝读数		K＋黑－红 (mm)	平均高差 (m)	备注
					黑面	红面			
		后视距	前视距						
		视距差 d（m）	∑d（m）						
		(1)	(4)	后	(3)	(8)	(14)	(18)	
		(2)	(5)	前	(6)	(7)	(13)		
		(9)	(10)	后－前	(15)	(16)	(17)		
		(11)	(12)						
1	BM. 1～TP. 1	1.423	1.495	后	1.177	5.963	1	−0.077	K_1=4.787 K_2=4.687
		0.935	1.011	前	1.254	5.940	1		
		48.8	48.4	后－前	−0.077	0.023	0		
		0.4	0.4						
2	TP. 1～BM. 2	1.644	1.546	后	1.431	6.215	3	0.094	
		1.219	1.125	前	1.336	6.022	1		
		42.5	42.1	后－前	0.095	0.193	2		
		0.4	0.8						

2.5.3 三、四等水准测量的计算与检核

四等水准测量一个测站上的计算与检核主要有视距计算、黑红面读数差计算、黑红面高差计算和高差中数的计算。现分别介绍如下：

1. 视距计算与检核

后视距：(9)＝[(1)－(2)]×100。

前视距：(10)＝[(4)－(5)]×100。

前后视距差：(11)＝(9)－(10)。

前后视距差累积：(12)＝本站(11)＋前站(12)。

限差检核：三等水准 (9) 和 (10) 均不大于 75m，(11) 不大于 2m，(12) 不大于 5m；四等水准 (9) 和 (10) 均不大于 100m，(11) 不大于 3m，(12) 不大于 10m。

2. 黑红面读数差计算与检核

同一根水准尺黑红面尺零点差 K 称为尺常数。两根水准尺的 K 值一根为 4.687m，一根为 4.787m。其目的是为了避免观测者对读数产生印象误差。理论上黑面中丝读数加上常数 K 应该与红面中丝读数相等，但是由于误差的存在，需要对其读数差进行检核。

后视尺黑红面读数差：(14)＝K＋(3)－(8)

前视尺黑红面读数差：(13)＝K＋(6)－(7)

限差检核：三等水准 (13)、(14) 均不大于 2mm；四等水准 (13)、(14) 均不大于 3mm。

3. 高差计算与检核

由于一对尺子的红面尺常数之差为 0.1m，所以两尺的红面中丝读数相减所得的高差

与实际高差相差 0.1m。在高差计算时，以黑面为准，若红面高差大于（或小于）黑面高差，则先将红面高差减去（或加上）0.1m，再进行高差之差及高差中数的计算。

黑面高差：（15）＝（3）－（6）。

红面高差：（16）＝（8）－（7）。

黑红高差之差：（17）＝（15）－[（16）±0.1]，取"＋"或"－"号取决于两根尺的前后顺序。

计算检核：（17）＝（14）－（13）。

限差检核：三等水准（15）、（16）均不大于 2mm，（17）不大于 3mm；四等水准（15）、（16）均不大于 3mm，（17）不大于 5mm。

高差中数：（14）＝[（15）＋（（16）±0.1）]/2。

每一测站上读数完毕后，应立即进行计算与检核，符合各项限差要求后方能迁站。

4. 每页上的计算与校核

视距：末站(15)＝$\sum$(12)－$\sum$(13)　　总视距＝$\sum$(12)＋$\sum$(13)

高差：$\sum$(3)－$\sum$(4)＝$\sum$(16)＝$h_{黑}$ $\sum$(8)－$\sum$(7)＝$\sum$(17)＝$h_{红}$

$\sum$[(3)＋K]－$\sum$(8)＝$\sum$(10) $\sum$[(4)＋K]－$\sum$(7)＝$\sum$(9)

$h_{中}＝(h_{黑}＋h_{红})/2$

其中 $h_{中}$ 为测段上的高差中数，$h_{黑}$、$h_{红}$ 分别为测段上的各测站黑、红面高差之和。

2.6　水准测量的内业计算

当一条水准路线的测量工作完成以后，首先应将手簿的记录和计算进行详细检查。如果没有错误，即可计算水准路线高差闭合差，它是衡量水准测量精度的重要指标。当闭合差在容许值范围内时，才可进行闭合差的调整，计算改正后的高差，进而计算待测水准点的高程。

2.6.1　水准测量成果检核

根据水准路线的布设形式，分别选用前述式（2-8）、式（2-9）式（2-10），计算高差闭合差 f_h 以及高差闭合差的容许值 $f_{h容}$，若 $|f_h| \leqslant |f_{h容}|$，则认为外业观测成果合格，可以进行高差闭合差的调整；若 $|f_h| > |f_{h容}|$，应查明原因，及时返工重测。

2.6.2　水准路线的高程计算

1. 高差闭合差的调整

高差闭合差的调整原则是：将高差闭合差反符号并按与路线长度 L 或测站数 n 成正比分配给各测段高差上，即

$$\left.\begin{array}{l} V_i＝\dfrac{-f_h}{\sum L_i} \times L_i \\[3mm] 或 V_i＝\dfrac{-f_h}{\sum n_i} \times n_i \end{array}\right\} \tag{2-12}$$

式中，V_i 表示第 i 测段上高差 h_i 的改正数；$\sum L_i$ 为水准路线的总长度；L_i 表示第 i 测

段水准路线的长度；$\sum n_i$为水准路线的总测站数；n_i表示第i测段的测站数。

各测段V_i计算完成后，要用公式$\sum V_i = -f_h$进行校核，若满足说明计算无误。

2. 改正后高差的计算

将第i测段上的实测高差h_i加上相应的改正数V_i即可得到其改正后高差$\hat{h}_i$，用数学公式表示为

$$\hat{h}_i = h_i + V_i \qquad (2\text{-}13)$$

3. 计算各点高程

根据起始点高程和改正后的高差，逐一推算各待测点的高程，即前视点的高程等于后视点的高程加上两点间改正后的高差。推算出的最后一点的高程应与其已知高程一致。计算中要注意用式$\sum \hat{h}_i = H_{终} - H_{始}$进行校核。

【例2-1】如图2-21所示为一附合水准路线等外水准测量成果示意图，BM.A和BM.B为已知水准点，$H_A = 50.145$m，$H_B = 54.602$，各测段的高差和路线长度分别标注在路线的上方和下方，求待测点1、2、3的高程。

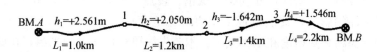

图2-21 附合水准路线等外水准测量成果示意图

计算过程如下：

1. 计算高差闭合差

$$f_h = \sum h_i - (H_B - H_A) = +0.058\text{m} = +58\text{mm}$$

2. 判断闭合差是否超限

$L = \sum L_i = 5.8$km，$f_{h容} = \pm 40\sqrt{L} = \pm 96$mm，显然$|f_h| \leqslant |f_{h容}|$，水准测量成果合格，可以进行闭合差的调整。

3. 计算各测段观测高差的改正数

根据公式2-12中$V_i = \dfrac{-f_h}{\sum L_i} \times L_i$，求得各测段改正数$V_1 = -10$mm，$V_2 = -12$mm，$V_3 = -14$mm，$V_4 = -22$mm。

4. 检查闭合差是否分配完

$$\sum v_i = -58\text{mm} = -f_h$$

5. 计算各测段的改正后的高差

根据公式$\hat{h}_i = h_i + V_i$，求得$\hat{h}_1 = 2.551$m，$\hat{h}_2 = 2.038$m，$\hat{h}_3 = -1.656$m，$\hat{h}_4 = 1.524$m。

6. 计算各点的高程值

$H_1 = H_A + \hat{h}_1 = 52.696$m $\quad H_2 = H_1 + \hat{h}_2 = 54.734$m

$H_3 = H_2 + \hat{h}_3 = 53.078$m $\quad H_{B推算} = H_3 + \hat{h}_4 = 54.602 = H_B$

将计算过程整理成表格见表2-4。

表 2-4　水准测量成果计算表

测段编号	点号	路线长（km）	测站数	实测高差（m）	改正数（mm）	改正后高差（m）	高程（m）	备注
	BMA						50.145	
Ⅰ	1	1.0		+2.561	−10	+2.551	52.696	
Ⅱ	2	1.2		+2.050	−12	+2.038	54.734	
Ⅲ	3	1.4		−1.642	−14	−1.656	53.078	
Ⅳ	BMB	2.2		+1.546	−22	+1.524	54.602	
Σ		5.8		+4.515	−58	4.457		
辅助计算								

辅助计算　$f_h = \sum h_i - (H_B - H_A) = +0.058\text{m} = +58\text{mm}$

$f_{h容} = = \pm 40\sqrt{L} = \pm 96\text{mm} \mid f_h \mid \leqslant \mid f_{h容} \mid$

2.7　水准测量的误差来源分析

测量工作很容易产生错误，如读错、认错、转点变动等。另外，由于仪器本身构造、观测者及外界条件的影响，使测量成果不可避免地存在误差，因此，测量时必须杜绝错误、减小误差、提高观测精度和工作效率。本节先简单分析误差的来源，在此基础上，对水准测量工作提出一些注意事项。

2.7.1　水准测量的误差来源

在水准测量工作中，受观测仪器、观测者以及外界条件等因素的影响不可避免会出现误差。为保证测量成果的精度，需要对误差产生的原因、消除或减弱误差的措施进行分析研究，水准测量误差按来源可分为仪器误差、观测误差和外界环境的影响。

1. 仪器误差

（1）仪器校正后的残余误差

由于水准仪校正不完善，校正后仍存在少量误差，如视准轴不完全平行于水准管轴，即存在 i 角误差，从而导致读数时产生误差。i 角误差与视距长度成正比，在水准测量一个测站上若保持前后视距相等，即可在高差计算时消除 i 角误差的影响。对整条水准路线而言，若保持前视距总和与后视距总和相等，也可消除 i 角误差对路线高差的影响。

（2）水准尺误差

由于水准尺刻划不准确、尺长变化、弯曲和零点差的存在，都会影响水准测量成果的精度，因此水准尺必须要经过检验后方能使用。对于水准尺的零点差可以采用在前后视中使用同一根水准尺来消除，或者在成对使用水准尺时设置偶数测站来消除。

2. 观测误差

（1）气泡居中误差

视线水平都是以气泡居中或符合为依据的，由于水准管内液体与管壁的黏滞作用和人眼分辨率的限制，不可能绝对正确。气泡的居中精度即气泡灵敏度，取决于水准管的分化值，水准管气泡的居中误差一般为 $\pm 0.15\tau$（τ 为水准管分化值），因此它对水准尺读数产生的误差为：

$$m_r = \pm \frac{0.15\tau}{2\rho''}D \tag{2-14}$$

式中，D 为视距，即水准仪至水准尺的距离。

采用符合水准器时，气泡居中精度至少可提高一倍。为减小气泡居中误差的影响，还应对视线长度加以限制。

（2）读数误差

水准尺上毫米位的估读误差与人眼的分辩能力（60″为人眼分辨的最小角度）、视线长度成正比，与望远镜的放大倍数（v）成反比。

$$m_v = \frac{60''}{V} \cdot \frac{D}{\rho''} \tag{2-15}$$

为保证测量精度，各级水准测量对望远镜的放大倍率和视线长度都有一定要求。

（3）视差影响

视差对水准尺读数产生的影响较大，操作中应反复调节物镜与目镜调焦螺旋，避免出现视差。

（4）水准尺倾斜误差

水准尺倾斜将使读数增大，这种影响与尺倾斜的角度和在尺上的读数大小（即视线的高度）有关。当水准尺倾斜了 $\alpha = 3°30'$ 时，在尺上 1m 处读数，则对读数的影响：

$$\delta = 1.5m \times (1 - \cos\alpha) \approx 2mm$$

视线越高，水准尺倾斜角度越大，对读数产生的影响越大。

3. 外界条件影响

（1）仪器和尺垫下沉

如果水准仪和尺垫处地面土质比较松软，由于重力作用，仪器和尺垫会随着安置时间而下沉，仪器下沉使视线降低、读数减小，而尺垫下沉使读数增大。进而引起高差误差。为减小此类误差，安置仪器时应选择坚实稳固地面，并踩实三脚架和尺垫，观测时要迅速，减少观测时间。对精度要求较高的水准测量，可采用一定的观测程序（后前前后）来减弱仪器下沉的影响，采取往返测取平均值，减弱尺垫下沉的影响。

（2）地球曲率及大气折光的影响

大地水准面是一个曲面，水准测量外业观测时用水平面（线）代替大地水准面在水准尺上读数会产生读数差 c，这个差值称为地球曲率差，简称球差。

$$c = \frac{D^2}{2R} \tag{2-16}$$

式中，D 为水准仪到水准尺的距离，R 为地球半径。

由于大气密度不均匀，会使光线发生折射。在水准测量中，视线不再是一条水平直线，而是一向下弯曲的曲线，由此产生的读数差 r 称为大气折光差，简称气差。将这条弯曲的曲线看成是一条半径为 R/k 的圆曲线，k 称为大气垂直折光系数。仿照式（2-16），可得气差对读数的影响。稳定气象条件下，大气折光差约为地球曲率差的七分之一。

$$r = \frac{kD^2}{2R} \tag{2-17}$$

地球曲率差和大气折光差是同时存在的，两者对读数的共同影响即球气差的影响值为：

$$f = c - r \approx (1-k)\frac{D^2}{2R} \qquad (2\text{-}18)$$

大气折光系数 k 值大约在 $0.08 \sim 0.14$ 之间，它是随地区、气候、季节、地面覆盖物以及视线超出地面高度等条件的不同而变化的，目前还不能确定它的值，一般取 0.14 来计算气差的影响。

地球曲率差和大气折光差对高差的影响：

$$\delta_f = f_A - f_B = (1-k)\frac{(D_A - D_B)^2}{2R} \qquad (2\text{-}19)$$

式中，D_A、D_B 分别为水准仪至 A、B 两点的视距，如果 $D_A = D_B$，那么显然 $\delta_f = 0$，所以在水准测量中我们可以采用前后视距相等的方法来消除地球曲率和大气折光的影响。

（3）温度的影响

温度变化不仅引起大气折光变化，导致水准尺影像在望远镜内十字丝面上下跳动，难以准确读数，而且会导致长水准气泡的移动，产生气泡居中误差。水准测量时为减少温度的影响，应撑伞遮挡阳光，防止仪器暴晒，并选择有利的观测时间。

2.7.2 水准测量的注意事项

水准测量的注意事项主要有：

1. 水准仪和水准尺必须经过检验校正后才能使用。
2. 仪器应安置在坚固的地面上，并尽可能使前后视距相等。
3. 水准尺要立直，尺垫要踩实，以防出现尺垫下沉。
4. 读数前要消除视差并使符合水准气泡严格居中，读数要准确快速，不得出错。报出的读数，确认无误后方可记入观测手簿中。
5. 记录要及时、规范，字体要清楚端正，记录前要复诵观测者读出的读数，操作时手不能压在仪器或三脚架上以防仪器下沉。
6. 不得涂改数据或用橡皮擦掉数据。观测时如分米或米位读错或记错，用一斜线将数字划去，并在其上写上正确数据，如毫米或厘米位读错或记错则另起一行重写。
7. 加强观测和记录计算中的校核工作，数据合格方可迁站，发现错误或超出限差应立即重测。
8. 测量小组成员间要注意互相配合，提高工作效率。
9. 注意保护和爱惜测量仪器和工具，观测结束后，脚螺旋和微动（倾）螺旋要旋至中间位置。

2.8 电子水准仪

2.8.1 电子水准仪的特点

电子水准仪是在望远镜中安置一个由光敏二极管构成的线阵探测器和分光镜等部件，采用数字图像处理系统，并配用条码水准标尺来进行读数。电子水准仪是集电子光学、图像处理、计算机技术于一体的水准测量系统，其测量原理是将标尺的条码作为参照信号存在仪器内，外业观测时，图像传感器捕获仪器视场内的标尺影像作为测量信号，然后与仪器的参考信号进行比较，便可求得视线高度和水平距离。

与光学水准仪相比，其特点是：

1. 用自动电子读数代替人工读数，不存在读错、记错等人为误差。

2. 自动多次测量，减弱外界环境对读数的影响，精度高。

3. 操作简单，每个测站测量时精确居中圆气泡并瞄准目标后，只要按下测量键就可触发仪器自动测量，几秒内即可得到中丝读数和视距。

4. 仪器内部配有内存卡，实现数据的自动记录、检核、处理和存储，部分电子水准仪内置线路平差计算等数据处理程序，实现外业数据采集到内业成果处理的一体化，速度快，效率高，不易产生计算错误。

5. 仪器内部设置了补偿器自动完成对照准视线的水平纠正。当不能用电子测量时，还可以使用本仪器配合普通水准尺，用传统的光学方法进行读数，也就是可以作为普通自动安平水准仪来使用。

2.8.2 电子水准仪的使用

以南方测绘 DL-202/203 电子水准仪为例介绍水准仪的结构及其使用方法。电子水准仪的结构如图 2-22 所示。

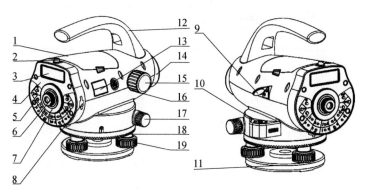

图 2-22　南方测绘 DL-202/203 电子水准仪结构图

1—电池；2—粗瞄器；3—液晶显示屏；4—面板；5—按键；6—目镜；7—目镜护罩；8—数据输出插口；
9—圆水准器反射镜；10—圆水准器；11—基座；12—提柄；13—型号标贴；14—物镜；15—调焦手轮：
用于标尺调焦；16—电源开关/测量键；17—水平微动手轮；18—水平度盘；19—脚螺旋

DL-202/203 电子水准仪面板各操作键及其功能见表 2-5，其内置各级功能菜单栏见表 2-6。

表 2-5　DL-202/203 操作键及其功能

键符	键名	功能
POW/MEAS	电源开关/测量键	仪器开关机和用来进行测量 开机：仪器待机时轻按一下 关机：按约 2 秒左右
MENU	菜单键	在其他显示模式下，按此键可以回到主菜单
DIST	测距键	在测量状态下按此键测量并显示距离

键符	键名	功能
↑ ↓	选择键	翻页菜单屏幕或数据显示屏幕
→▶◀	数字移动键	查询数据时的左右翻页或输入状态时左右选择
ENT	确认键	用来确认模式参数或输入显示的数据
ESC	退出键	用来退出菜单模式或任一设置模式，也可作输入数据时的后退清除键
0～9	数字键	用来输入数字
—	标尺倒置模式	用来进行倒置标尺输入，并应预先在测量参数下，将倒置标尺模式设置为"使用"
☀	背光灯开关	打开或关闭背光灯
.	小数点键	数据输入时输入小数点

表 2-6　DL-202/203 功能菜单

	一级菜单	二级菜单	三级菜单	四级菜单
主菜单	测量	标准测量		
		放样测量	高程放样	
			高差放样	
			视距放样	
		线路测量		
		高程高差		
	检校			
	设置	测量参数	测量模式	N 次测量/连续测量
			最小读数	1mm/0.1mm
			标尺倒置	使用/不使用
			数据单位	米/英尺
			存储模式	不存储/自动存储/手动存储
		仪器参数	自动关机	开/关
			对比度	
			背景光	开/关
			仪器信息	
			注册信息	
	数据管理	输入点		
		查找作业	输入点/标准测量/线路测量/高程高差	
		删除作业	输入点/标准测量/线路测量/高程高差	
		检查容量		
		文件输出	输入点/标准测量/线路测量/高程高差	
		格式化		

　　DL-202/203 电子水准仪内置四种测量模式：标准测量模式、放样测量模式、线路测量模式以及高程高差测量模式，下面以标准测量、线路测量以及高程高差测量这三种模式

为例介绍电子水准仪的外业操作过程。

1. 准备工作

（1）仪器的安置

这项操作与光学水准仪相同，不再重复。

（2）标尺的照准与调焦

先调整目镜旋钮，使视场内十字丝最清晰，然后调整调焦旋钮使标尺条码为最清晰并使十字丝的竖丝对准条码的中间，如图 2-23 所示。

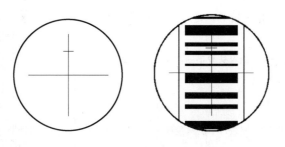

图 2-23　标尺的照准与调焦

精密的调焦可缩短测量时间和提高测量精度，当进行高精度测量时要求精确地调焦，同时进行多次测量。

只要标尺被障碍物（如树枝等）遮挡不超过 30%，就可以进行测量。即使十字丝中心被遮挡，若视场被遮挡的总量小于 30%，也可进行测量，但此时的测量精度可能会受到一定的影响，具体场景如图 2-24 所示。

图 2-24　障碍物遮挡标尺

（3）开机

按下右侧开关键（POW/MEAS）开机，开机后注意电池电量■的剩余情况，电量不足时应尽快更换新电池或充电。

（4）参数设置

参数设置包括测量参数设置和仪器参数设置，具体参见表 2-6 参数设置三级菜单。

外业测量时为了将观测数据存入仪器内存，在设置测量参数的存储模式菜单项选择自动存储或手动存储或者关，在实施线路水准测量之前，数据存储必须设置为自动存储，默认的存储模式为"关"。

2. 测量

准备工作完成后，就可以根据需要选择测量模式进行外业测量工作。

（1）标准测量模式

该模式只用来测量标尺读数和距离，而不进行高程计算。有关测量次数的选择见"设置模式"。采用多次测量的平均值，可以提高测量的精度。

[测量实例]：数据输出（内存），每次观测进行三次测量。用该实例简要说明电子水准仪在标准测量模式下的具体操作方法，见表2-7。

表 2-7　标准测量模式

操作过程	操作	显示
1. [ENT] 键；	[ENT]	主菜单 ▶测量
2. 按 [▲] 或 [▼] 选择标准测量并按 [ENT]；	[ENT]	▶1. 标准测量 2. 放样测量
3. 当测量参数的存储模式设置为自动存储或手动存储时按 [ENT]；	[ENT]	是否记录数据？ 是：ENT　否：ESC
4. 输入作业名，按 [ENT] 确认；	[B1] [ENT]	作业名 =＞B1 _
5. 瞄准标尺并清晰，按 [MEAS] 测量，多次测量则最后一次为平均值，连续测量按 [ESC] 退出；	[MEAS]	标准测量模式 请按测量键
		标尺：0.8050m 视距：8.550m
6. 按 [▲] [▼] 查阅点号，存储后点号会自动递增；	[▲] [▼]	点号：P1
7. 按 [ENT] 继续测量或按任意键退出； 8. 任何过程中连续按 [ESC] 可退回主菜单	[ESC] 退出	[ENT] 继续测量 或任意键退出

（2）线路测量模式

水准测量布设形式为水准路线时选择线路测量模式，该模式下"存储模式"必须设置为"自动存储"或"手动存储"，示例假定"存储模式"为"自动存储"来说明电子水准仪在线路测量模式下的具体操作方法，见表2-8。

表 2-8　线路测量模式

操作过程	操作	显示
1. [ENT] 键；	[ENT]	主菜单▶测量
2. 按 [▲] 或 [▼] 选择线路测量并按 [ENT]；	[▼]	1. 标准测量 ▶2. 放样测量
	[ENT]	▶3. 线路测量 4. 高程高差
3. 输入作业名按 [ENT] 确认	[数字键] [ENT]	作业名？ =＞L54 _
4. 输入后视点号并 [ENT]；	[数字键] [ENT]	后视点号 =＞P1 _
5. 选择是否调用记录数据，记录的数据可以通过"数据管理"中的"输入点"来输入高程，如果不调用，可以手动输入后视点的高程；	[ENT]	调用记录数据？ 是：ENT　否：ESC
		▶T01

续表

操作过程	操作	显示
	[ENT]	T02
	[ENT]	高: 30.00m 是: ENT 否: ESC
6. 瞄准标尺并清晰，按［MEAS］;	[MEAS]	测量后视点 点号: P1
7. 显示后视点标尺和视距，可按［MEAS］重复测量 或按［ENT］选择测量下一个点;		B 标尺: 1.022m B 视距: 15.07m
8. 按［▶］或［◀］选择测量前视点或中间点，如果 前视点是水准点则选择前视点并进行9、10步操作; 9. 输入前视点点号并［ENT］;	[▶]或[◀] [ENT] ［数字键］ [ENT]	选择下一点类型 ▶前视中间点
		前视点号 ＝＞P2 _
		测量前视点 点号: P2
10. 瞄准标尺并保持清晰，按［MEAS］;	[MEAS]	F 标尺: 1.035m F 视距: 16.38m
11. 按［▶］或［◀］选择测量前视点或中间点，如 果前视点是转折点，则选择中间点并进行12、13步 操作;	[▶]或[◀] [ENT]	选择下一点类型 后视▶中间点
		中间点号: ＝＞Z1 _
12. 输入中间点点号并［ENT］;	［数字键］ [ENT]	测量中间点 点号: Z1
13. 瞄准标尺并保持清晰，按［MEAS］;	[MEAS]	J 标尺: 1.688m J 视距: 15.86m
以上是一个测站上的工作，所有测站完成后进行14步 操作	[ESC]	选择下一点类型 后视▶中间点
14. 按［ESC］和［ENT］退出线路测量		退出测量 是: ENT 否: ESC
	[ENT]	

测量完毕，屏幕上会显示下列数据:

① 当后视点测量完毕，按［▲］或［▼］屏幕显示下列内容:

B 标尺 1.022m   后视点的测量值
B 视距 15.07m

高程 30.000m 点   后视点的高程
号 P1   后视点的点号

② 当前视测量完毕，按［▲］或［▼］屏幕显示下列内容:

```
F 标尺 1.032m
F 视距 15.07m        前视点的测量值


高程 28.555m        前视点地面高程
点号 P2             前视点的点号


高差 0.532m         本站高差
∑150.003m          总线路长
```

③ 当中间点测量完毕，按［▲］或［▼］屏幕显示下列内容：

```
J 标尺 1.022m
J 视距 15.07m        中间点的测量值


高程 28.855m        中间点的高程
点号 Z1             中间点的点号
```

关于线路测量中点号的说明：在前视测量前可更改点号，点号递增，已用过的点号可以再次使用。

（3）高程高差模式

高程高差模式可以用来测量前后视点的高程或高差，在高程高差模式下电子水准仪的具体操作方法见表 2-9。

表 2-9　高程高差模式

操作过程	操作	显示
1.［ENT］键；	［ENT］	主菜单 ▶测量
2. 按［▲］或［▼］选择高程高差并按［ENT］；	［▼］	1. 标准测量 ▶2. 放样测量
		3. 线路测量 ▶4. 高程高差
3. 记录数据按［ENT］确认；	［ENT］	是否记录数据： 是：ENT　否：ESC
4. 输入作业名并［ENT］；	［数字键］ ［ENT］	作业名？ =>H5
5. 该作业已存在，若在原先作业内存储［ENT］，否则［ESC］重新输入文件名；	［ENT］	继续上次作业？ 是：ENT　否：ESC
6. 用户可以选择是否输入后视高程；	［ENT］	输入后视高程？ 是：ENT　否：ESC
	［数字键］ ［ENT］	输入后视高程 =168.680m

操作过程	操作	显示
7. 瞄准后视标尺并保持清晰，按［MEAS］；	［MEAS］	测量后视点 请按测量键
8. 显示后视点标尺和视距，可按［MEAS］重复测量或按［ENT］选择测量下一个点；		B标尺：0.841m B视距：10.005m
9. 瞄准前视标尺并保持清晰，按［MEAS］；	［MEAS］	测量前视点 请按测量键
10. 显示前视点标尺和视距以及高程高差；		F标尺：0.842m F视距：10.000m
		高程：168.679m 高差：−0.001m
11. 按［ENT］继续前视测量；	［ENT］	ENT：继续测量 ESC：重新测量
12. 瞄准前视标尺并保持清晰，按［MEAS］；	［MEAS］	测量前视点 请按测量键
13. 显示前视点标尺和视距以及高程高差；		F标尺：0.842m F视距：10.000m
		高程：168.679m 高差：−0.001m
		ENT：继续测量
14. 按［ESC］开始重新测量	［ESC］	ESC：重新测量
		输入后视高程？ 是：ENT 否：ESC

使用电子水准仪完成外业工作后，将数据导出，再进行数据的内业处理。

本章思考题

1. 计算待定点高程有哪两种方法？各在什么情况下应用？

2. 什么叫视差？它是怎样产生的？如何消除？

3. 水准测量时，在哪些立尺点上需放置尺垫？哪些立尺点上不能放置尺垫？

4. 水准测量时，前后视距相等可以消除哪些误差？

5. 试述水准测量的误差来源？

6. 某测站水准测量中，A 点为后视点，B 点为前视点，后视读数为 1.345m，前视读数为 1.674m。如果 A 点高程为 555.732m，那么 B 点的高程以及 A、B 两点间的高差是多少？并绘图说明。

7. 已知水准点 19 的高程为 50.129m，计算并调整右图表示的闭合水准路线成果，并求出各未知水准点的高程。

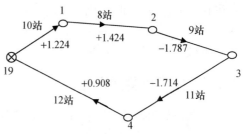

第 3 章 角度测量

本章导读

　　本章主要介绍角度测量原理、光学经纬仪、水平角测量、竖直角测量、角度测量误差、电子经纬仪等内容；其中水平角和竖直角的概念、测回法测水平角与计算、竖直角观测与计算是学习的重点与难点；采取课堂讲授、实验操作与课下练习相结合的学习方法，建议 8～10 个学时。

　　角度测量是测量的一项基本工作，它包括水平角测量和竖直角测量。水平角测量用于求算点的平面位置，竖直角测量用于测定高差或将倾斜距离换算为水平距离。用于角度测量的仪器是经纬仪。

3.1　角度测量原理

3.1.1　水平角测量原理

　　水平角是指相交的两条直线的夹角在同一水平面上投影，或指分别过两条直线的铅垂面所夹的二面角。如图 3-1 所示，A、B、C 为地面上的任意三点，将三点沿铅垂线方向投影到同一水平面上得到 A_1、B_1、C_1 三点，则直线 B_1A_1 与直线 B_1C_1 的夹角 β，即为 BA 与 BC 两方向线间的水平角。

　　为了获得水平角 β 的大小，设想有一个能安置成水平的顺时针方向刻度的圆盘，且圆盘中心处在过 B 点铅垂线上的任意位置 O；另有一个瞄准设备，能分别瞄准 A 点和 C 点的目标，并能在刻度圆盘上获得相应的读数 a 和 c，则水平角为：

$$\beta = c - a \tag{3-1}$$

水平角取值范围为 $0°\sim360°$。

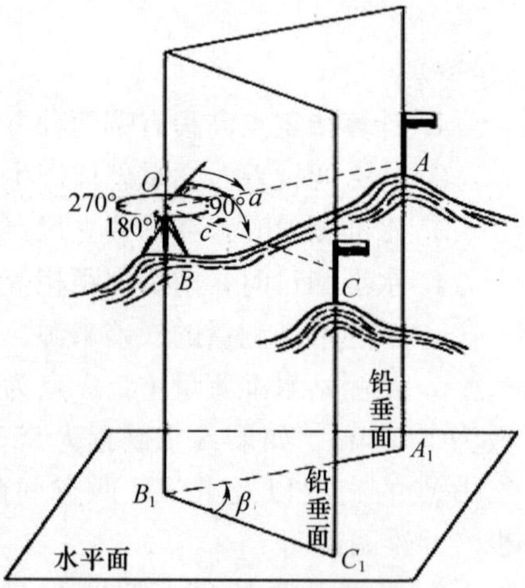

图 3-1　水平角测量原理

3.1.2　竖直角测量原理

　　竖直角是指在同一竖直面内，倾斜视线与水平线之间的夹角，又称为竖角。

竖直角有仰角和俯角之分。视线在水平线以上，称为仰角，取正号，如图 3-2（a）所示，角值范围为 $0\sim+90°$；视线在水平线以下，称为俯角，取负号，角值范围为 $-90°\sim0$，如图 3-2（b）所示。

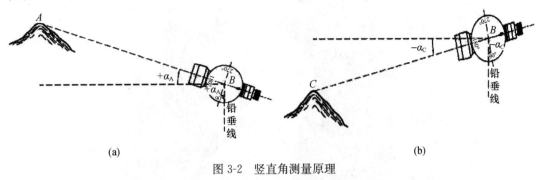

(a)   (b)

图 3-2　竖直角测量原理

视线方向与天顶方向（即测站点铅垂线的反方向）所构成的夹角称为天顶距，一般用 Z 表示，通常从竖盘读数装置中直接读出。天顶距的大小为 $0\sim180°$。

根据上述观测水平角和竖直角测量原理，用于测角的仪器必须具有照准目标的瞄准设备，它不但能上下转动而形成一竖直面，并可绕一竖轴在水平方向内转动；另外还要有能安置成水平位置和竖直位置的刻度盘（分别称为水平度盘和竖直度盘）。经纬仪正是根据这些要求而设计制造的，它既能测水平角，又可以测竖直角。

3.2　光学经纬仪

经纬仪是角度测量的重要仪器，有光学经纬仪和电子经纬仪两类。光学经纬仪是一种精密光学测角仪器，采用光学玻璃度盘，应用光学测微系统，精密度高，操作方便，应用广泛。电子经纬仪是一种现代的精密测角仪器，其测角装置采用当代新型光电技术测量角度，储存、传送角度信息，测量速度快，精度高，是一种自动化测角仪器。

我国生产的经纬仪按精度可分为 DJ_{07}、DJ_1、DJ_2、DJ_6 等型号，其中"D""J"分别为"大地测量""经纬仪"的汉语拼音第一个字母；07、1……6 表示仪器的精度等级，即"一测回方向观测中误差"，单位为秒。

3.2.1　经纬仪的基本结构

不同型号的经纬仪，其外型和各螺旋的形状、位置不尽相同，但基本结构相同，一般包括照准部、度盘和基座三大部分，如图 3-3 所示。

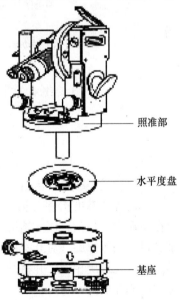

照准部

水平度盘

基座

图 3-3　经纬仪基本结构

1. 照准部

照准部是经纬仪的重要组成部分，主要有望远镜、水准器、横轴、支架、竖轴等部件，此外还有水平制动（照准部制动）、微动，竖直（望远镜）制动、微动，指标水准管微动螺旋等部件。如图 3-4 所示，由于具有竖盘指标自动补偿装置，就不再需要指标水准管微动螺旋。

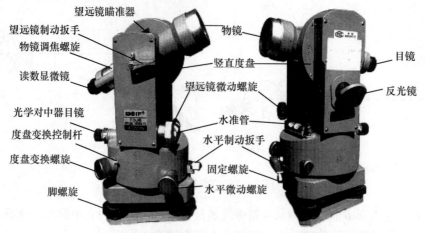

图 3-4（a）　DJ₆ 光学经纬仪（具有竖盘指标补偿器）的构造

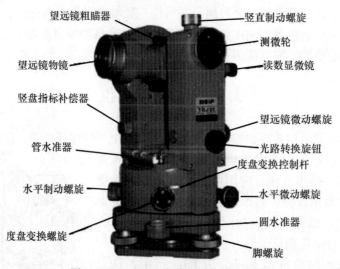

图 3-4（b）　DJ₂ 光学经纬仪基本结构

（1）望远镜

望远镜是经纬仪看清目标和瞄准目标的重要部件，结构上与横轴安装在一起。

望远镜的基本构件有物镜、调焦透镜、十字丝分划板和目镜（图 3-5），这些构件组合在镜筒中。物镜、调焦透镜和目镜多采用复合透镜组。物镜、目镜是凸透镜组。目镜上带有目镜调焦螺旋（对光螺旋）。物镜固定在镜筒前端。调焦透镜是凹透镜，与镜筒上的望远镜对光螺旋相连，并将受望远镜对光螺旋的控制沿光轴在镜筒内前后移动，以便调整物像的成像质量。

十字丝分划板是安装在调焦透镜和目镜之间的一块平板玻璃。板上注有双丝、单丝以及上、下短横线（称为视距丝）构成的十字丝刻划，纵丝与横丝互相垂直，与垂线互相平行，如图 3-6 所示。十字丝分划板是望远镜的瞄准标志。物镜的光心与十字丝板的中心连

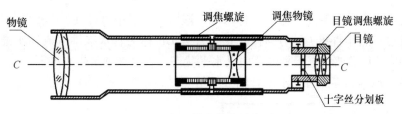

图 3-5　望远镜的构造示意图

成的直线称为望远镜视准轴，视准轴的延长线即为视线，它是瞄准目标的依据。

　　望远镜的成像过程如图 3-7 所示，物体 AB 发出的光线经物镜折射在目镜一侧成为缩小的倒立实像，并经凹透镜的调焦作用落在十字丝分划板上。目镜将倒立实像和十字丝一起放大成虚像。此时眼睛在目镜处可看到放大的倒立虚像；若光路中设有转像装置，则看到的是放大的正立虚像。

　　通过目镜所看到的视角 β 与未通过望远镜直接观察目标的视角 α 之比，称为望远镜的放大倍率，即 $V=\beta/\alpha$。望远镜放大倍率随仪器等级和型号而异，DJ$_2$ 经纬仪望远镜放大倍率不小于 28 倍，DJ$_6$ 经纬仪望远镜放大倍率不小于 25 倍。

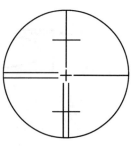

图 3-6　十字丝分划板

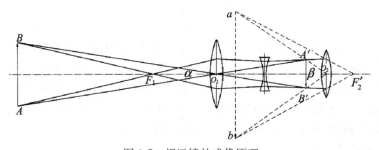

图 3-7　望远镜的成像原理

　　获得清晰的物像必须做好对光（调焦）操作，首先转动目镜调焦轮，眼睛看清楚十字丝像；然后转动望远镜对光螺旋，眼睛看清楚物像 AB。要注意消除视差。所谓视差，即眼睛在目镜端上下移动时，十字丝像与目标像产生相对运动的现象。视差的存在表明物像 AB 可能没有落在十字丝板焦面上（图 3-8），即调焦不完善所致。视差的存在将影响观测结果的准确性，应予消除。消除视差的方法就是反复进行目镜和物镜调焦，直至没有视差存在。

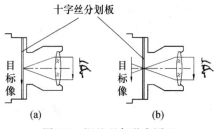

图 3-8　视差现象形成原理
（a）没有视差；（b）有视差

　　（2）水准器

　　水准器是测量仪器整平指示装置。该玻璃制品内装酒精（或乙醚），内液面有一个气泡，其表面有指示整平的刻划标志，一般经纬仪配置管水准器和圆水准器两种。

　　管水准器（又称为水准管、长水准器）呈管状，如图 3-9（a）内液面气泡呈长形，内壁顶端是一个半径 R 约 20～40m 的圆弧，表面刻划间隔 2mm，零点中心隐设在刻划线的中间。当气泡中心移到零点中心时，称水准气泡居中。居中时过圆弧零点的法线必与垂线平行，这时过零点作直线 LL 与圆弧相切，直线 LL 称为管水准轴（或称水准管轴）。水准气泡居中时 LL 必然垂直于垂线，而呈水平状态，管水准轴是管水准器表示水平状态的特征轴。当气泡偏离零点时，水准管轴必然是倾斜的如图 3-9（b）所示。

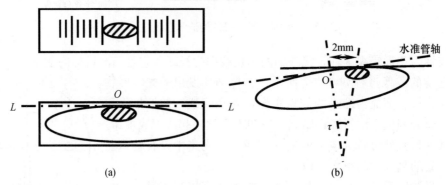

图 3-9　管水准器的构造与分划值

管水准器表面刻划间隔所对应的圆心角 τ，称为管水准器格值，或称分划值。管水准器表面刻划间隔一般为 2mm，其分划值为：

$$\tau=\frac{2\text{mm}}{R}\rho \tag{3-2}$$

式中 $\rho=206265''$。由式（3-2）可知，在间隔为 2mm 的范围内，R 越大，即 τ 越小，说明水准器的整平灵敏度越高。DJ$_2$ 经纬仪的 τ 是 20 秒，DJ$_6$ 经纬仪的 τ 是 30 秒。

圆水准器呈圆柱状，如图 3-10 所示，内液面有圆形气泡，内壁顶端是一个半径 R 约 0.8m 的圆球面，表面有一个小圆圈标志，零点标志隐设在小圆圈中心。水准气泡居中时，过零点作圆球面法线 $L'L'$ 必然与垂线平行，故称其为圆水准轴。圆水准轴是圆水准器表示水平状态的特征轴。

圆水准器格值 τ 仍按式（3-2）计算，式中 2mm 表示水准气泡偏离零点的间隔，当 R 约有 0.8m 时，τ 约有 8 分，圆水准器的整平灵敏度较低。

（3）基本轴系

照准部的望远镜视准轴 CC、横轴 HH、竖轴 VV 和管水准器轴 LL 构成经纬仪的基本轴系。如图 3-11 所示，这些轴在经纬仪结构的关系必须满足：

① 照准部水准管轴应垂直于仪器旋转轴（纵轴，竖轴）；

② 十字丝纵丝应垂直于望远镜旋转轴（横轴）；

③ 望远镜视准轴应垂直于横轴；

④ 横轴应垂直于纵轴。

2. 度盘及其读数系统

光学经纬仪设有水平度盘和竖直度盘，都是光学玻璃制成的圆盘。

（1）度盘的结构形式

度盘全周刻度 0～360°，由于度盘直径不大（90mm），度盘刻划的最小读数间隔有 20'、1°等格式，度盘有 0～359 度数注记。度盘按顺时针顺序注记。水平度盘套在竖轴中可以自由转动。竖直度盘固定在横轴的一端与望远镜一起转动，竖直度盘有时带有指标水准管。

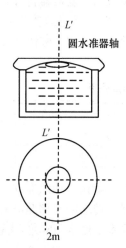

图 3-10　圆水准器的构造

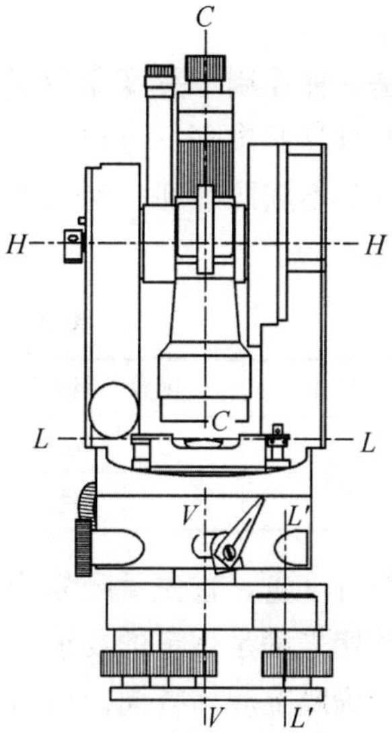

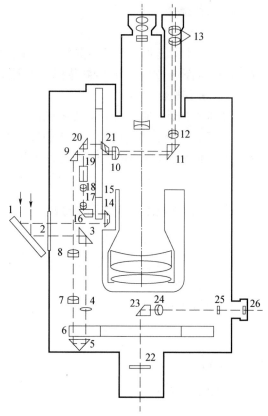

图 3-11　经纬仪基本轴系

（2）度盘读数光学系统

度盘读数光学系统由许多棱镜和透镜组成，利用几何光学原理，把水平度盘和竖直度盘的刻划影像传送到一个读数窗中。如图 3-12 所示，表示一种光学经纬仪的度盘读数光学系统。图中 1、2 是两个有各种光学器件的光路系统，光路 1 用于获取竖直度盘的角度读数，光路 2 用于获取水平度盘角度读数。1、2 两个光路最后带着各自的角度信息与光路中的测微读数组合并放大在同一个读数窗中。

（3）水平度盘配置机构

水平度盘的配置是使度盘的起始读数位置在起始方向上满足规定的要求。配置机构有两种，即度盘变换旋钮和复测器。

① 度盘变换旋钮配置

度盘变换旋钮是一个带有齿轮的转动装置，通过齿轮的连接带动度盘转动，度盘转动的角度值可在读数窗中看到。

利用度盘变换钮进行水平度盘的配置，首先转动照准部使望远镜瞄准起始方向目标；然后打开度盘变换旋钮的盖子（或控制杆），转动变换旋钮，同时观察读数窗的度

图 3-12　DJ6 度盘读数光学系统

盘读数使之满足规定的要求；调好后关闭度盘变换旋钮的盖子（或控制杆）。

② 复测器配置

复测器是一种控制水平度盘与照准部联系的控制机构。复测器打开，度盘与照准部连接，则水平度盘随照准部一起转动，读数窗的度数不变；复测器关闭，度盘与照准部脱离，则水平度盘不随照准部一起转动，读数窗的度数产生变化。复测器控制着度盘与照准部的关系（表 3-1）。

表 3-1　复测器操作与控制作用

复测器的一般操作	度盘与照准部的联系	转动照准部度盘的动作	读数窗的情况
开	连接	随之转动	度数不变
关	脱离	不随之转动	度数变化

复测器配置度盘，首先关闭复测器，打开水平制动旋钮转动照准部，同时在观察读数窗的度盘读数使之满足规定的要求；然后打开复测器，转动照准部照准起始方向，并用水平微动旋钮精确瞄准起始方向。最后关闭复测器，使水平度盘与照准部处于脱离状态。

3. 基座

基座主要由轴套、脚螺旋、连接板、固定旋钮等构成，是经纬仪照准部的支承装置。经纬仪照准部装在基座轴套以后必须扭紧固定旋钮，在应用时不得松开。

4. 其他部件

（1）光学对中器

光学对中器是现代经纬仪重要的部件，主要由目镜、分划板、直角转向棱镜、物镜等部件构成（图 3-12）。直角转向棱镜使水平光路转成垂直光路。

（2）旋钮机构

① 水平制动、微动旋钮，控制照准部水平转动；

② 垂直制动、微动旋钮，控制望远镜纵向转动；

③ 微倾旋钮，也称作竖度指标水准管微动螺旋（不是所有仪器都具备此部件），调整竖直度盘水准器气泡居中，使指标线处于铅垂线方向上。

3.2.2　光学经纬仪的角度测微

由于光学经纬仪度盘直径很短，度盘周长有限，如 DJ_6 经纬仪水平度盘周长不足 300mm，在这种度盘刻上 360° 的条纹。为了实现精密测角，可以借助光学测微技术获得 1′ 以上的精细角度。

1. 分微尺测微器

分微尺测微器测微方法用于 DJ_6 级光学经纬仪。

（1）装置

在读数光路系统中，分微尺是一个光学装置，刻有 60 条分划，表示 60′，有 0～6 的注记。在光路设计上，对度盘上的 1° 间隔影像进行放大，使之与分微尺的 60′ 相匹配。如图 3-13 所示。

（2）分微尺测微读数方法

① 读取分微尺内度分划的读数；

② 读取分微尺 0 分划至该度分划所在分微尺上的分的读数；

③ 计算以上两数之和为读数窗的角度读数。

图 3-13 中，水平度盘读数为 $215°7'24''$，竖直度盘读数为 $78°52'18''$。

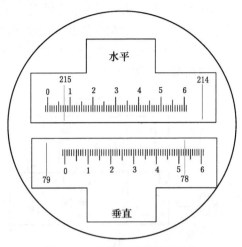

图 3-13　分微尺测微器读数窗

2. 单平板玻璃测微器

单平板玻璃测微器测微方法也是用于 DJ$_6$ 级经纬仪。由于操作不便，且有隙动差，现已较少采用。但旧仪器中还可见到，如 Wild T1 和部分国产 DJ$_6$ 的读数装置即属此类。

度盘影像在传递到读数显微镜的过程中，要通过一块平板玻璃，故称单平板玻璃测微器。在仪器支架的侧面有一个测微手轮，它与平板玻璃及一个刻有分划的测微尺相连，转动测微手轮时，平板玻璃产生转动。由于平板玻璃的折射，度盘分划的影像则在读数显微镜的视场内产生移动，测微分划尺也产生位移。测微尺上刻有 60 个分划。如果度盘影像移动一格，则测微尺刚好移动 60 个分划。因而通过它可读出不到 1° 的微小读数。

在读数显微镜读数窗内，所看到的影像如图 3-14 所示。图内下面的读数窗为水平度盘的影像，中间为竖直度盘的影像，上面则为测微尺的影像。水平及竖直度盘不足 1° 的微小读数，都利用测微尺的影像读取。读数时需转动测微手轮，使度盘刻划线的影像移动到读数窗中间双指标线的中央，并根据这指标线读出度盘的读数。这时测微尺读数窗内中间单指标线所对的读数即为不足 1° 的微小读数。将两者相加即为完整的读数。

图 3-14 中，水平度盘读数为 $59°22'10''$，竖直度盘读数为 $106°31'06''$。

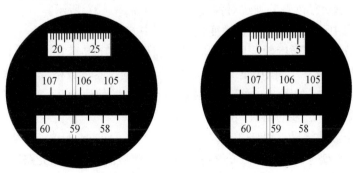

图 3-14　单平板玻璃测微器读数窗

3. 对径符合测微器

（1）测微装置

高精度的角度测量要求采用对径读数方法，即在水平度盘（或竖直度盘）相差180°的两个位置取得角度观测值的方法。对径符合测微的主要装置包括测微轮、一对光楔和测微窗。如图3-15所示，α 及 $\alpha+180°$ 是度盘对径读数值，反映在读数窗中是正像 $63°20'+a$，倒像 $243°20'+b$。图像中度盘刻划最小间隔为 $20'$。

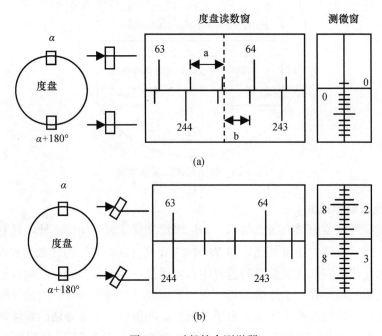

图 3-15　对径符合测微器

对径符合测微器是通过光楔的折光作用移动光路实现的，其最终结果是

$$\beta=\frac{(63°20'+a) + (243°20'+b) -180°}{2}=63°20'+\frac{a+b}{2} \qquad (3-3)$$

此处的 $(a+b)/2$，在对径符合微动控制中称为二分之一读数原理。

（2）对径符合测微的二分之一读数方法

① 当读数窗为图3-15（a）时，转动测微轮控制两个光楔同时偏转，其折光作用使光线相对移动，度盘对径读数分划线对称重合，如图3-15（b）所示。

② 在读数窗中读取视场左侧正像度数，如图中63°。

③ 读整十分。数正像度数分划与相应对径倒像度数（相差180°）分划之间的格数 n，得整十分的角值为 $n×10'$，图中是 $20'$ 即 $2×10'$。有的仪器将数格数 n 得整十分的方法改进为直读数字的形式，如图3-15（b）直读度盘读数窗的数值为2，即为 $20'$。

④ 读取测微窗分、秒的角值，图3-15（b）中是 $8'27''$。

⑤ 计算整个读数结果，得 $63°28'27''$。

水平、竖直度盘对径符合测微光路各自独立，测微前必须利用光路转换旋钮选取相应的光路。如图3-16所示为数字化读数窗，读数为 $63°34'2.4''$。

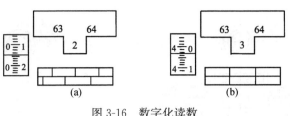

图 3-16 数字化读数

3.3 光学经纬仪的基本操作

角度测量是利用经纬仪在相应的地面点（一般设有固定标志）上对另一地面点上的目标进行观测的过程，整个过程涉及经纬仪的基本操作方法和角度观测技术方法。

3.3.1 经纬仪的安置

在测量角度以前，首先要把经纬仪安置在设置有地面标志的测站点上。所谓测站点，即是所测角度的顶点。安置工作包括对中、整平两项。对中的目的是使经纬仪的旋转中心与测站点位于同一铅垂线上；整平的目的是使经纬仪竖轴在铅垂位置，水平度盘处在水平位置。经纬仪安置可采用垂球对中和光学对中两种方法，相应的整平操作也略有差别。

1. 经纬仪垂球对中再整平

在安置仪器以前，首先将三脚架打开，抽出架腿，调节到适中的高度，旋紧架腿的固定螺旋。然后将三个架腿安置在以测站为中心的等边三角形的角顶上。这时架头平面要概略水平，且中心与地面点约略在同一铅垂线上。如在较松软的地面，三脚架的架腿尖头应稳固地插入土中。从仪器箱中取出经纬仪放在三脚架架头上（手不能放松），另一只手把中心螺旋（在三脚架头内）旋进经纬仪的基座中心孔中，使经纬仪牢固地与三脚架连接在一起。

用垂球对中时，先将垂球挂在三脚架的连接螺旋上，并调整垂球线的长度，使垂球尖刚刚离开地面。再看垂球尖是否与测站点在同一铅垂线上。如果偏离，则将测站点与垂球尖连一方向线，将最靠近连线的一条腿，沿连线方向前后移动，直到垂球与地面点对准。这时如果架头平面倾斜，则移动与最大倾斜方向垂直的一条腿，从较高的方向向低的方向划一以地面顶点为圆心的圆弧，直至架头基本水平，且对中偏差不超过 2mm 为止。最后将架腿踩实。为使精确对中，可稍稍松开连接螺旋，将仪器在架头平面上移动，直至准确对中，最后再旋紧连接螺旋。

整平时要先用脚螺旋使圆水准气泡居中，以粗略整平，再用管水准器精确整平。

这里介绍管水准器精确整平的方法（圆水准气泡整平方法与此相同）。整平时，先使管水准器与一对脚螺旋连线的方向平行，如图 3-17（a）所示，根据气泡移动方向与左手大拇指移动方向一致的原则，双手以相同速度相反方向旋转这两个脚螺旋，使管水准器的气泡居中。再将照准部平转 90°，如图 3-17（b）所示，用另外一个脚螺旋使气泡居中。这样反复进行，直至管水准器在任意位置上气泡都居中为止。在整平后还需检查对中是否偏移。如果偏移，则重复上述操作方法，直至水准气泡居中，同时仪器对中为止。

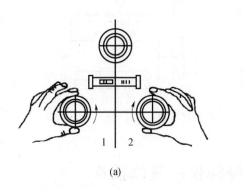 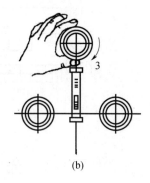

图 3-17　脚螺旋对中

2. 经纬仪光学对中再整平

由于大多数经纬仪设有光学对中器，且光学对中器的精度较高，不受风力影响，经纬仪的安置方法以光学对中器进行对中整平为常见。使用光学对中器对中时，一面观察光学对中器一面移动脚架，使光学对中器的分划圈中心与地面点对准。这时仪器架头可能倾斜很大，则根据圆水准气泡偏移方向，伸缩相关架腿，使气泡居中。伸缩架腿时，应先稍微旋松伸缩螺旋，待气泡居中后，立即旋紧。整平时只需用脚螺旋使管水准器精确整平，方法同上。待仪器精确整平后，仍要检查对中情况。因为只有在仪器整平的条件下，光学对中器的视线才居于铅垂位置，对中才是正确的。

3.3.2　瞄准

瞄准的实质是安置在地面点上的经纬仪的望远镜视准轴对准另一地面点的中心位置。一般地，被瞄准的地面点上设有观测目标，目标的中心在地面点的垂线上，目标是瞄准的主要对象。首先进行目镜对光，即把望远镜对着明亮背景，转动目镜调焦螺旋使十字丝成像清晰。再松开制动螺旋，转动照准部和望远镜，用望远镜筒上部的粗瞄器（或准星和照门）大致对准目标后，拧紧制动螺旋。然后从望远镜内观察目标，调节物镜调焦螺旋，使成像清晰，并消除视差。最后用微动螺旋转动照准部和望远镜，对准目标，并尽量对准目标底部。测水平角时（图 3-18），视目标的大小，用十字丝纵丝平分目标（单丝）或夹准目标（双丝）；测竖直角时（图 3-19），用中丝与目标顶部（或某一部位）相切即可。

 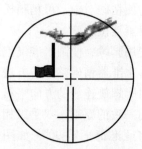

图 3-18　测水平角时　　　　　图 3-19　测竖直角时

3.3.3　读数

读数时要先调节反光镜，使读数窗明亮，旋转显微镜调焦螺旋，使刻划数字清晰，然后读数。测竖直角时注意调节竖盘指标水准气泡微动螺旋，使气泡居中后再读数。如果是配有竖盘指标自动归零补偿器的经纬仪，要把补偿器的开关打开再读数。

3.4　水平角测量

用经纬仪测角时，有盘左、盘右两种仪器位置。物镜对向目标，若竖直度盘在望远镜的左侧称为盘左（或称正镜）位置；若竖直度盘在望远镜的右侧称为盘右（或称倒镜）位置。注意：将仪器从盘左变换为盘右时，必须纵转望远镜并在水平方向旋转 $180°$。若是复测式仪器，此时不得扳动复测器。

水平角测量主要有测回法和方向观测法两种。前者用于单角测量，后者用于多角测量。

3.4.1　测回法

当所测的角度只有两个方向时，通常都用测回法观测。如图 3-20 所示，欲测 OA、OB 两方向之间的水平角 $\angle AOB$ 时，以 O 点为测站点安置仪器，在 A、B 处设立观测标志。经过对中、整平以后，即可按下述步骤观测。

1. 盘左观测

将经纬仪置于正镜位，瞄准左目标 A（称为起始方向），水平度盘置零，其读数为 $a_左$，松开水平制动螺旋，顺时针转动照准部，瞄准右目标 B（称为照准方向），读数 $b_左$，记入观测手簿。此称盘左半测回或上半测回，其角值按式（3-4）计算。

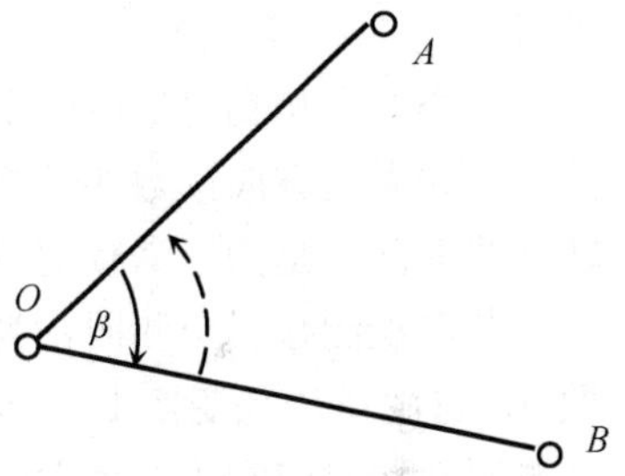

图 3-20　测回法测水平角

$$\beta_左 = b_左 - a_左 \tag{3-4}$$

2. 盘右观测

将望远镜纵转 $180°$，改为盘右。重新照准右方目标 B，并读取水平度盘读数 $b_右$。然后逆时针方向转动照准部，照准左方目标 A。读取水平度盘读数 $a_右$，则盘右所得角值按式（3-5）计算。

$$\beta_右 = b_右 - a_右 \tag{3-5}$$

此称为下半测回或盘右半测回。当两个半测回角值之差不超过规定限值时，取盘左盘右所得角值的平均值

$$\beta = \frac{1}{2}(\beta_左 + \beta_右) \tag{3-6}$$

即为一测回的角值。根据测角精度的要求，可以测多个测回而取其平均值，作为最后成果。观测结果应及时记入手簿（表 3-2），并进行计算，看是否满足精度要求。

表 3-2 测回法水平角观测手簿

日　期　　　年　　月　　　　日 天气　　　　　　　　观测者
仪器型号　　DJ₆₋₁ 型　　　　仪器编号　　　　　　　记录者

测站	竖盘位置	目标	度盘读数 ° ′ ″	半测回角值 ° ′ ″	一测回角值 ° ′ ″	各测回平均值 ° ′ ″	备注
O 第一测回	左	A	0 01 36	70 59 12	70 59 15	70 59 24	
		B	71 00 48				
	右	A	180 01 12	70 59 18			
		B	251 00 30				
O 第二测回	左	A	90 00 54	70 59 30	70 59 33		
		B	161 00 24				
	右	A	270 00 48	70 59 36			
		B	341 00 24				

值得注意的是，上下两个半测回所得角值之差，应满足有关测量规范规定的限差。对于 DJ₆ 级经纬仪，限差一般为 40″。如果超限，则必须重测。如果重测的两半测回角值之差仍然超限，但两次的平均角值十分接近，则说明这是由于仪器误差造成的。取盘左盘右角值的平均值时，仪器误差可以得到抵消，所以取各测回所得的平均角值作为最终的观测结果。

两个方向相交可形成两个角度，计算角值时始终应以右边方向的读数减去左边方向的读数。如果右方向读数小于左方向读数，则应先加 360° 后再减。在下半测回时，逆时针转动照准部，是为了消减度盘带动误差的影响。

若需观测数 n 个测回，为了减少度盘分划不均匀的误差影响，在各测回之间，按测回数 n，将度盘位置变换 $180°/n$，如观测二测回，第一测回起始时应配置在稍大于 0° 处。第二测回起始时应配置在稍大于 90° 处，如表 3-2 中第二测回的起始方向。对于于 DJ₆ 级经纬仪，测回间互差不超过 24″。

3.4.2 方向观测法（全圆测回法）

当在一个测站上需观测多个方向时，宜采用方向观测法，因为可以简化外业工作。它的直接观测结果是各个方向相对于起始方向的水平角值，也称为方向值。相邻方向的方向值之差，就是相应的水平角值。

如图 3-21 所示，设在 O 点有 OA、OB、OC、OD 四个方向，其观测步骤为：

（1）在 O 点安置仪器，对中、整平。

（2）选择一个距离适中且影像清晰的方向作为零方向（起始方向），设为 OA。盘左照准 A 点，并配置水平度盘读数，使其稍大于 0°，读数。

（3）以顺时针方向依次照准 B、C、D 诸点，分别记录下读数。最后再照准 A 读数，称为归零。以上称为上半测回。

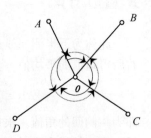

图 3-21 方向观测法
测水平角

（4）倒转望远镜改为盘右，以逆时针方向依次照准 A、D、C、B、A，分别观测各方向读数记录在手簿中。这称为下半测回，上下两个半测回构成一个测回。

（5）如需观测多个测回，为了消减度盘刻度不匀的误差，每个测回都要改变度盘的位置，即在照准起始方向时，改变度盘的起始读数。每次读数后，应及时记入手簿。手簿的格式见表3-3。

表3-3 方向法观测手簿

日 期　　　　年　　　月　　　日　天气　　　　　　　　观测者

仪器型号　　　　　型　　　　　仪器编号　　　　　　　记录者

测站	测回	目标	水平度盘读数		2c	平均读数 °′″	归零后的方向值 °′″	各测回归零的方向值平均值 °′″	备注
			盘左 °′″	盘右 °′″					
O	1	A	00 00 24	180 00 18	+6	(00 00 27) 00 00 21	00 00 00	00 00 00	
		B	85 18 30	265 18 24	+6	85 18 27	85 18 00	85 18 00	
		C	120 35 48	300 35 36	+12	120 35 42	120 35 15	120 35 14	
		D	279 55 54	99 55 42	+12	279 55 48	279 55 21	279 55 25	
		A	00 00 36	180 00 30	+6	00 00 33			
	2	A	90 05 16	270 05 14	+2	(90 05 19) 90 05 15	00 00 00		
		B	175 23 24	355 23 14	+10	175 23 18	85 17 59		
		C	210 40 39	30 40 26	+13	210 40 32	120 35 13		
		D	10 00 50	190 00 44	+6	10 00 47	279 55 28		
		A	90 05 25	270 05 21	+4	90 05 23			

表中第5栏为同一方向上盘左盘右读数之差，为2c值，意思是二倍的照准差，它是由于视线不垂直于横轴的误差引起的。因为盘左、盘右照准同一目标时的读数相差180°，所以 $2c = L - R \pm 180°$。第6栏是盘左盘右的平均值，在取平均值时，也是盘右读数加上或减去180°后再与盘左读数平均。起始方向经过了两次照准，要取两次结果的平均值作为结果。从各个方向的盘左盘右平均值中减去起始方向两次结果的平均值，即得各个方向的方向值。

3.4.3 水平角观测注意事项

1. 仪器高度要与观测者的身高相适应，三脚架要踩实，中心连接螺旋要拧紧，操作时不要用手扶三脚架，使用各螺旋时用力要轻。

2. 要精确对中，边长越短，对中误差影响越大。

3. 照准标志要竖直，尽可能用十字丝交点附近去瞄准标志底部。

4. 应边观测、边记录、边计算。发现错误，立即重测。

5. 水平角观测过程中，不得再调整照准部水准管。当气泡偏离中央超过一格时，须重新整平仪器，重新观测。

3.5 竖直角测量

竖直角与水平角一样,其角值也是两方向的度盘读数之差。不同的是竖直角的两方向中必有一个是水平方向。

3.5.1 竖盘装置

竖盘装置包括竖盘、竖盘指标、指标水准管及其微动螺旋。如图 3-22 所示。

为测量竖直角而设置的竖直度盘(简称竖盘)固定安置于望远镜旋转轴(横轴)的一端,其刻划中心与横轴的旋转中心重合。所以在望远镜作竖直方向旋转时,度盘也随之转动。另外有一个固定的竖盘指标,以指示竖盘转动在不同位置时的读数,这与水平度盘是不同的。

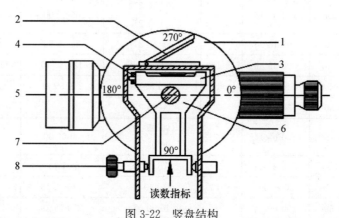

图 3-22　竖盘结构

1—竖直度盘;2—水准管反射镜;3—竖盘指标水准管;4—竖盘指标水准管校正螺丝;

5—视准轴;6—横轴支架;7—横轴;8—竖盘指标水准管微动螺旋

竖直度盘的刻划也是在全圆周上刻划为 360°,但注记的方式有顺时针及逆时针两种。如图 3-23 所示,注记的方式为逆时针。通常在望远镜方向上注以 0°及 180°,在视线水平时,指标所指的读数为 90°或 270°。竖盘读数也是通过一系列光学组件传至读数显微镜内读取。

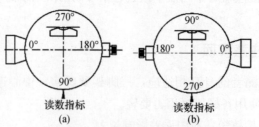

图 3-23　竖盘盘左、盘右位置注记

(a) 盘左;(b) 盘右

对竖盘指标的要求,是始终能够读出与竖盘刻划中心在同一铅垂线上的竖盘读数。为了满足这个要求,它有两种构造形式,一种是借助于与指标固连的水准管的指示,使其处于正确位置，早期的仪器都属此类；另一种是借助于自动补偿器，为了简化操作程序，提高工作效率，新型经纬仪多用自动归零装置取代竖盘水准管，其读数棱镜系统是悬挂在一个弹性摆上（图 3-24），依靠摆的重力与空气阻尼器的共同作用，能使弹性摆自动处于铅垂位置，由此使光学透镜组的光轴也位于铅垂线上。它没有竖盘指标水准管，测量竖直角时可以直接进行读数。

竖盘分划，通过其读数系统成像于读数窗上，读数根据读数窗上的指标读取。若竖盘与指标之间满足正确关系，当视线水平时，其竖盘读数必为 90°、270° 或 0°、180°。因此，竖直角是直接用倾斜视线的竖盘读数与 90°、270° 或 0°、180° 的差值来求得的。

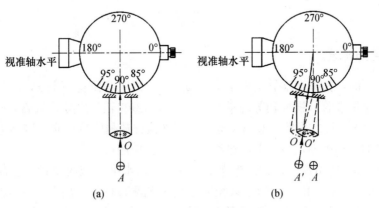

图 3-24　竖盘自动归零装置

3.5.2　竖直角的计算

竖直角的计算方法，因竖盘刻划的方式不同而异。现以顺时针注记，且在视线水平时的竖盘读数为 90°，这种刻划方式的竖盘为例，说明竖直角的计算方法，如遇其他方式的刻划，可以根据同样的方法推导其计算公式。

如图 3-25 所示，设 L 为望远镜正镜时瞄准某一高处目标的读数，由于竖盘注记是顺时针方向增加的，所以竖直角 $\alpha_{左}$ 为：

$$\alpha_{左} = 90° - L \tag{3-7}$$

当望远镜位于倒镜位置时，同理，可推导出竖直角 $\alpha_{右}$ 的计算公式为：

$$\alpha_{右} = R - 270° \tag{3-8}$$

取盘左、盘右的平均值，即为一个测回的竖直角值，即

$$\alpha = \frac{1}{2} (\alpha_{左} + \alpha_{右}) = \frac{1}{2} (R - L - 180°) \tag{3-9}$$

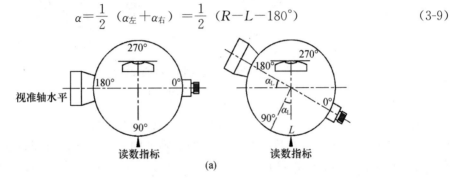

(a)

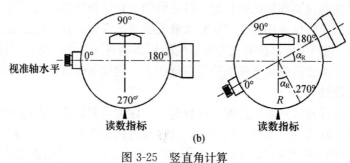

(b)

图 3-25　竖直角计算

（a）盘左；（b）盘右

3.5.3　竖盘指标差

当视线水平时，指标水准管气泡居中，而指标偏离正确位置一个 x，该值称为竖盘指标差。这是由于水准管、视准轴等因素所导致。指标差有正负之分，偏离方向与竖盘注记方向一致，x 为正，反之为负。竖盘指标差可用来检查观测质量。同一测站上观测不同目标时，指标差的变动范围，对于 DJ_6 级经纬仪而言不应超过 25″。

如图 3-26（a）所示盘左位置，当视线水平，竖盘水准气泡居中时，竖盘指标所指示的读数比 90° 大了一个 x 角度；当望远镜向上仰视观测目标后，将竖盘水准管气泡居中，此时竖盘指标所指示的读数 L 比应读的 L' 读数大了一个 x 角，所以正确的竖直角 α 为：

$$\alpha = 90° - L' = 90° - (L - x) \tag{3-10}$$

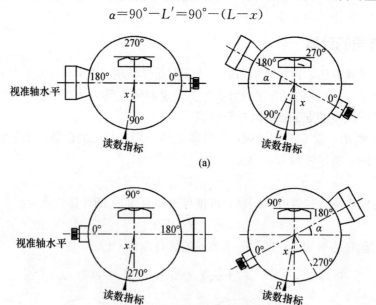

(a)

(b)

图 3-26　竖盘指标差的检验方法

（a）盘左；（b）盘右

倒镜后，如图 3-26（b）所示，当视线水平，竖盘水准气泡居中时，竖盘指标所指示的读数比 270° 小了一个 x 角度；再将视线仰起瞄准同一目标后，将竖盘水准气泡居中，此时竖盘指标所指示的读数 R 比应读的 R' 读数大了一个 x 角，所以正确竖直角 α 为：

$$\alpha=R'-270°=(R-x)-270° \tag{3-11}$$

将式（3-10）、式（3-11）两式分别相加和相减可得正确的竖直角和指标差

$$\alpha=\frac{1}{2}(\alpha_左+\alpha_右) \tag{3-12}$$

$$x=\frac{1}{2}(L+R-360°) \tag{3-13}$$

3.5.4 竖直角的观测

由竖直角的定义可知，它是倾斜视线与在同一铅垂面内的水平视线所夹的角度。由于水平视线的读数是固定的，所以只要读出倾斜视线的竖盘读数，即可求算出竖直角值。但为了消除仪器误差的影响，同样需要用盘左、盘右观测。其具体观测步骤为：

（1）在测站点上安置仪器，对中，整平。

（2）以盘左照准目标，如果是带指标水准器的仪器，必须用指标微动螺旋使水准器气泡居中，然后读取竖盘读数 L，这称为上半测回。

（3）将望远镜倒转，以盘右用同样方法照准同一目标，使指标水准器气泡居中后，读取竖盘读数 R，这称为下半测回。

如果用带指标补偿器的仪器，在照准目标后即可直接读取竖盘读数。竖直角测量记录手簿见表3-4。

表3-4 竖直角测量记录手簿

日 期 　　年　　月　　日 天气　　　　　　　观测者

仪器型号 DJ6-1 型　　　　仪器编号　　　　　记录者

测站	目标	竖盘位置	竖直度盘读数 ° ′ ″	半测回角值 ° ′ ″	指标差 ″	一测回角 ° ′ ″	备注
O	A	盘左	97 15 48	−7 15 48	+9	−7 15 39	
		盘右	262 45 30	−7 15 30			
	B	盘左	84 10 36	+5 49 48	−6	+5 49 18	
		盘右	275 49 12	+5 49 12			

3.6 角度测量的误差分析与注意事项

3.6.1 角度测量误差

在角度测量中，由于多种原因会使测量的结果含有误差。研究这些误差产生的原因、性质和大小，以便设法减少其对成果的影响。同时也有助于预估影响的大小，从而判断成果的可靠性。产生测角误差的主要因素有：仪器误差、安置仪器的误差、观测误差和外界条件的影响。

1. 仪器误差

（1）由于仪器检校不完善而引起的误差

如望远镜视准轴不严格垂直于横轴，横轴不垂直于纵轴而引起的误差。可采用盘左、

盘右两次测角取平均值的方法，消除上述两项误差对水平角观测的影响。

（2）由于仪器制造加工不完善所引起的误差

如度盘分划误差和仪器偏心误差等，可采取变换度盘位置测角的方法来减小度盘分划误差的影响。又如经纬仪照准部的旋转中心与水平度盘的中心不重合，产生照准部偏心。

2. 安置仪器的误差

（1）对中误差对测角的影响

如图 3-27 所示，在测量水平角时，若垂球没有对准测站点 O，仪器实际中心为 O_1，产生了对中误差 OO_1。则实际测得的角为 β' 而非应测的 β，两者相差为：

$$\Delta\beta=\beta-\beta'=\delta_1+\delta_2=\left[\frac{\sin\theta}{d_1}+\frac{\sin(\beta'-\theta)}{d_2}\right]\cdot e\cdot\rho'' \tag{3-14}$$

式中，e 为偏心距，δ_1、δ_2 为对中误差产生的测角影响。由图 3-27 可以看出，观测方向与偏心方向越接近 90°，边长越短，对中误差越大，则对测角的影响越大。所以在测角精度要求一定时，边越短，则对中精度要求越高。

（2）整平误差

此项误差是由于水准管检校不完善或由于整平不严格而引起的度盘与横轴不水平，度盘不水平对测角的影响取决于度盘的倾斜度和目标的高度，当观测的目标与仪器大致等高时，其影响是比较小的。但在山区或丘陵地区测量角度时，该项误差对测角的影响是随着目标高度的增大而增大的，所以当观测水平角的两个方向目标不等高时，要特别注意整平仪器。

3. 观测误差

（1）目标偏心误差对测角的影响

在测角时，通常都要在地面点上设置观测标志，如花杆、垂球等，如图 3-28 所示。造成目标偏心的原因可能是标志与地面点对得不准，或者标志没有铅垂，而照准标志的上部时使视线偏移。如图 3-28 所示，目标偏心误差对测角的影响为：

$$x=\frac{e}{d}\cdot\rho''=\frac{l\cdot\sin\beta}{d}\cdot\rho \tag{3-15}$$

与测站偏心类似，偏心距越大，边长越短，则目标偏心对测角的影响越大。所以在短边测角时，尽可能用垂球作为观测标志。

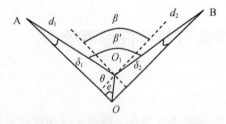

图 3-27　对中误差对水平角的影响

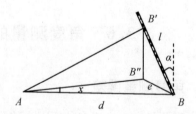

图 3-28　目标偏心差

（2）照准误差

照准误差的大小，决定于人眼的分辨能力、望远镜的放大率、目标的形状及大小和操作的仔细程度。对于粗的目标宜用双丝照准，细的目标则用单丝照准。

（3）读数误差

对于分微尺读法，主要是估读最小分划的误差；对于对径符合读法，主要是对径符合的误差所带来的影响，所以在读数时应特别注意。DJ_6级仪器的读数误差最大为$\pm 12''$，DJ_2级仪器为$\pm 2'' \sim 3''$。

4. 外界条件的影响

观测是在一定的条件下进行的，外界条件对观测质量有直接影响，如松软的土壤和大风影响仪器的稳定；日晒和温度变化影响水准管气泡的运动；大气层受地面热辐射的影响会引起目标影像的跳动等等，这些都会给观测水平角带来误差。因此，要选择目标成像清晰稳定的有利时间观测，设法克服或避开不利条件的影响，以提高观测成果的质量。

3.6.2 角度测量的注意事项

经纬仪是精密贵重仪器，通常在野外使用，经常要搬运。每位测量人员均应注意维护。开箱取仪器前应先认清仪器在箱内的安放位置，以便用完后能顺利照原来位置放好。取仪器时，应一手握住支架，一手捧住仪器基座，切勿提拿望远镜。

操作时，要心细手轻，使用仪器制动螺旋要有轻重感，切勿拧得过紧或太松。要始终保持仪器与三脚架的稳固连接，脚螺旋保持等高，微动螺旋位置适中。物镜、目镜与读数镜勿用手指、布和纸任意擦拭，要用镜头纸或麂皮擦拭。以防损伤透镜。在烈日下必须撑伞，雨天不准野外操作。仪器上的附件要妥善保管，不要乱放，也不要放在衣袋内，仪器箱盖随时关紧。外业工作时，不准把仪器箱当板凳坐。搬站时，如近距离搬移，可将仪器连在三脚架上，一手扶持仪器，一手挟持三脚架腿，仪器部分朝向前方前进。不准将仪器扛在肩上前进。远距离搬移或在高低起伏较大的地方搬移均需装箱搬运。装箱时，应松开各制动螺旋，按原位轻轻放妥，再拧紧制动螺旋。箱盖上的搭扣或锁扣应随时扣上。仪器的日常保管，要放在通风干燥的地方，注意防潮，防霉防尘。如遇仪器部件发生故障，必须仔细检查，找出原因，由熟悉仪器的人员进行检修。

除了以上各点以外，为了保证测角的精度，观测时必须注意以下事项：

1. 观测前必须检验仪器，发现仪器误差，应进行校正，或采用正确的观测方法，减少或消除对观测结果的影响。

2. 安置仪器要稳定，脚架应踩牢，对中应仔细，整平误差应在一格以内。

3. 目标必须竖直。

4. 观测时必须严格遵守各项操作规定。例如：瞄准时必须消除视差；水平角观测时，不可误动度盘；竖直角观测时，必须在读数前先使竖盘水准管气泡居中（自动归零型仪器要打开补偿器开关）等。

5. 水平角观测时，应以十字丝交点处的竖丝对准目标根部；竖直角观测时，应以十字丝交点处的横丝对准目标。

6. 读数应准确，观测结果应及时记录和计算。

7. 各项误差必须符合规定，若误差超限必须重测。

3.7 电子经纬仪

电子经纬仪是一种集机、光、电一体，带有电子扫描度盘，在微处理器控制下实现测角数字化的仪器，是在现代电子技术快速发展的基础上研制出的新型测角仪器。电子经纬仪与光电测距仪结合一体又称全站仪，目前已被广泛应用于测绘工作中。电子经纬仪与光学经纬仪相比，在仪器外形及轴系结构、仪器的安置及照准操作等方面大致相同。其不同点主要为：内部除光学及机械器件外，还装有电子扫描度盘、电子传感器和微处理机等，从而取代了光学经纬仪的光学度盘及其读数装置。外部装有与测距仪和电子手簿连接的传输接口、电池、液晶显示屏及操作键盘等。图 3-29 是南方测绘公司的 ET-02L 型电子经纬仪的全貌。

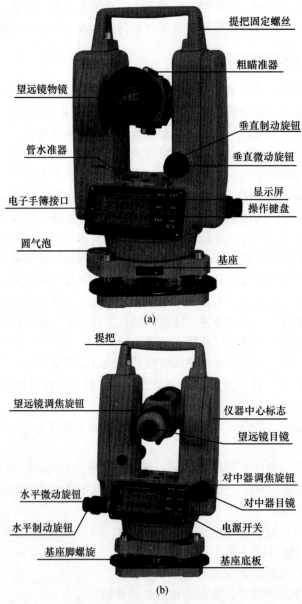

图 3-29　南方电子经纬仪 ET-02L

3.7.1　电子经纬仪的读数系统

电子经纬仪的读数系统是通过角-码变换器，将角位移量变为二进制码，再通过一定的电路，将其译成度、分、秒，而用数字形式显示出来。

目前常用的角-码变换方法有编码度盘、光栅度盘及动态测角系统等，有的也将编码度盘和光栅度盘结合使用。现以光栅度盘为例，说明角-码变换的原理。

光栅度盘又分透射式及反射式两种。透射式光栅是在玻璃圆盘上刻有相等间隔的透光与不透光的辐射条纹。反射式光栅则是在金属圆盘上刻有相等间隔的反光与不反光的条纹。用得较多的是透射式光栅。

透射式光栅的工作原理如图 3-30（a）所示。它有互相重叠、间隔相等的两个光栅，一个是全圆分度的动光栅，可以和照准部一起转动，相当于光学经纬仪的度盘；一个是只有圆弧上一段分划的固定光栅，它相当于指标，称为指示光栅。在指示光栅的下部装有光源，上部装有光电管。在测角时，动光栅和指示光栅产生相对移动。如图 3-30（b）所示，如果指示光栅的透光部分与动光栅的不透光部分重合，则光源发出的光不能通过，光电管接收不到光信号，因而电压为零；如果两者的透光部分重合，则透过的光最强，因而光电管所产生的电压最高。这样，在照准部转动的过程中，就产生连续的正弦信号，再经过电路对信号的整形，则变为矩形脉冲信号。如果一周刻有 21600 个分划，则一个脉冲信号即代表角度的 $1'$。这样，根据转动照准部时所得脉冲的计数，即可求得角值。为了求得不同转动方向的角值，还要通过一定的电子线路来决定是加脉冲还是减脉冲。只依靠脉冲计数，其精度是有限的，还要通过一定的方法进行加密，以求得更高的精度。目前最高精度的电子经纬仪可显示到 $0.1''$，测角精度可达 $0.5''$。

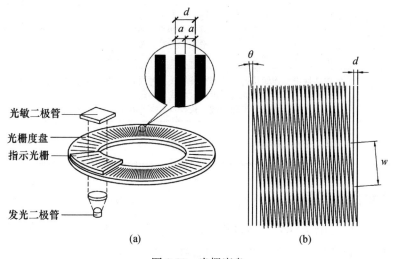

图 3-30　光栅度盘

3.7.2　南方电子经纬仪键盘符号与功能

南方测绘公司的 ET-02L 型电子经纬仪的键盘（图 3-31）具有一键双重功能（具体参考表 3-5），一般情况下仪器执行按键上所标示的第一（基本）功能，当按下 切换 键后再按其余各键则执行按键上方面板上所标示的第二（扩展）功能。

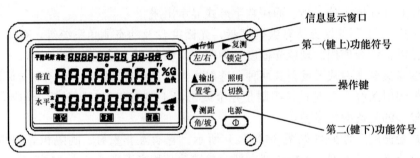

图 3-31　南方电子经纬仪 ET-02L 的键盘

表 3-5　南方电子经纬仪键盘符号与功能

◀存储 左/右	左/右 存储 （◀）	显示左旋/右旋水平角选择键。连续按此键，两种角值交替显示。长按（3 秒）后，此时有激光对中器功能的仪器激光点亮起。再长按（3 秒）后熄灭。 存储键。切换模式下按此键，当前角度闪烁两次，然后当前角度数据存储到内存中。 在特种功能模式中按此键，显示屏中的光标左移。
◀复测 锁定	锁定 复测 （▶）	水平角锁定键。按此键两次，水平角锁定；再按一次则解除。长按（3 秒）后，此时是激光经纬仪的仪器，激光指向功能亮起。再长按（3 秒）后熄灭。 复测键。切换模式下按此键进入复测状态。 在特种功能模式中按此键，显示屏中的光标右移
▲输出 置零	置零 输出 ▲	水平角置零键。按此键两次，水平角置零。 输出键。切换模式下按此键，输出当前角度到串口，也可以令电子手簿执行记录。 减量键。在特种功能模式中按此键，显示屏中的光标可向上移动或数字向下减少
▼测距 角/坡	角/坡 测距 ▼	竖直角和斜率百分比显示转换键。连续按此键交替显示。 测距键。在切换模式下，按此键每秒跟踪测距一次，精度至 0.01m（连接测距仪有效）。连续按此键则交替显示斜距、平距、高差、角度。 增量键。在特种功能模式中按此键，显示屏中的光标可向上移动或数字向上增加
照明 切换	切换 照明	模式转换键。连续按键，仪器交替进入一种模式，分别执行键上或面板标示功能。 在特种功能模式中按此键，可以退出或者确定。 望远镜十字丝和显示屏照明键。长按（3 秒）切换开灯照明；再长按（3 秒）则关
电源 ○	电源	电源开关键。按键开机；按键大于 2 秒则关机

3.7.3　电子经纬仪的特点

由于电子经纬仪是电子计数，通过置于机内的微型计算机，可以自动控制工作程序和计算，并可自动进行数据传输和存储，因而它具有以下特点：

（1）读数在屏幕上自动显示，角度计量单位（360°六十进制、360°十进制、400g、6400密位）可自动换算。

（2）竖盘指标差及竖轴的倾斜误差可自动修正。

（3）有与测距仪和电子手簿连接的接口。与测距仪连接可构成组合式全站仪，与电子手簿连接，可将观测结果自动记录，没有读数和记录的人为错误。

（4）可根据指令对仪器的竖盘指标差及轴系关系进行自动检测。

（5）如果电池用完或操作错误，可自动显示错误信息。

（6）可单次测量，也可跟踪动态目标连续测量。但跟踪测量的精度较低。

（7）有的仪器可预置工作时间，到规定时间，则自动停机。

（8）根据指令，可选择不同的最小角度单位。

（9）可自动计算盘左、盘右的平均值及标准偏差。

（10）有的仪器内置驱动马达及 CCD 系统，可自动搜寻目标。

根据仪器生产的时间及档次，某种仪器可能具备上述的全部或部分特点。随着科学技术的发展，其功能还在不断扩展。

本章思考题

1. 角度测量的原理是什么？

2. 叙述经纬仪对中、整平、照准、读数操作的具体步骤。

3. 测回法测量水平角的步骤是什么？

4. 对中误差、目标偏心差与哪些因素有关？

5. 测量水平角时，采用左、右盘观测法可以消除哪些仪器误差对测量结果带来的影响？

6. 测量竖直角时，为什么每次竖盘读数前，应转动竖盘指标水准管的微动螺旋使气泡对中？

7. 下面是水平角测回法的观测数据，完成表格计算。

测站测回数	竖盘位置	目标	度盘读数 ° ′ ″	半测回角值 ° ′ ″	一测回角值 ° ′ ″	各测回平均值 ° ′ ″	备注
O 第一测回	左	A	0 03 24				
		B	62 17 48				
	右	A	180 03 18				
		B	242 17 36				
O 第二测回	左	A	90 03 06				
		B	152 17 12				
	右	A	270 02 54				
		B	332 17 18				

8. 完成竖直角观测表的各项计算。

测站	目标	竖盘位置	竖直度盘读数 ° ′ ″	半测回角值 ° ′ ″	指标差 ″	一测回角 ° ′ ″	备注
O	A	盘左	81 18 48				
		盘右	278 41 30				
	B	盘左	124 03 36				
		盘右	235 56 12				

第4章 距离测量与直线定向

本章导读

　　本章主要介绍钢尺量距、视距测量、电磁波测距、直线定向、两点间的距离、方向与坐标的关系、全站仪等内容；其中直线定线、视距测量、直线定向、方位角、坐标方位角、坐标正算与反算是学习的重点与难点；采取课堂讲授、实验操作与课下练习相结合的学习方法，建议4～6个学时。

　　距离测量是确定地面点位的基本测量工作之一，所谓距离是指两点间的水平长度。如果测得的是倾斜距离，须改化成水平距离。根据所用仪器和工具的不同，距离测量的方法主要有：钢尺量距、视距测量和电磁波测距等。

4.1　钢尺量距

4.1.1　钢尺量距的工具

　　钢尺量距的工具主要是钢尺，其他的辅助工具包括测钎、测杆（花杆）、垂球、拉力计和温度计。

　　钢尺是指钢制的带尺，实际上是一卷钢带，放在圆形的塑料或者金属盒内。常用的钢尺宽10～15mm，厚0.2～0.4mm，尺长有20m、30m、50m等。钢尺的基本分划一般为厘米（也有的为毫米），在每米、每分米、每厘米处都印有数字标记。一般的钢尺在起点的一分米内有毫米分划，也有部分钢尺在整个尺长内都有毫米分划。

　　根据零点位置的不同，钢尺可分为端点尺和刻线尺。端点尺是指零点在钢尺尺端，即拉环外沿的钢尺，如图4-1所示，刻线尺是指在钢尺前端有一条刻线作为尺长的零分划线的钢尺，如图4-2所示。

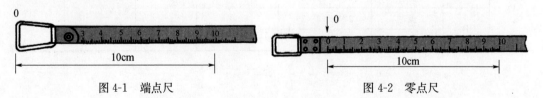

图 4-1　端点尺　　　　　　　　　　　　图 4-2　零点尺

其他辅助工具：

（1）测钎，用粗钢丝制成，用来标志所量尺段的起点和计算已量过的整尺段数。通常在量距过程中，两点目标点之间的距离会大于钢尺的最大长度，因此量距需要分段进行，每一段可用测钎来标定。

（2）测杆，也叫花杆、标杆，一般由坚实不易弯曲的木杆或者铝合金制成。杆上涂20cm间隔的红、白油漆，以便远处清晰可见，用于标定直线。

（3）垂球，用金属制成的上圆下尖的圆锥型物体，上端系一细绳，悬吊后，垂球尖与细绳在同一垂线上。当在倾斜地面进行距离量距时，需要抬平钢尺进行丈量，此时可用垂球来进行投点。

（4）拉力计和温度计，两者分别用于对钢尺进行尺长改正和温度改正，一般是在进行精密量距时使用。

4.1.2 直线定线

当两个地面点之间的距离较长或地形起伏较大时，为便于量距，需分成几段进行丈量。为了保证各个测段都在同一条直线上，要进行直线定线，即在已知两点的连线方向上标定出若干个点。直线定线的方法主要有目估定线法和经纬仪定线法。

1. 目估定线法

一般的钢尺量距精度要求不高，采用目估定线法即可。如图4-3所示，在待测距离的两个端点A、B上立好标杆（A、B两点间通视），甲作业员站在A点标杆后1m左右处，瞄准A、B标杆同侧，指挥在2点持杆的乙作业员左右移动标杆，直到甲从A点沿标杆的同一侧看到A、2、B三支标杆构成一条直线，同法可定出直线上其他的点。定线一般由远及近，先定1点，再定2点。

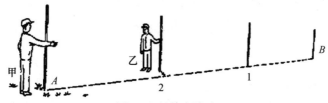

图4-3 目估定线法

2. 经纬仪定线法

经纬仪定线法适用于钢尺量距的精密方法。如图4-4所示，设A、B两点通视，将经纬仪安置在A点，用望远镜纵丝瞄准B点，制动照准部，望远镜上下转动，同时通过望远镜观察指挥另一个作业员左右移动测杆，直到测杆影像被望远镜十字丝的纵丝平分为止。为了减少照准误差，一般采用直径更细的测钎或垂球线代替测杆。

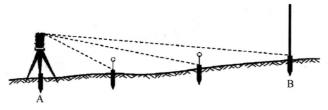

图4-4 经纬仪定线法

4.1.3 钢尺量距的一般方法

1. 平坦地区距离丈量

在平坦地区丈量两点间的水平距离，可先在直线的两个端点 A、B 竖立标杆，作为定线的依据，如图 4-5 所示，清除直线上的障碍物后，即可开始丈量。后尺手持尺的零端位于 A 点，前尺手持尺的末端并携带一组测钎沿 AB 方向前进，直到一整尺段处停下。后尺手指挥前尺手将钢尺拉在 AB 的直线方向上，后尺手以尺的零点对准 A 点，当两人同时把钢尺拉紧、拉平和拉稳后，前尺手在尺的末端刻线处竖直的插下一测钎，得到点 1。如此继续丈量下去，直到最后不足一尺段的长度，称为余长。丈量余长时，前尺手将尺上某一整数分划对准 B 点，后尺手对准 n 点，两数相减即可得到余长。则两点之间的水平距离为

$$D_{AB}=n \cdot l+q \tag{4-1}$$

式中，n 为整尺段数；l 为整尺段长，单位为 m；q 为余长，单位为 m。

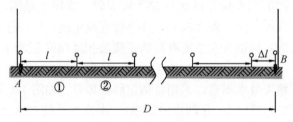

图 4-5　平坦地区丈量直线

为了防止量距时的错误并提高量距精度，需要进行往返丈量，上述方法为往测，返测时要重新定线，往返测的相对误差（相对精度）K 为

$$K=\frac{\left| D_{往}-D_{返} \right|}{D_{平均}} \tag{4-2}$$

相对误差 K 通常化为分子为 1 的分数，分母越大，K 越小，则距离丈量的精度越高，反之精度越低。钢尺量距的精度一般不低于 1/3000，在丈量困难地区也不应低于 1/1000，当量距的相对误差没有超限时，取往、返测距的平均值作为结果，否则应重测。

2. 倾斜地面距离丈量

（1）平量法

当地面起伏不大时可将钢尺拉平分段丈量，后尺手将尺的零端置于 A 点，前尺手将尺子抬高，目估使尺子水平，用垂球尖将尺子末端投于地面上，插上测钎。由于从坡下向坡上丈量较困难，因此一般采用两次独立丈量取平均值。如图 4-6 所示。

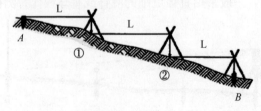

图 4-6　平量法

（2）斜量法

当地面坡度较大但坡度较均匀时，可沿斜坡分段丈量出倾斜距离 L，如图 4-7 所示，然后测出 AB 两点间的高差 h 或者倾斜角见式 4-3 中的 α，根据几何关系可得到：

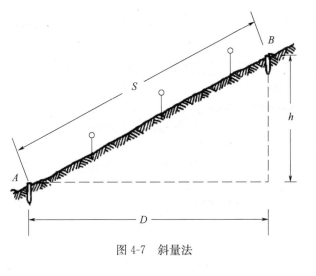

图 4-7　斜量法

$$D = S\cos\alpha \qquad (4\text{-}3)$$

或

$$D = \sqrt{S^2 - h^2} \qquad (4\text{-}4)$$

3. 钢尺精密量距简介

当量距精度要求在 1/10000 以上时，要用精密量距法。首先用经纬仪进行直线定线，再用检定过的钢尺进行量距，然后测量各点之间的桩顶高差，最后在处理观测成果中需要加上尺长改正、温度改正和倾斜改正等。由于钢尺量距过程比较繁琐，因此在距离丈量过程中难免会产生许多误差，主要有尺长误差、温度误差、尺身不水平导致的误差、定线误差、对点与插测钎误差等。而钢尺精密量距的过程就更加繁琐，费时费力，效率低，因此在需要进行精密量距时，一般使用电磁波测距的方法代替钢尺量距。

4.2　视距测量

视距测量是根据几何光学及三角形原理，利用测量仪器望远镜中的视距丝配合视距尺，测量两点间距离和高差的一种方法。此法操作方便、观测快，一般不受地形影响。但是测量距离和高差的精度较低，测距相对误差约为 1/300～1/200，一般用于地形测图的碎部点测量。

4.2.1　视距测量原理

1. 视线水平时的距离与高差测量原理

如图 4-8 所示，欲测量 A、B 两点间的水平距离和高差，在 A 点安置水准仪，B 点立水准尺，当望远镜视线水平时，视准轴即水平视线与水准尺垂直，若尺上 M、N 点成像在十字丝分划板上的两根视距丝 m、n 处，那么尺上 M、N 的长度可由上、下视距丝读数之差求得，上下丝读数之差称为视距间隔或尺间隔 l。设 p 为视距丝间隔，f 为物镜焦距，δ 为物镜至仪器中心的距离，则 A、B 之间的水平距离为

$$D_{AB}=d+f+\delta \qquad (4\text{-}5)$$

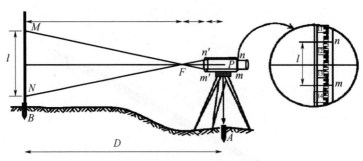

图 4-8　视线水平时的视距测量原理

其中，d 由两相似三角形 MNF 和 mnF 可得

$$d=fl/p \qquad (4\text{-}6)$$

因此

$$D_{AB}=fl/p+f+\delta \qquad (4\text{-}7)$$

令 $\dfrac{f}{p}=K$，$f+\delta=C$，则

$$D_{AB}=Kl+C \qquad (4\text{-}8)$$

式中，K、C 为视距乘常数和视距加常数。

目前常用的内调焦望远镜的视距常数，设计时已使 $K=100$，$C=0$，所以公式（4-8）可以改写成

$$D=Kl \qquad (4\text{-}9)$$

同时，由图 4-8 可以看出 A、B 两点间高差 h_{AB} 的计算公式为：

$$h_{AB}=i-v \qquad (4\text{-}10)$$

式中，i 为仪器高，v 为望远镜中丝在尺上的读数。

2. 视线倾斜时的距离与高差测量原理

当地面起伏较大时，望远镜必须倾斜才能瞄准水准尺，此时视准轴不再垂直于水准尺，如图 4-9 所示，需要将水准尺上的视线间隔 l（MN）换算为与视线垂直的视距间隔 l'（$M'N'$），然后再应用上述计算公式，求出 A、B 两点间的水平距离和高差。

设望远镜竖直角为 α，由于视线垂直于 MN，根据几何关系可知 MN 与 $M'N'$ 的夹角为 α。由于十字丝上下丝的距离很小，所以 φ 很小约为 $34'$，则可将角 $NN'O$ 与 $M'MO$ 看成直角，因此

$$l'=(OM'+ON')\cos\alpha=l\cos\alpha \qquad (4\text{-}11)$$

则，A、B 两点间的斜距为

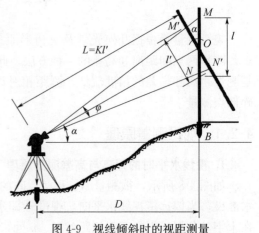

图 4-9　视线倾斜时的视距测量

$$S_{AB} = Kl' = Kl\cos\alpha \tag{4-12}$$

A、B 间的水平距离为

$$D_{AB} = S_{AB}\cos\alpha = Kl\cos\alpha \tag{4-13}$$

设 A、B 两点间的高差为 h，目标高为 v，仪器高为 i，则有

$$h + v = h' + i \tag{4-14}$$

其中

$$h' = D\tan\alpha \tag{4-15}$$

那么，A、B 两点间的高差为

$$h = h' + i - v = D\tan\alpha + i - v = \frac{1}{2}Kl\sin2\alpha + i - v \tag{4-16}$$

4.2.2　视距测量的观测方法

以经纬仪为例介绍视距测量的一般步骤，如下：

（1）在测站点安置经纬仪，对中整平后，量取仪器高 i 至厘米。

（2）将经纬仪置于盘左位置，瞄准测点上竖立的水准尺，分别读取望远镜上、下、中三丝的读数 M、N、v；打开经纬仪上的竖盘指标差补偿装置，读取竖盘读数。

（3）根据读数 M、N 计算视线间隔 l；根据竖盘读数计算得到竖直角 α；最后根据公式计算 A、B 两点间的水平距离 D 以及高差 h。

4.3　电磁波测距

钢尺量距步骤十分繁琐，效率低下，特别是在山区等地区使用钢尺量距就更为困难，而视距测量精度又太低，不能满足精密测距的要求，随着电子技术的飞速发展，电磁波测距技术逐渐得到广泛应用。

电磁波测距是利用电磁波作为载波传输测距信号，以测量两点间距离的一种方法。与传统测距方法相比，电磁波测距具有测程长、精度高、操作简单、速度快、受地形限制小的优点。

以电磁波为载波传播测距信号的测距仪器统称为电磁波测距仪。按照所采用的载波的不同可以分为两类：以微波为载波的测距仪叫作微波测距仪，以激光和红外光为载波的测距仪叫作光电测距仪。按测程大小可分为远程（20km 以上）、中程（5～20km）和短程（5km 以下）三类，一般用于远程测距的是微波测距仪和激光测距仪，而红外光电测距仪用于中、短程测距。

4.3.1　电磁波测距的基本原理

电磁波测距的基本原理是在光速 c 已知的条件下，通过测量电磁波在待测距离上往返传播一次所需要的时间 t_{2D} 来间接测量距离，如图 4-10 所示，欲测量 A、B 两点之间的距离 D，分别在 A、B 两点安置测距仪和反射镜，则待测距离 D 可用下式表示

$$D = \frac{1}{2}ct_{2D} \tag{4-17}$$

上述方法测量的距离 D 一般是 A、B 两点间的斜距，通过测量竖直角，可计算出平距和高差。

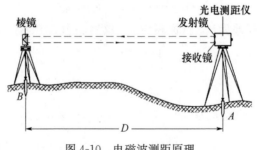

图 4-10　电磁波测距原理

4.3.2　电磁波测距的方法分类

从式（4-17）可以看出，电磁波测距的精度主要取决于电磁波往返传播时间的精度。而直接测定传播时间 t_{2D} 很难达到较高的精度，如要保证 $\pm 1cm$ 的测距精度，测定时间的误差要小于 6.7×10^{-11} s。因此，一般采用间接法来测量 t_{2D}，根据测量 t_{2D} 方法的不同可分为脉冲式测距和相位式测距。

1. 脉冲式测距

脉冲式测距的原理是由测距仪的发射系统发出光脉冲，经被测目标发射后，再由测距仪的接收系统接收，通过测定光脉冲在待测距离上往返所需时间间隔的钟脉冲的个数来求得待测距离。脉冲式测距仪的测距精度很大程度上依赖于电子元件的性能，测距精度较低，一般为分米级和米级，因此，脉冲式测距仪常用于短距离低精度测距或者长距离测距。

2. 相位式测距

相位式测距的原理是由测距仪的发射系统发出一种经过调制的正弦光波，通过测量正弦光波在待测距离上往返传播所产生的相位移来间接地测量待测距离。

在砷化镓（GaAs）发光二极管中注入一定的恒定电流，它发出的光波强度恒定不变，如图 1-11（a）所示；若注入的恒定电流改为交变电流，那么它发出的光波强度随注入的交变电流呈正弦变化，如图 4-11（b）所示，这种光称为调制光。在 A 点的测距仪发射的调制光在待测距离 AB 上传播，经反射镜发射后被接收器接收，然后测距仪内部的相位计将发射信号与接收信号比较计算出调制光在待测距离上往返一次所产生的相位移 φ，为了方便说明问题，将经 B 点反射镜反射回 A 点测距仪的光波沿测线方向展开，如图 4-12 所示。

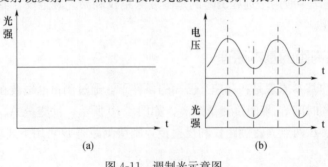

(a)　　　　　　　　　　(b)

图 4-11　调制光示意图

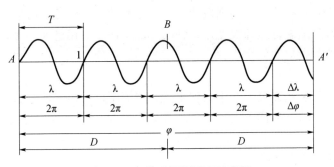

图 4-12 相位法测距原理示意图

设调制光的角频率为 ω，调制光的频率为 f，光强变化一个周期的相位移为 2π，则调制光在测线上的相位延迟 φ 为

$$\varphi = \omega t_{2\mathrm{D}} = 2\pi f t_{2\mathrm{D}} \tag{4-18}$$

$$t_{2\mathrm{D}} = \frac{\varphi}{2\pi f} \tag{4-19}$$

将式（4-19）代入式（4-17）得

$$D = \frac{c}{2f} \cdot \frac{\varphi}{2\pi} \tag{4-20}$$

从图 4-12 中可以看出，相位 φ 还可用相位的整周数（2π）的个数 N 和不足一个整周数的 $\Delta\varphi$ 来表示，则有

$$\varphi = N \times 2\pi + \Delta\varphi \tag{4-21}$$

将 φ 代入式（4-20）中，可得

$$D = \frac{c}{2f}\left(N + \frac{\Delta\varphi}{2\pi}\right) = \frac{\lambda}{2}\,(N + \Delta N) \tag{4-22}$$

式中，$\lambda = \frac{c}{f}$，λ 为调制光的波长；$\Delta N = \frac{\Delta\varphi}{2\pi}$，$\Delta N$ 小于 1，λ 为不足一个周期的小数，N 为整周期数。

仪器在设计时，选定发射光源后，发射光的波长和频率、光速 c 为已知值，因此，只要知道相位的整周数 N 和不足一个整周期的相位移 $\Delta\varphi$ 即可确定距离。公式（4-22）与钢尺量距的公式类似，半波长 $\lambda/2$ 可以看作是一个"光尺"的长度，那么距离 D 可看作是 N 个整测尺长度与不足一个整测尺长度之和。测距仪内部的相位计只能分辨 $0\sim2\pi$ 之间的相位变化，即只能测出不足 2π 的相位差 $\Delta\varphi$，相当于不足一个整"测尺"的距离。若 100m 的光尺，只能测出小于 100m 的距离值；同理 1km 的光尺能测出小于 1km 的距离。由于仪器的测向精度一般为 1/1000，所以 1km 的测尺精度只有 1m，测尺越长，精度越低，因此，为了兼顾测程和精度，一般会在测距仪上设计多个调制频率的光波，即采用多个长度的"光尺"进行测距，较长的"光尺"（粗尺）用于测定距离的大数，保证测程；较短的"光尺"（精尺）用于测定距离的小数，保证精度。二者相互结合就解决了用相位式测距法进行长距离测距的问题。

4.3.3 电磁波测距仪的使用

随着科技的发展和技术的进步，集测距、测角等多种功能于一体的全站仪（见 4.6

节）已广泛应用于各行各业，并逐渐取代了只用于测距的电磁波测距仪。在全站仪出现之前，电磁波测距仪一般配合经纬仪使用，在实际的生产中应用已经不多，故不详述。本节简要介绍下电磁波测距仪的使用步骤。

1. 安置仪器

先在测站上安置好经纬仪，对中、整平后，将测距仪主机安装在经纬仪支架上，用连接器固定螺栓锁紧，将电池插入主机底部，扣紧。在目标点安置反射棱镜，对中、整平，并使镜面朝向主机。

2. 观测竖直角、气温和气压

用经纬仪十字横丝照准觇板中心，测出竖直角。同时，观测和记录温度和气压计上的读数。观测竖直角、气温和气压是为了对测距仪测量出的斜距进行倾斜改正、温度改正和气压改正，以得出正确的水平距离。

3. 测距准备

按电源开关键开机，主机自检并显示原设定的温度、气压和棱镜常数值。一般情况下，只要使用同一类的反光镜，棱镜常数不变，而温度、气压每次观测均可能不同，需要重新设定，可按下修正功能按键并逐一输入需设定的温度、气压和棱镜常数值。

4. 距离测量

调节主机照准轴水平调整手轮（或经纬仪水平微动螺旋）和主机俯仰微动螺旋，使测距仪望远镜精确瞄准棱镜中心。可根据显示屏信息或蜂鸣器声音来判断是否精确瞄准，精确瞄准后，按测量键，主机将测定并显示经温度、气压和棱镜常数改正后的斜距。在测量中，若光速受挡或大气抖动等，测量将暂被中断，待光强正常后继续自动测量；若光束中断时间过长，则需要重新测量。

斜距到平距的改算，一般在现场用测距仪进行，输入竖直角等相应改正参数后，测距仪可计算出水平距离和高差。

4.3.4　手持激光测距仪简介

手持激光测距仪是一种携带方便的距离测量工具，测距精度高，速度快，主要用于短程距离测量，目前已广泛应用于建筑施工、室内测量、野外资源与环境调查等工作中。

1. 测距仪的结构

如图 4-13 所示为南方 PD-58A 手持激光测距仪，主要结构包括主机、反射板和电源。其中主机包括激光发射和接收装置、键盘、显示屏等，反射板为与南方 NTS 全站仪通用的 NF10 反射板，电源为 4×1.5V、7 号 AAA 电池。

2. 测距仪的使用方法

（1）开机

按"开机"键开机并发射指示激光，自动进入测距模式；

（2）设置测距基准

按"测距基准"键可以切换测距基准为"后端模式"或"前端模式"，如图 4-14 所示。除此之外还有"延长板尾端模式"和"三脚架模式"。

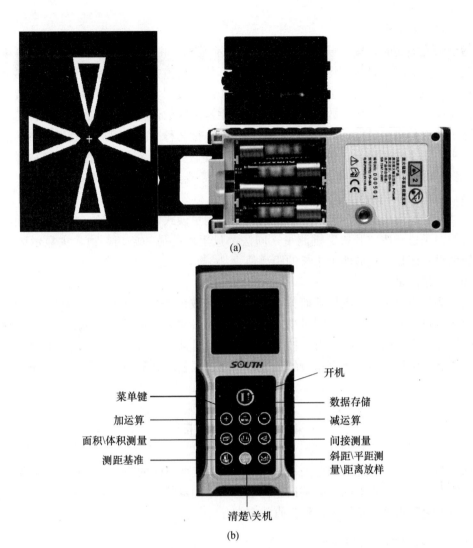

图 4-13 测距仪的结构

（a）NF10 反射板和电源；（b）测距仪主机部分

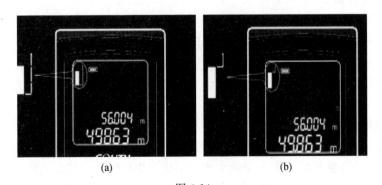

图 4-14

（a）后端模式；（b）前端模式

（3）单次距离测量

指示激光关闭时，按"开机"键可打开指示激光。将指示激光对准目标，再按"开机"键测距，屏幕主显示区将显示基准边至目标的距离值并关闭指示激光；指示激光已开时，按"关机"键可关闭指示激光；若正在测距时，按"关机"键可停止测距并关闭指示激光。完成测量后，按住"数据存储"键2秒主显示区数值将存入常数存储器。

除了单次距离测量模式外，按住"测量基准"键2秒后松开可启动延迟测量功能；按住"开机"键2秒后松开，启动跟踪测距模式。按下"斜距\平距测量\距离放样"键可以在"斜距测量"模式、"平距测量"模式以及"距离放样"模式之间进行切换。

（4）面积与体积测量

按"面积\体积测量"键可进入面积和体积测量模式，如要测量一个矩形的面积，瞄准矩形的一条边，按"开机"键测量，同法测量矩形的另一条相邻边，主显示区显示面积，辅助显示区显示矩形两个边长的距离值。

（5）间接测量

间接测量主要是利用图形几何关系，根据两条或多条边的边长去计算未知边的边长，按"间接测量"键可进入间接测量模式，主要有勾股测量模式、三角测量模式以及梯形测量模式。如在单勾股测量模式下，按"开机"键测量某个直角三角形的斜边和其中一条直角边，主显示区显示另一条直角边的长度，辅显示区显示观测的斜边和其中一条直角边的长度。

4.4　直线定向

确定两点间平面位置的相对关系，除了需要测定两点间的距离外，还需要确定两点所连直线的方向。一条直线的方向是根据标准方向来确定的，在测量工作中，确定某一直线与标准方向之间水平夹角的工作称为直线定向。

4.4.1　测量中的标准方向

测量中的标准方向主要有三种：

1. 真子午线方向

真子午线方向又叫真北方向，指过地面某点真子午线的切线北端所指示的方向。测量真子午线方向可采用天文测量方法或者使用陀螺经纬仪测定。

2. 磁子午线方向

磁子午线方向又叫磁北方向，指磁针静止时其北端所指的方向。磁北方向可用罗盘仪测定。

3. 坐标纵轴方向

坐标纵轴方向又叫坐标北方向，指平面直角坐标系中坐标纵轴正向所指示的方向。我国采用高斯平面直角坐标系，每一带的中央子午线为坐标纵轴，其北端所指的方向即为坐标北方向；若采用假定坐标系，则假定坐标系的坐标纵轴正向（X 轴正向）即为坐标北方向。

由于地球磁极与地球南北极不重合，因此过地面上一点的磁北方向与真北方向不重合，其间的夹角称为磁偏角，用 δ 表示。δ 的符号规定如下：当磁北方向在真北方向东侧时，δ 为正；当磁北方向在真北方向西侧时，δ 为负。

过一点的真北方向与坐标北方向之间的夹角称为子午线收敛角，用 γ 表示。γ 的符号规定如下：当坐标北方向在真北方向东侧时，γ 为正；当坐标北方向在真北方向西侧时，γ 为负。

地面上各点的真子午线和磁子午线方向都指向地球的南北极，这导致了不同地面点的真北方向或者磁北方向互不平行，给计算工作带来了不便。因此测量工作中一般都采用坐标北方向作为标准方向，这样就保证了测区内地面各点的标准方向是互相平行的。

4.4.2 方位角

在测量工作中，直线与标准方向间的角度关系常用方位角来表示。

由标准方向的北端顺时针量至该直线的水平夹角，称为该直线的方位角。方位角的取值范围为 $0\sim360°$。根据标准方向的不同，方位角分为真方位角、磁方位角和坐标方位角三种。

真方位角：由真子午线北端起顺时针量至某直线的水平夹角，用 A 表示。

磁方位角：由磁子午线北端起顺时针量至某直线的水平夹角，用 A_m 表示。

坐标方位角：由坐标纵轴北端起顺时针量至某直线的水平夹角，用 α 表示。

如图 4-15 所示，设直线 OP 的真方位角为 A，磁方位角为 A_m，坐标方位角为 α，由于三种方位角的标准方向不一致，那么同一条直线的三种方位角也不相等，它们的关系如下：

$$A=A_m+\delta \tag{4-23}$$
$$A=\alpha+\gamma \tag{4-24}$$
$$\alpha=A_m+\delta-\gamma \tag{4-25}$$

式中，δ 为磁偏角，γ 为子午线收敛角。

在测量工作中，经常采用坐标方位角来表示直线的方向。而一条直线的坐标方位角，由于起始方向的不同存在着两个值。如图 4-16 所示，A、B 为直线 AB 的两个端点，α_{AB} 表示 AB 方向的坐标方位角，而 α_{BA} 表示 BA 方向的坐标方位角，α_{AB} 和 α_{BA} 互为正反坐标方位角。若以 α_{AB} 为正方位角（一般以测量工作中前进的方向为正方向），则称 α_{BA} 为反方位角。由于在同一高斯平面直角坐标系内各点处坐标北方向都是平行的，所以一条直线的正反坐标方位角相差 $180°$，即

$$\alpha_{AB}=\alpha_{BA}\pm180° \tag{4-26}$$

图 4-15 三种方位角的关系

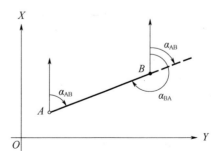

图 4-16 正反坐标方位角的关系

4.5 两点间的距离、方向与坐标的关系

两点间的距离、方位与两点间的坐标存在着一定的几何关系，可通过不同数学形式进行转换，转换的方式可分为坐标正算和坐标反算两种。在实际的测量工作中，坐标正反算都是必需解决的关键问题。

4.5.1 坐标正算

已知直线的边长（两点间的水平距离）、坐标方位角以及直线一个端点的坐标，求直线另一端点坐标的工作称为坐标正算。

如图 4-17 所示，若已知 A 点坐标、AB 的坐标方位角 α_{AB} 和 AB 的水平距离 D_{AB}，则根据几何关系可得 B 点坐标为：

$$\left.\begin{array}{l} x_B = x_A + \Delta x_{AB} = x_A + D_{AB}\cos\alpha_{AB} \\ y_B = y_A + \Delta y_{AB} = y_A + D_{AB}\sin\alpha_{AB} \end{array}\right\} \tag{4-27}$$

式中，Δx_{AB}、Δy_{AB} 分别为 A、B 两点在 x 和 y 方向上的坐标增量。从图 4-17 中可以看出，$\Delta x_{AB} > 0$，且 $\Delta y_{AB} > 0$，坐标增量的其他情况，读者可自行推导。

4.5.2 坐标反算

已知直线两端点的坐标，求解直线边长（两点间的水平距离）和坐标方位角的工作称为坐标反算。

如图 4-18 所示，若已知 A、B 两点坐标，则直线 AB 的边长 D_{AB} 和坐标方位角 α_{AB} 分别为

$$D_{AB} = \sqrt{\Delta x_{AB}^2 + \Delta y_{AB}^2} = \sqrt{(x_B - x_A)^2 + (y_B - y_A)^2} \tag{4-28}$$

$$\alpha_{AB} = \begin{cases} \arctan\dfrac{\Delta y_{AB}}{\Delta x_{AB}} & (\Delta x_{AB} > 0, \Delta y_{AB} > 0) \\[2mm] 180° + \arctan\dfrac{\Delta y_{AB}}{\Delta x_{AB}} & (\Delta x_{AB} < 0) \\[2mm] 360° + \arctan\dfrac{\Delta y_{AB}}{\Delta x_{AB}} & ((\Delta x_{AB} > 0, \Delta y_{AB} < 0) \end{cases} \tag{4-29}$$

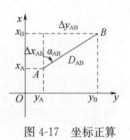

图 4-17 坐标正算

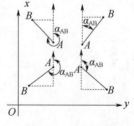

图 4-18 坐标反算

需要特别注意的是：

当 $\Delta x_{AB} > 0$，$\Delta y_{AB} = 0$ 时，$\alpha_{AB} = 0°$；

当 $\Delta x_{AB}=0$，$\Delta y_{AB}>0$ 时，$\alpha_{AB}=90°$；

当 $\Delta x_{AB}<0$，$\Delta y_{AB}=0$ 时，$\alpha_{AB}=180°$；

当 $\Delta x_{AB}=0$，$\Delta y_{AB}<0$ 时，$\alpha_{AB}=270°$。

4.6 全站仪

4.6.1 全站仪的简介

全站仪全称全站型电子速测仪，是集电子测角、光电测距、微处理器及其软件系统等多功能为一体的智能测量仪器。相比于传统的经纬仪、钢尺等测量仪器，全站仪具有诸多优势，

首先，全站仪能完成角度、距离、高差的测量，功能全面，使用方便，效率高、精度高，携带方便；其次，全站仪自带的微处理器相当于一个智能计算器，能自动完成高程、坐标方位角的计算，节省了大量的人为计算工作，且精度高，不易出错；再次，全站仪观测数据能自动存储到存储介质上，便于与计算机之间进行数据交互，测量成果便于保存，不易丢失。

全站仪不但能完成一般的控制测量，还能进行碎部测量并自动存储碎部点数据，此外还能进行施工放样、交会测量等。全站仪的出现是实现测量工作数字化的重要环节，由于其高速、高效、高精度和多功能的特点，目前已经广泛应用于各种测量工作中。

1. 全站仪的基本构造

全站仪的外形结构与光学经纬仪类似，如：制动、微动旋钮、望远镜、水准器等，外观上最大的区别是全站仪的读数是数字读数，有一个专用的显示屏显示各种读数，而且显示屏旁有各种键盘按键，便于调取全站仪的各种功能。如图 4-19 所示为南方测绘仪器公司的 NTS-362R6L 全站仪的外观及各部分名称。

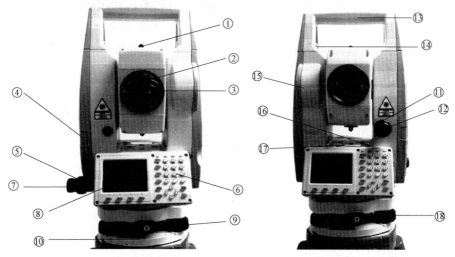

图 4-19 南方全站仪各部分构件名称

①粗瞄器；②物镜调焦螺旋；③目镜调焦螺旋；④电池；⑤水平制动螺旋；⑥键盘；⑦水平微动螺旋；⑧显示屏；⑨脚螺旋；⑩基座；⑪竖直制动螺旋；⑫竖直微动螺旋；⑬提手；⑭提手固定螺旋；⑮竖直度盘；⑯水准管校正螺钉；⑰水准管（圆水准器在基座上部，图中不易显示）；⑱基座锁紧钮

2. 全站仪的附属配件

全站仪在进行距离测量尤其在进行精密测距时，需在目标处放置反射棱镜。常用的反射棱镜是单棱镜，此外还有三棱镜、九棱镜等，其作用是反射电磁波信号，以获取仪器中心到棱镜中心的水平距离和高差。安置棱镜一般需要用三脚架，有时也可用对中杆架或者对中杆代替。

全站仪同传统光学经纬仪相比，最大的改进主要有两点：

（1）全自动化的数据采集系统

包括电子测角系统和电子测距系统。测角系统是通过角—码转换器，将角移量变为二进制码，通过译码器译成度、分、秒，并用数字形式显示出来。常采用编码度盘或光栅度盘进行角-码转换。全站仪的测距系统原理同测距仪原理类似。因此，全站仪在测角和测距方面都避免了人眼读数所产生的读数误差。

（2）数据自动处理的微处理器

微处理器是全站仪的核心装置，相当于全站仪的"大脑"。测量时，微处理器根据键盘或者程序的指令控制各分系统的测量工作，进行必要的逻辑和数值运算以及数字存储、处理、管理等。

3. 全站仪的特殊部件

（1）同轴望远镜

全站仪的望远镜实现了视准轴、测距光波的发射、接收光轴同轴化。同轴化的基本原理是：在望远物镜与调焦透镜间设置分光棱镜系统，通过该系统实现望远镜的多功能，即既可瞄准目标，使之成像于十字丝分划板，进行角度测量，同时其测距部分的外光路系统又能使测距部分的光敏二极管发射的调制红外光在经物镜射向反光棱镜后，经同一路径反射回来，再经分光棱镜作用使回光被光电二极管接收。为测距需要在仪器内部另设一内光路系统，通过分光棱镜系统中的光导纤维将由光敏二极管发射的调制红外光也传送给光电二极管接收，从而由内、外光路调制光的相位差间接计算光的传播时间，计算实测距离。同轴化使得望远镜一次瞄准即可实现同时测定水平角、垂直角和斜距等全部基本测量要素。加之全站仪强大、便捷的数据处理功能，使全站仪使用极其方便。

（2）无棱镜测距系统

现代全站仪一般都配有无棱镜激光测距系统，在目标处无需放置反射器也能测出两点之间的距离。无棱镜测距的原理是当光束射向目标时，光在目标表面产生漫反射，且光损失严重，但如果反射光强度能够使探测仪探测到，那么就能实现无棱镜距离测量。

具有无棱镜测距功能的全站仪对于控制测量、地形测量和工程测量都具有重要效用，例如对于人们无法攀登的悬崖陡壁的地形测量、地下大型工程的断面测量、建筑物的变形测量等，采用无棱镜全站仪测量可以大大节约时间，提高劳动效率。

（3）双轴自动补偿系统

补偿是对仪器存在不精平状态的一种修正。全站仪纵轴倾斜所引起的角度观测误差通过盘左盘右观测取平均值不能使之抵消。全站仪的双轴补偿系统可以对纵轴的倾斜进行监测，并在度盘读数中对因纵轴倾斜造成的测角误差自动加以改正。同时，水平角观测的误差也可由双轴补偿系统进行补偿和改正。这样可提高仪器的操作效率。

（4）激光对中

近年来，全站仪上的对中装置一般都配置激光对中器，渐渐取代了传统的光学对中器，激光对中器激光点大小可调，使用起来更为方便。

（5）通信接口和存储器

为了进行数据的交互，全站仪都设计有通信接口便于全站仪与电脑进行数据交换。全站仪与计算机之间的数据交换方式主要有两种：一种是利用全站仪配置的 PC 卡进行数字交换；另一种是利用全站仪的通信接口通过电缆进行数据传输。全站仪的存储器则能实现观测和计算数据的自动存储，近年来，新型全站仪一般都设计有外置存储器卡槽，可以安装不同容量的内存卡，极大扩充了全站仪的数据存储量，而且内存卡插拔方便，在电脑上可以很方便地读取，利于数据的保存和传输。

4. 全站仪的技术指标

全站仪的技术指标主要有测角、测距精度和测程。此外还包括内存大小、电池使用时间、倾斜补偿范围和类型等。表 4-1 为南方 NTS-362R6L 全站仪的技术指标。

表 4-1 南方 NTS-362R6L 全站仪技术指标

仪器型号		NTS-362R6L
距离测量（有合作目标）		
测程	单棱镜	5000m
	反射片（60mm×60mm）	600m
精度		$\pm(2mm+2\times10\cdot D)$
测量时间		精测 0.35s、跟踪 0.25s
无棱镜距离测量（无合作目标）		
测程（柯达灰，90％反射率）		6000m
精度		$\pm(3mm+2\times10\cdot D)$
测量时间		0.3～3s
角度测量		
测角方式		绝对编码测角技术
码盘直径		79mm
最小读数		1″/5″可选
精度		2″
探测方式		水平盘：对径 竖直盘：对径
望远镜		
成像		正像
镜筒长度		154mm
物镜有效孔径		48mm
放大倍率		30×
视场角		1°30′
分辨率		3″
最小对焦距离		1m

续表

仪器型号	NTS-362R6L
系统综合参数	
补偿器	双轴液体光电式电子补偿器（补偿范围：±4′，精度：1″）
气象修正	温度气压传感器自动修正
棱镜常数修正	输入参数自动改正
水准器	
管水准器	30″/2mm
圆水准器	8′/2mm
光学对中器/激光对中器可选	
亮度级别	5 级调节
激光装载方式	直接装进竖轴，与竖轴同轴，对中更准确
显示部分	
屏幕类型	6 行全中文高清液晶屏
键盘类型	字母键＋数字键
数字显示	最大：99999999.9999 最小：0.1mm
机载电池	
电源	可充电锂电池/3100mAH
电压	直流 7.2V
连续工作时间	8h
尺寸及重量	
尺寸	200mm×190mm×330mm
重量	5.5kg

4.6.2　全站仪的使用

本节以南方 NTS-362R6L 为例介绍全站仪的基本使用方法。

1. 开机和设置

将全站仪安置在脚架上后开机（开机之后激光对中功能才能启用），仪器进行自检，自检通过后进入仪器主菜单。

2. 仪器安置

全站仪的安置与光学经纬仪的操作相同，包括对中和整平。全站仪配有激光对中器，使用方便，仪器的双轴补偿功能可将水平气泡的偏移补偿回来（气泡的偏移量在补偿范围内）。

按下键盘中的"☆"键，可对仪器本身的相关参数进行设置，包括：激光对点、十字丝、背光亮度、键盘灯以及补偿、EDM 模块。按 F2 键进入补偿模块，可对双轴补偿的开关进行设置；按 F3 键进入 EDM 模块，可设置反射体、棱镜常数以及 EDM 模式，再按 F1 进入气象模块可进行相关气象参数的设定，按 F2 则进入格网参数的设定。

按 MENU 键可进入主菜单，包括数据采集、放样、存储管理、程序、系统设置、校正以及选择编码数据文件七个模块。按数字 5 键可进入系统设置模块，在该模块可进行的主要设置如下：单位设置（角度、距离、温度、气压）、坐标设置（坐标显示顺序）、其他设置（包括垂直角显示模式、测距蜂鸣、开机模式等）。

3. 基本功能

开机之后一般选择进入基本测量界面，包括角度、距离、坐标测量的基本功能，按"ANG"、"DIST"、"CORD"键可在三种基本测量模式之间进行切换。

（1）水平角测量

测量水平角之前首先要确定仪器是"HL"模式还是"HR"模式，"HL"表示左旋进增量，即仪器向左转动时水平角读数变大；"HR"表示右旋进增量，即仪器向右转动时水平角读数变小。设置方法为：按 F4 进行翻页，按 F2 进行切换。

① 在角度测量界面，转动望远镜瞄准第一个目标 A。

② 按 F2 或 F3 键进行置零或置盘，设置 A 方向水平方向读数。

③ 瞄准第二个目标 B，此时显示的水平度盘读数减去起始方向读数即为两方向间的水平夹角。

（2）距离测量

① 设置棱镜常数、气象常数等，仪器会自动对所测距离进行改正。

② 瞄准目标，按 F2（测量）即可进行距离测量，测距完成后可显示斜距、平距和高差（高差为全站仪横轴中心与目标中心的高差）。

（3）坐标测量

① 在坐标测量模式下，按 F4 翻页，按 F1 可以设置仪器高和目标高。

② 按 F3 设置测站点，输入测站点坐标，按 F4 设定。

③ 按 F2 设置后视点，输入后视点坐标，按 F4 设定，全站仪将自动计算出这条边的坐标方位角，然后瞄准后视点目标中心，按 F4 确定并检查后视点坐标误差是否超限。

④ 在坐标测量界面，瞄准目标点，按 F2 测量键即可测量出目标点坐标。

在基本测量界面，测存命令可将所观测得到的角度、距离和坐标数据记录并存储到全站仪内存中。

4. 其他功能

（1）放样

在进行放样之前首先要进行定向，步骤同坐标测量功能的②、③两步；然后选择"设置放样点"，选择"手工输入放样"或者"坐标文件放样"，输入待放样点坐标，再根据实际施工条件选择合适的放样方法。

（2）悬高测量

当测量某些不能放置棱镜的点时，可在该点下方投影放置棱镜，测量平距和竖直角，然后瞄准目标点，测量出竖直角，根据三角函数关系，利用平距和竖直角可计算出棱镜和目标点之间的高差，量出棱镜高，进而计算出目标点的高程，如图 4-20 所示。

全站仪的操作步骤如下：

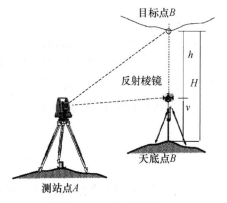

图 4-20 悬高测量原理

① 进入悬高测量界面，选择"输入目标高"，输入目标棱镜高，瞄准棱镜中心，按 F1 测量键，得到平距、高差等数据。

② 照准目标 K，显示棱镜中心到目标的高差。

（3）对边测量

又称遥距测量，当待测点之间不通视时可以利用该功能测量两待测点之间的距离和高差。当测完第一个点时，全站仪显示测站点到目标点的斜距、高差和平距。当再按一次测量键测第二个目标点时，则显示第一个被测点到第二个被测点之间的斜距、高差和平距。

如图 4-21 所示，在 A 点安置全站仪，在目标点 B、C 安置棱镜，利用观测到的 A 点至 B、C 两点的斜距、竖直角和水平角，根据三角高程测量原理以及三角形余弦定理可推算出两目标点的水平距离和高差。

对边测量一般有放射式和连续式两种模式。两种模式在全站仪中分别表示为"A-B A-C"、"A-B B-C"，工程中通常使用后者。

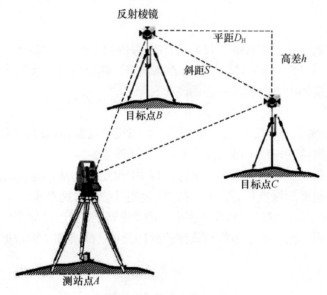

图 4-21　对边测量原理

下面以连续对边测量为例介绍全站仪对边测量的工作流程：

① 在对边测量界面选择"A-B B-C"模式。

② 瞄准目标 A，按 F1 测量键，测出 A 的坐标，按 F4 设定。

③ 瞄准目标 B，按 F1 测量键，测出 B 的坐标，按 F4 设定，系统根据 A、B 的相对位置计算出 A 与 B 之间的斜距差、平距差、高度差和 AB 的方位角。

④ 按 F1 继续，瞄准目标 C，重复步骤③即可得到 BC 间的相关数据。

本章思考题

1. 什么是直线定线？其作用是什么？直线定线应如何进行？

2. 什么是坐标方位角？正反坐标方位角的关系是什么？

3. 测量中的标准方向有哪几种？什么是坐标正算和坐标反算？

4. 电磁波测距时为什么要采用"粗尺"和"精尺"两把测尺？

5. 现用全站仪测量了 AB、CD 两段水平距离，AB 段往测为 100.002m，返测为 99.998m；CD 段往测为 300.004m，返测为 299.998m。请问 AB、CD 两测段的平均水平距离是多少？相对误差是多少？哪段观测精度高？为什么？

第5章 测量误差的基本知识

本章导读

　　本章主要介绍测量误差及其分类、衡量观测精度的标准、误差传播定律、观测值的算术平均值及其中误差等内容。其中偶然误差的统计特性、中误差、误差传播定律、观测值中误差的计算是学习的重点与难点。采取课堂讲授与课下练习相结合的学习方法，建议 4～6 个学时。

5.1　测量误差及其分类

　　通过前几章的学习可以发现，对某个确定的量进行多次观测，所得到的各观测值之间一般都存在一些差异。例如，对两点间的高差进行重复测量，即使同一个人用同一台仪器在相同的外界条件下进行观测，测得的高差也往往不相等；又如，观测一平面三角形的三个内角，测得的三内角之和不等于其理论值 180°，等等。这种观测值之间或观测值与真值之间的不符现象称为测量误差。任何测量结果中都含有测量误差，误差是不可避免的，那么就有必要研究测量误差并掌握其规律。

5.1.1　测量误差的概念及其产生的原因

1. 测量误差

　　当对一个未知量，如某个角度、某两点间的距离或高差等进行多次重复观测时，每次所得到的结果往往并不完全一致，并且与其真实值也往往有差异。这种差异实质上是观测值与真实值（简称真值）之间的差异，称为测量误差或者观测误差，亦称为真误差。

　　设观测值为 L_i（$i=1, 2, \cdots, n$），其真值为 X，则测量误差 Δ_i 的数学表达式为：

$$\Delta_i = L_i - X \quad (i=1, 2, \cdots, n) \tag{5-1}$$

　　通常情况下，每次观测都会有观测误差存在。例如，在水准测量中，闭合路线的高差理论上应该等于零，但实际观测值的闭合差往往不为零；观测某一平面三角形的三个内角，所得观测值之和常常不等于理论值 180°。这些现象表明了观测值中不可避免地存在测量误差。

2. 测量误差产生的原因

　　测量工作是观测者使用某种测量仪器或工具，在一定的外界条件下进行的观测活动。因此，产生测量误差的原因主要有以下三个方面：

（1）仪器的原因

由于仪器、工具构造上有一定的缺陷，而且仪器、工具本身精密度也有一定的限制，使用这些仪器进行测量也就给观测结果带来误差。例如，水准尺分划误差、经纬仪的视准轴不垂直于横轴、横轴不垂直于竖轴、度盘刻划误差等。

（2）人的原因

测量成果是由人操作仪器观测取得的，观测者感觉器官的鉴别能力是有限的，所以在观测过程中的对中、整平、照准、读数等每一步都将产生误差。例如，在厘米分划的水准尺上，由观测者估读毫米的误差。此外，观测者的观测习惯和操作熟练程度都会对观测成果带来不同程度的影响。

（3）外界环境的影响

测量工作一般是在室外进行的。在观测过程中，不断变化的温度、气压、湿度、风力、可见度、日光照射、大气折光、烟尘、雾霾等外界因素，都会给测量结果带来影响。例如，温度变化使钢尺产生伸缩，风吹和日光照射使仪器的安置不稳定，大气折光使望远镜的瞄准产生偏差等。

大量实践证明，测量误差主要是由上述三方面因素造成的。因此，通常把仪器、人和外界环境综合起来称为观测条件。这些观测条件都有其本身的局限性和对测量精度的影响，因此，测量成果中的误差是不可避免的。观测条件的好坏决定了测量误差的大小，继而决定了观测质量的高低。换句话说，误差的大小决定观测的精度。

由于任何观测值都含有误差，因此对误差要做进一步的研究，以便对不同的误差采取不同的措施，达到消除或者减小误差对测量成果影响的目的。

5.1.2　测量误差的分类

根据测量误差产生的原因和对观测结果影响性质的不同，测量误差可以分为系统误差、偶然误差和粗差三大类。

1. 系统误差

在相同的观测条件下，对某一量进行一系列的观测，如果出现的误差其符号和大小都相同或按一定的规律变化，这种误差称为系统误差。例如，用名义长度为30m，而检定长度（实际正确长度）为30.008m的钢尺进行量距，每量一尺段就产生使距离量短了0.008m的误差，其量距误差的符号不变，且与所量距离的长度成正比，使得系统误差具有累积性。此外，地球曲率和大气折光对高程测量的影响等均属于系统误差。

由于系统误差具有符号和大小保持不变，或者按一定规律变化的特性，因此，在观测成果中的影响具有累积性，对观测结果的危害性很大。所以在测量工作中，应尽量设法减弱或消除系统误差的影响。系统误差可以通过下列三种方法进行处理：

① 按要求严格检校仪器，将因仪器产生的系统误差控制在允许范围内。

② 在观测方法和观测程序上采取必要的措施，限制或削弱系统误差影响。如水准测量中的前、后视距尽量保持相等，角度测量中采用盘左、盘右进行观测等。

③ 利用计算公式对观测值进行必要的改正。如在距离丈量中，对观测值进行尺长、温度和倾斜改正等。

2. 偶然误差

在相同的观测条件下，对某一量进行一系列的观测，如果出现的误差在符号和大小上都不相同，从表面上看没有任何规律性，这种误差称为偶然误差。偶然误差是由于人力所不能控制的因素或无法估计的因素（如人眼的分辨能力、仪器的极限精度和气象因素等）共同引起的测量误差，其数值的正负、大小纯属偶然。例如，水准测量时，水准尺毫米数值的估读误差；角度测量时，用经纬仪瞄准目标的照准误差；忽大忽小变化的风力对仪器、立尺的影响等。在实际观测工作中，偶然误差是不可避免的。多次重复观测，取其平均数，可以抵消一些偶然误差。

虽然表面上看来，偶然误差没有一定的规律可遵循，但当对大量的偶然误差进行统计分析时，就能发现其具有概率论上的统计规律性。并且，随着偶然误差个数的增加，其规律性也就越明显。

3. 粗差

粗差是指观测数据中存在的粗大误差，属于大于限差的误差，是由于观测者的粗心大意或受到干扰所造成的，也称之为错误。在测量成果中，是不允许有粗差存在的。错误应该是可以避免的，一旦发现粗差的存在，该观测值必须剔除并重新测量。

粗差产生的原因较多，但往往与测量失误有关，例如测量数据的误读、记录人员的误记、照准错误的目标、对中操作产生较大的目标偏离等。

在实际测量中，只要严格遵守相关测量规范，粗差是可以被发现并剔除的，系统误差也可以被改正，而偶然误差却是不可避免的，并且很难完全消除。因此，在消除或大大削弱了粗差和系统误差的观测值误差后，偶然误差就占据了主导地位，其大小将直接影响测量成果的质量。因此，了解和掌握其统计规律，对提高测量精度是很有必要的。

5.1.3 偶然误差的特性

前已述及，在观测结果中主要存在偶然误差，为了提高观测结果的质量，就必须进一步研究偶然误差的性质。下面通过一个例子来对偶然误差进行统计分析，并总结其基本特性。

在相同的观测条件下，独立地对 217 个平面三角形的三个内角进行观测。平面三角形三个内角之和的真值应该等于 180°，但由于观测值含有误差，往往不等于真值。为研究方便，假设已经通过采取措施和加改正等方法消除了粗差和系统误差，因此，观测值的真误差主要是偶然误差。各三角形内角和的真误差为

$$\Delta_i = L_i - 180° \quad (i = 1, 2, \cdots, n) \tag{5-2}$$

式中，Δ_i 表示每个三角形内角和的真误差，L_i 表示每个三角形三个内角观测值之和。

可计算出 217 个三角形内角观测值之和的真误差，将真误差按照误差区间 $d\Delta = 3''$ 进行归类，统计出在各区间内的正、负误差的个数 k，并计算出 k/n（n 为观测值总数，$n = 217$），k/n 即为误差在该区间的频率。然后列成误差频率分布表（表 5-1）。

表 5-1　误差频率分布表

误差区间 $d\Delta = 3''$	正误差 $+\Delta$		负误差 $-\Delta$		总数	
	个数 k	频率 k/n	个数 k	频率 k/n	个数 k	频率 k/n
$0'' \sim 3''$	30	0.138	29	0.134	59	0.272
$3'' \sim 6''$	21	0.097	20	0.092	41	0.189
$6'' \sim 9''$	15	0.069	18	0.083	33	0.152

误差区间 $d\Delta=3''$	正误差＋Δ		负误差－Δ		总数	
	个数 k	频率 k/n	个数 k	频率 k/n	个数 k	频率 k/n
$9''\sim12''$	14	0.065	16	0.073	30	0.138
$12''\sim15''$	12	0.055	10	0.046	22	0.101
$15''\sim18''$	8	0.037	8	0.037	16	0.074
$18''\sim21''$	5	0.023	6	0.028	11	0.051
$21''\sim24''$	2	0.009	2	0.009	4	0.018
$24''\sim27''$	1	0.005	0	0	1	0.005
$>27''$	0	0	0	0	0	0
合计	108	0.498	109	0.502	217	1.000

　　为了充分反映误差分布的情况，除了用上述表格的形式外，还可以用直方图来表示。以 Δ 为横坐标，以频率 k/n 与区间 $d\Delta$ 的比值 $k/(n\cdot d\Delta)$ 为纵坐标，绘制如图 5-1 所示的频率直方图。

　　可以设想，如果对三角形作更多次的观测，即 $n\to\infty$，同时将误差区间 $d\Delta$ 无限缩小，那么图 5-1 中的细长状矩形的顶边所形成的折线将变成一条光滑的曲线，称为误差分布曲线，如图 5-2 所示。在概率论中，这条曲线又称为正态分布曲线（或高斯曲线），其概率密度函数为：

$$f(\Delta)=\frac{1}{\sqrt{2\pi}\sigma}\cdot e^{-\frac{\Delta^2}{2\sigma^2}} \tag{5-3}$$

　　式中，e 表示自然对数的底；σ 表示误差分布的标准差。

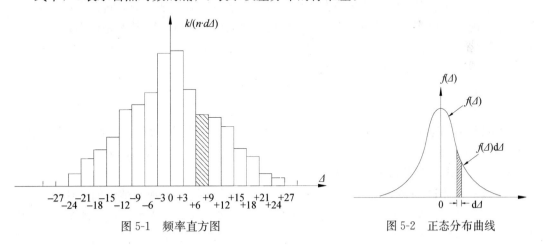

图 5-1　频率直方图　　　　　　　　图 5-2　正态分布曲线

从表 5-1、图 5-1 和图 5-2 中，可以归纳出偶然误差的特性如下：

1. 有界性

在一定观测条件下的有限次观测中，偶然误差的绝对值不会超过一定的限值。

2. 趋向性

绝对值较小的误差出现的概率大，绝对值较大的误差出现的概率小。

3. 对称性

绝对值相等的正、负误差出现的概率相同。

4. 抵偿性

当观测次数无限增多时，偶然误差的算术平均值趋近于零，即：

$$\lim_{n\to\infty}\frac{\Delta_1+\Delta_2+\cdots+\Delta_n}{n}=\lim_{n\to\infty}\frac{[\Delta]}{n}=0 \tag{5-4}$$

式中，$[\Delta]$ 表示高斯求和符号，即 $[\Delta]=\sum\Delta_i$；n 表示观测值的个数。

5.2 衡量观测精度的标准

精度是指在一定的观测条件下，对某个量进行观测，其误差分布的密集或离散的程度。由于精度是表征误差的特征，而观测条件又是引起误差的主要原因。因此，在相同观测条件下进行的一组观测，尽管每一个观测值的真误差不一定相等，但它们都对应着同一个误差分布，即对应着同一个标准差。因此，可以称这组观测为等精度观测，所得到的观测值为等精度观测值。如果仪器的精度不同，或观测方法不同，或外界条件的变化较大，就属于不等精度观测，所对应的观测值就是不等精度观测值。

为了更方便地衡量观测结果精度的优劣，必须有一个评定精度的统一数值指标，而中误差、平均误差、相对误差和容许误差（极限误差）就是测量工作中几种常用的衡量观测精度的标准。

5.2.1 中误差

误差分布曲线中的标准差 σ 是衡量精度的一个指标，但那是理论上的表达式。在测量实践中，观测次数总是有限的。为了评定精度，引入中误差 m，它其实是标准差 σ 的一个估值。随着观测次数 n 的增加，m 将趋近于标准差 σ。取各观测值真误差平方和的平均值的平方根作为衡量精度的标准（中误差 m），其表达式为：

$$m=\pm\sqrt{\frac{[\Delta\Delta]}{n}} \tag{5-5}$$

中误差 m 和标准差 σ 的区别在于观测次数 n 上。标准差 σ 表征了一组等精度观测在 $n\to\infty$ 时误差分布的扩散特征，即理论上的观测精度指标，而中误差 m 则是一组等精度观测在 n 为有限次数时的观测精度指标。

中误差 m 不同于各个观测值的真误差 Δ_i，它反映的是一组观测精度的整体指标，而真误差 Δ_i 是描述每个观测值误差的个体指标。在一组等精度观测中，各观测值具有相同的中误差，但各个观测值的真误差往往不等于中误差，且彼此也不一定相等，有时差别还比较大（表 5-1），这是由于真误差具有偶然误差特性。

和标准差一样，中误差的大小也反映出一组观测值误差的离散程度。中误差 m 越小，表明该组观测值误差的分布越密集，各观测值之间的整体差异也越小，这组观测值的精度就越高。反之，该组观测值的精度就越低。

【**例 5-1**】对某个量进行两组观测，各组均为等精度观测，各组的真误差分别如下所示，试评定哪组观测值的精度高？

第一组：$+3''$，$-2''$，$-4''$，$+2''$，$0''$，$-4''$，$+3''$，$+2''$，$-3''$，$-1''$

第二组：$0''$，$-2''$，$-7''$，$+2''$，$+1''$，$+1''$，$-8''$，$0''$，$+3''$，$-1''$

解：根据式（5-5），分别计算两组观测值的中误差

$$m_1 = \pm\sqrt{\frac{3^2+(-2)^2+(-4)^2+2^2+0^2+(-4)^2+3^2+2^2+(-3)^2+(-1)^2}{10}} = \pm 2.7''$$

$$m_2 = \pm\sqrt{\frac{0^2+(-2)^2+(-7)^2+2^2+1^2+1^2+(-8)^2+0^2+3^2+(-1)^2}{10}} = \pm 3.6''$$

由于第一组中误差 m_1 小于第二组中误差 m_2，因此，可以判定第一组观测值的精度较高，其误差分布也比较离散。

5.2.2 平均误差

在测量工作中，有时为了计算简便，采用平均误差 θ 这个指标。平均误差就是在一组等精度观测中，各真误差绝对值的平均值。其表达式为：

$$\theta = \pm\frac{[|\Delta|]}{n} \tag{5-6}$$

式中，$[|\Delta|]$ 表示真误差绝对值的总和。

【例 5-2】请计算例题 5-1 中两组观测值的平均误差。

解：根据式（5-6）分别计算两组观测值的平均误差：

第一组：$\theta_1 = \pm\dfrac{3+2+4+2+0+4+3+2+3+1}{10} = \pm 2.4''$

第二组：$\theta_2 = \pm\dfrac{0+2+7+2+1+1+8+0+3+1}{10} = \pm 2.5''$

需要说明的是，平均误差虽然计算简便，但在评定误差分布上，其可靠性不如中误差准确。因此，我国的有关测量规范均统一采用中误差作为衡量精度的指标。

5.2.3 相对误差

中误差和真误差都属于绝对误差。在实际测量中，有时依据绝对误差还不能完全反映出误差分布的全部特征，这在量距工作中特别明显。例如，分别丈量长度为 500m 和 100m 的两段距离，中误差均为 ±0.02m，显然不能认为这两组的测量精度相等。因为在量距工作中，误差的分布特征与距离的长短有关。因此，在计算精度指标时，还应该考虑距离长短的影响，这就引出相对误差的概念。如果相对误差由中误差求得，则称为相对中误差。

相对中误差 K 是中误差的绝对值与相应观测值的比值，是一个无量纲的相对值。通常用分子为 1，分母为整数的分数形式来表述。其表达式为：

$$K = \frac{|m|}{D} = \frac{1}{D/|m|} \tag{5-7}$$

式中，D 表示量距的观测值。

利用式（5-7）得出，上述两组距离测量的相对中误差分别为：

$$K_1 = \frac{|m_1|}{D_1} = \frac{0.02}{500} = \frac{1}{25000}$$

$$K_2 = \frac{|m_2|}{D_2} = \frac{0.02}{100} = \frac{1}{5000}$$

由于第一组的相对中误差比较小，因此，第一组的精度较高。

在距离测量中，由于不知道其真值，不能直接运用式（5-7），常采用往、返观测值的相对较差来进行校核，相对较差的表达式为：

$$\frac{|D_{往} - D_{返}|}{D_{平均}} = \frac{\Delta D}{D_{平均}} = \frac{1}{D_{平均}/\Delta D} \tag{5-8}$$

从式（5-8）可以看出，相对较差实质上是相对真误差，它反映了该次往、返观测值的误差情况。显然，相对较差越小，观测结果越可靠。

还有一点值得注意的，经纬仪观测角度时，只能用中误差而不能用相对误差作为精度的衡量指标，因为，测角误差与角度的大小是没有关系的。

5.2.4 极限误差和容许误差

由偶然误差的特性可知，在一定的观测条件下，误差的绝对值不会超过某一限值，这个限值就称为极限误差。根据误差理论和大量的实践证明，在一组等精度观测中，从统计意义上来说，偶然误差的概率值与区间的大小有一定的联系：

$$P\{-\sigma < \Delta < +\sigma\} = \int_{-\sigma}^{+\sigma} f(\Delta)\mathrm{d}\Delta = \int_{-\sigma}^{+\sigma} \frac{1}{\sigma\sqrt{2\pi}} \mathrm{e}^{-\frac{\Delta^2}{2\sigma^2}} = 0.683 \tag{5-9}$$

$$P\{-2\sigma < \Delta < +2\sigma\} = \int_{-2\sigma}^{+2\sigma} f(\Delta)\mathrm{d}\Delta = \int_{-2\sigma}^{+2\sigma} \frac{1}{\sigma\sqrt{2\pi}} \mathrm{e}^{-\frac{\Delta^2}{2\sigma^2}} = 0.955 \tag{5-10}$$

$$P\{-3\sigma < \Delta < +3\sigma\} = \int_{-3\sigma}^{+3\sigma} f(\Delta)\mathrm{d}\Delta = \int_{-3\sigma}^{+3\sigma} \frac{1}{\sigma\sqrt{2\pi}} \mathrm{e}^{-\frac{\Delta^2}{2\sigma^2}} = 0.997 \tag{5-11}$$

从式（5-9）、式（5-10）和式（5-11）可知，在一定的观测条件下，绝对值大于一倍标准差$\pm\sigma$的偶然误差出现的概率为32%，大于两倍标准差$\pm 2\sigma$的偶然误差出现的概率为4.5%，大于三倍标准差$\pm 3\sigma$的偶然误差出现的概率只有0.3%，而0.3%的概率事件可以认为已经接近于零事件。在实际工作中，观测次数是有限的，因此，通常将三倍标准差3σ作为偶然误差的极限误差。

而在实际测量工作中，由于对误差控制的要求不尽相同，某些时候要求较高，某些时候要求较低。因此，常将中误差的 2 倍或者 3 倍作为偶然误差的容许值，称为容许误差。即：

$$|\Delta_{容}| = 2|m| \qquad 或 |\Delta_{容}| = 3|m|$$

前者要求比较严格，后者要求相对宽松。如果观测值中出现有大于容许误差的观测值误差，则认为该观测值不可靠，应舍弃不用，并重新测量。

5.3 误差传播定律

在测量工作中有一些量并非是直接观测值，而是根据直接观测值计算出来的，即未知量是观测值的函数。由于直接观测值不可避免地含有误差，因此由直接观测值求得的函数值，必定受到影响而产生误差，这种现象称为误差传播。描述观测值的中误差与观测值函数的中误差之间的关系的定律，称为误差传播定律。根据观测值的偶然误差可以评定观测值的精度，但要评定观测值函数的精度，就需要了解误差传播定律。

5.3.1 倍数函数的中误差

设有函数

$$z = kx \tag{5-12}$$

式中，z 为观测值的函数，k 为常数，x 为观测值。

已知观测值的中误差为 m_x，求 z 的中误差 m_z。

设 x 和 z 的真误差分别为 Δ_x 和 Δ_z，由式（5-12）可以得出 Δ_x 和 Δ_z 的关系为

$$\Delta_z = k \cdot \Delta_x$$

若对 x 共观测了 n 次，则

$$\Delta_{z_i} = k \cdot \Delta_{x_i} \quad (i=1, 2, \cdots, n)$$

将上式平方，得

$$\Delta_{z_i}^2 = k^2 \cdot \Delta_{x_i}^2 \quad (i=1, 2, \cdots, n)$$

将上式两边分别求和，并除以 n，得

$$\frac{[\Delta_z^2]}{n} = \frac{k^2 [\Delta_x^2]}{n} \tag{5-13}$$

按中误差定义可知

$$m_x^2 = \frac{[\Delta_x^2]}{n}$$

$$m_z^2 = \frac{[\Delta_z^2]}{n}$$

那么式（5-13）可写成

$$m_z^2 = k^2 \cdot m_x^2$$

或

$$m_z = k \cdot m_x \tag{5-14}$$

即某一观测值与常数乘积的中误差，等于观测值的中误差与常数的乘积。

【例 5-3】 在 1：1000 的比例尺地形图上，量得某两点间的距离为 $d=23.8$mm，量测中误差为 $m_d = \pm 0.2$mm，试求该两点间的实地长度及中误差。

解：实地长度 $D = 1000 \times d = 1000 \times 23.8$mm $= 23.8$（m）

中误差 $m_D = 1000 \times m_d = 1000 \times (\pm 0.2mm) = \pm 0.2$（m）

一般写成如下形式 $D = 23.8$m ± 0.2m。

5.3.2 和差函数的中误差

设有函数

$$z = x \pm y \tag{5-15}$$

式中，z 是独立观测值 x、y 的和或差函数，已知 x 和 y 的中误差为 m_x 和 m_y，求 z 的中误差 m_z。

设 x、y 和 z 的真误差为 Δ_x，Δ_y 和 Δ_z，由式（5-15）可以得出

$$\Delta_z = \Delta_x \pm \Delta_y$$

当对 x 和 y 均观测了 n 次时，

$$\Delta_{z_i} = \Delta_{x_i} \pm \Delta_{y_i} \quad (i=1, 2, \cdots, n)$$

将上式平方，得

$$\Delta_{z_i}^2 = \Delta_{x_i}^2 + \Delta_{y_i}^2 \pm 2\Delta_{x_i} \cdot \Delta_{y_i} \qquad (i=1, 2, \cdots, n)$$

将上式两边求和并除以 n，得

$$\frac{[\Delta_z^2]}{n} = \frac{[\Delta_x^2]}{n} + \frac{[\Delta_y^2]}{n} \pm 2\frac{[\Delta_x\Delta_y]}{n}$$

由于 Δ_x 和 Δ_y 均为偶然误差，其乘积 $\Delta_x\Delta_y$ 仍具有偶然误差的特性，因此当 n 愈大时，上式中最后一项将趋近于零。根据中误差的定义，上式可以写成

$$m_z^2 = m_x^2 + m_y^2 \qquad (5\text{-}16)$$

【例 5-4】 在三角形 ABC 中测得了 A 和 B 两角分别为 $\angle A = 65°43'24'' \pm 3''$，$\angle B = 58°26'36'' \pm 4''$，求 $\angle C$ 及其中误差。

解： $\angle C = 180° - \angle A - \angle B = 55°50'00''$

$$m_C = \pm\sqrt{m_A^2 + m_B^2} = \pm\sqrt{3^2 + 4^2} = \pm 5''$$

即 $$\angle C = 55°50'00'' \pm 5''$$

当 z 是一组观测值 x_1，x_2，$\cdots$，x_n 的代数和时，即

$$z = x_1 \pm x_2 \pm \cdots \pm x_n \qquad (5\text{-}17)$$

根据上面的推导方法，同样可以得出和差函数 z 的中误差

$$m_z^2 = m_{x_1}^2 + m_{x_2}^2 + \cdots + m_{x_n}^2$$

或 $$m = \pm\sqrt{m_{x_1}^2 + m_{x_2}^2 + \cdots + m_{x_n}^2} \qquad (5\text{-}18)$$

即和差函数的中误差平方，等于各观测值的中误差的平方和。

当各观测值的中误差都等于 m 时，即

$$m_{x_1} = m_{x_2} = \cdots = m_{x_n} = m$$

式（5-18）可以写为

$$m_z^2 = nm^2$$

或 $$m_z = m\sqrt{n} \qquad (5\text{-}19)$$

即同精度观测时，和差函数的中误差，与观测值个数的平方根成正比。

5.3.3　线性函数的中误差

设有函数

$$z = k_1 x_1 \pm k_2 x_2 \pm \cdots \pm k_n x_n \qquad (5\text{-}20)$$

式中，k_1，k_2，$\cdots$，k_n 为常数，x_1，x_2，$\cdots$，x_n 为独立观测值，中误差分别为 m_1，m_2，$\cdots$，m_n。

现设 $z_1 = k_1 x_1$，$z_2 = k_2 x_2$，$\cdots$，$z_n = k_n x_n$

则 $$z = z_1 \pm z_2 \pm \cdots \pm z_n$$

根据式（5-18），得

$$m_z^2 = m_{z_1}^2 + m_{z_2}^2 + \cdots + m_{z_n}^2$$

根据式（5-14），得

$$m_{z_1}^2 = k_1^2 m_1^2, \quad m_{z_2}^2 = k_2^2 m_2^2, \quad \cdots, \quad m_{z_n}^2 = k_n^2 m_n^2$$

所以 $$m_z^2 = (k_1 m_1)^2 + (k_2 m_2)^2 + \cdots + (k_n m_n)^2 \qquad (5\text{-}21)$$

即线性函数中误差的平方，等于各观测值的中误差与相应系数乘积的平方和。

【例 5-5】设有函数 $z=2x_1+3x_2-4x_3$，x_1，x_2，x_3 对应的中误差分别为 $m_1=\pm0.10$，$m_2=\pm0.20$，$m_3=\pm0.30$，求 z 的中误差。

解：根据式（5-21）

$$m_z^2=(2m_1)^2+(3m_2)^2+(-4m_3)^2$$
$$=(2\times0.10)^2+(3\times0.20)^2+(-4\times0.30)^2$$
$$=1.84$$

则

$$m_z=\pm1.36$$

【例 5-6】在视距测量中，设上、下丝读数的中误差为 $m_{l_下}=m_{l_上}=\pm1\text{mm}$，求当视线水平时距离的中误差。

解法一：视距间隔

$$n=l_下-l_上$$

由和差函数中误差公式

$$m_n=\pm\sqrt{m_{l_下}^2+m_{l_上}^2}=\pm1\times\sqrt{2}=\pm1.4(\text{mm})$$

视距

$$D=kn=100n$$

由倍数函数中误差公式

$$m_D=100m_n=\pm140\text{mm}=\pm0.14(\text{m})$$

解法二：视距

$$D=kn=k(l_下-l_上)=kl_下-kl_上$$

由线性函数中误差公式

$$m_D=\pm\sqrt{k^2m_{l_下}^2+k^2m_{l_上}^2}=\pm k\cdot m_{l_上}\cdot\sqrt{2}$$
$$=\pm100\times1\times\sqrt{2}=\pm0.14(\text{m})$$

5.3.4 一般函数的中误差

设有函数

$$z=f(x_1,x_2,\cdots,x_n) \tag{5-22}$$

式中，x_1，x_2，$\cdots$，x_n 含有相应的真误差为 Δ_{x_1}，Δ_{x_2}，$\cdots$，Δ_{x_n}，则函数 z 应有真误差 Δz，根据上式可写成如下等式

$$z+\Delta_z=f(x_1+\Delta_{x_1},x_2+\Delta_{x_2},\cdots,x_n+\Delta_{x_n})$$

因为真误差 Δ_{x_i} 通常是个微小量，故上式可按泰勒级数展开，并仅取至一次方项，得

$$z+\Delta_z=f(x_1,x_2,\cdots,x_n)+\frac{\partial f}{\partial x_1}\cdot\Delta_{x_1}+\frac{\partial f}{\partial x_2}\cdot\Delta_{x_2}+\cdots+\frac{\partial f}{\partial x_n}\cdot\Delta_{x_n}$$

将上式减去（5-22），得

$$\Delta_z=\frac{\partial f}{\partial x_1}\cdot\Delta_{x_2}+\frac{\partial f}{\partial x_2}\cdot\Delta_{x_2}+\cdots+\frac{\partial f}{\partial x_n}\cdot\Delta_{x_n}$$

式中，$\frac{\partial f}{\partial x_i}$ 是函数对各个变量所取的偏导数。当观测值已是确定值时，$\frac{\partial f}{\partial x_i}$ 就是确定的常数。因此，上式就变成了线性函数的关系式，由线性函数中误差公式可得

$$m_z^2=\left(\frac{\partial f}{\partial x_1}\right)^2\cdot m_{x_1}^2+\left(\frac{\partial f}{\partial x_2}\right)^2\cdot m_{x_2}^2+\cdots+\left(\frac{\partial f}{\partial x_n}\right)^2\cdot m_{x_n}^2 \tag{5-23}$$

即一般函数中误差的平方，等于该函数对每个观测值所求得的偏导数与其中误差乘积的平方和。

式（5-23）就是一般函数的误差传播定律的表达式，若将式（5-5）中的 Δ 用 d 替换，很显然，这是一个函数的全微分表达式。而式（5-23）中只用到了全微分表达式的系数，故利用误差传播定律求函数中误差时，只需对函数求全微分即可。利用式（5-23）也可以推导出前面一些典型函数的误差传播定律。常见函数的误差传播公式见表 5-2。

表 5-2　常见函数的误差传播公式

函数名称	函数式	函数的中误差
倍数函数	$Z=kx$	$m_Z=\pm km$
和差函数	$Z=x_1\pm x_2$	$m_Z=\pm\sqrt{m_1^2+m_2^2}$
	$Z=x_1\pm x_2\pm\cdots\pm x_n$	$m_Z=\pm\sqrt{m_1^2+m_2^2+\cdots+m_n^2}$
线性函数	$Z=k_1x_1\pm k_2x_2\pm\cdots\pm k_nx_n$	$m_Z=\pm\sqrt{k_1^2m_1^2+k_2^2m_2^2+\cdots+k_n^2m_n^2}$
一般函数	$Z=f(x_1,x_2,\cdots,x_n)$	$m_Z=\pm\sqrt{\left(\frac{\partial f}{\partial x_1}\right)^2m_1^2+\left(\frac{\partial f}{\partial x_2}\right)^2m_2^2+\cdots+\left(\frac{\partial f}{\partial x_n}\right)^2m_n^2}$

应用误差传播定律时，首先应根据问题的性质，列出正确的观测值函数关系式，再利用误差传播公式求解。根据以上叙述可以总结出应用误差传播定律求观测值函数中误差的步骤：

① 根据题意，列出函数式。

② 根据函数式判断函数的类型。

③ 根据不同类型函数的误差传播定律计算函数的中误差。

【例 5-7】测得 AB 两点间的倾斜距离 $L=150.01\text{m}\pm0.05\text{m}$，竖直角 $\alpha=15°00'00''\pm20''.6$。求水平距离 D 的中误差。

解：水平距离 $D=L\cdot\cos\alpha$

D 是 L 和 α 的一般函数，根据式（5-23），得

$$m_D^2=\left(\frac{\partial D}{\partial L}\right)^2m_L^2+\left(\frac{\partial D}{\partial \alpha}\right)^2\left(\frac{m_\alpha}{\rho}\right)^2$$

式中，

$$\frac{\partial D}{\partial L}=\cos\alpha$$

$$\frac{\partial D}{\partial \alpha}=-L\cdot\sin\alpha$$

所以

$$m_D^2=\cos^2\alpha\cdot m_L^2+(-L\cdot\sin\alpha)^2\cdot\left(\frac{m_\alpha}{\rho}\right)^2$$

$$=(0.966)^2\times(\pm0.05)^2+(-150.01\times0.259)^2\times\left(\frac{\pm20.6}{206000}\right)^2$$

$$=0.00235\ (m)$$

即

$$m_D=\pm0.048\ (m)$$

5.4　观测值的算术平均值及其中误差

5.4.1　算术平均值

在相同的观测条件下，对某量进行了 n 次观测，其观测值分别为 L_1，L_2，……，

L_n，则

$$x = \frac{L_1 + L_2 + \cdots + L_n}{n} \qquad (5\text{-}24)$$

即为该量的算术平均值。下面从偶然误差的规律来证明算术平均值作为该量的最可靠值的合理性。

设该观测量的真值为 X，相应观测值的真误差为 Δ_1，Δ_2，$\cdots$，Δ_n，即

$$\Delta_1 = L_1 - X$$
$$\Delta_2 = L_2 - X$$
$$\vdots$$
$$\Delta_n = L_n - X$$

将上述等式两边分别求和并除以 n 得

$$\frac{[\Delta]}{n} = \frac{[L]}{n} - X$$

由式（5-24）可知

$$\frac{[L]}{n} = x$$

则上式可写为

$$x = X + \frac{[\Delta]}{n}$$

根据偶然误差的第四条特性

$$\lim_{n \to \infty} \frac{[\Delta]}{n} = 0$$

此时

$$x = X$$

即当观测次数无限增多时，算术平均值趋近于该量的真值。然而在实际工作中，观测次数不可能无限增加，因此算术平均值也就不可能等于真值，但可以认为：根据有限个观测值求得的算术平均值应该是最接近真值的值，称其为观测量的最可靠值，也称为最或是值。一般都将它作为观测量的最后结果。

5.4.2 算术平均值的中误差

在测量成果的计算与整理中，由于往往将算术平均值作为观测量的最后结果，所以必须求出算术平均值的中误差，以评定其精度。由式（5-24）知

$$x = \frac{L_1 + L_2 + \cdots + L_n}{n} = \frac{L_1}{n} + \frac{L_2}{n} + \cdots + \frac{L_n}{n}$$

由于观测值为同精度观测，各观测值的中误差均为 m，则上式可写为

$$m_x^2 = n \frac{m^2}{n^2} = \frac{m^2}{n}$$

所以

$$m_x = \pm \frac{m}{\sqrt{n}} \qquad (5\text{-}25)$$

由式（5-25）可知，观测次数越多，所得结果越精确，即可以增加观测次数来提高算术平均值的精度。那么是不是随意增加观测次数对测量结果的精度都有利而经济上又合算呢？设观测值精度一定时，例如设 $m = 1$，当 n 取不同值，按式（5-25）算得 m_x 值见表5-3。

表 5-3　算术平均值的中误差与观测次数的关系

n	1	2	3	4	5	6	10	20	30	40	50	100
m_x	1.00	0.71	0.58	0.50	0.45	0.41	0.32	0.22	0.18	0.16	0.14	0.10

由表 5-3 中的数据可以看出，随着观测次数的增加，算术平均值的中误差不断减小，即精度不断提高。但是，当观测次数增加到一定数量时，再增加观测次数，精度就提高得很少。由此可见，要提高最或然值的精度，单靠增加观测次数是不经济的。

影响观测精度的因素很多，观测精度受观测条件的影响很大。虽然观测成果精度的提高仅与观测次数的平方根成正比，但当观测次数增加到一定数量时，其精度提高很慢。另外，观测次数越多，工作量越大。所以当观测值精度要求较高时，不能仅靠增加观测次数来提高精度，必须选用较精密的仪器及较严密的测量方法。

5.4.3　观测值的中误差

由式 (5-5) 计算中误差时，需要知道观测值的真误差 Δ_i，但在一般情况下，观测值的真值是不知道的，因而真误差也就无法求得。但在等精度观测的情况下，观测值的算术平均值是容易求得的，可把算术平均值与观测值之差称为观测值的改正数，用 v 表示，即

$$\left.\begin{array}{c} v_1=x-L_1 \\ v_2=x-L_2 \\ \vdots \\ v_n=x-L_n \end{array}\right\} \tag{5-26}$$

将等式两端分别相加得

$$[v]=nx-[L]$$

将 $x=\dfrac{[L]}{n}$ 代入上式得

$$[v]=n\dfrac{[L]}{n}-[L]=0 \tag{5-27}$$

可见，在相同的观测条件下，同一个量的一组观测值的改正数之和恒等于零。这一结论可作为计算工作的校核。

由于改正数容易求得，在不知道真误差时可用改正数计算中误差，其公式推导如下：

真误差 Δ_i 等于观测值 L_i 减真值 X，即

$$\left.\begin{array}{c} \Delta_1=L_1-X \\ \Delta_2=L_2-X \\ \vdots \\ \Delta_n=L_n-X \end{array}\right\} \tag{5-28}$$

将式 (5-26) 和式 (5-28) 相应行分别相加整理后可得

$$\left.\begin{array}{c} \Delta_1=-v_1+(x-X) \\ \Delta_2=-v_2+(x-X) \\ \vdots \\ \Delta_n=-v_n+(x-X) \end{array}\right\} \tag{5-29}$$

将上式两端分别相加，且考虑 $[v]=0$，得

$$[\Delta]=n(x-X)$$

那么

$$(x-X)=\frac{[\Delta]}{n} \tag{5-30}$$

将式（5-29）两端平方后分别相加，且考虑 $[v]=0$，得

$$[\Delta\Delta]=[vv]+n(x-X)^2 \tag{5-31}$$

由式（5-30）可得

$$n(x-X)^2=n\frac{[\Delta]^2}{n^2}$$

$$=\frac{\Delta_1^2+\Delta_2^2+\cdots+\Delta_n^2}{n}+2\frac{\Delta_1\Delta_2+\Delta_2\Delta_3+\cdots+\Delta_{n-1}\Delta_n}{n}$$

$$=\frac{[\Delta\Delta]}{n}+2\frac{\Delta_1\Delta_2+\Delta_2\Delta_3+\cdots+\Delta_{n-1}\Delta_n}{n}$$

上式右端第二项中，$\Delta_i\Delta_j$（$i\neq j$）为两个偶然误差的乘积，仍具有偶然误差的特性，故上式可以近似地写成

$$n(x-X)^2=\frac{[\Delta\Delta]}{n} \tag{5-32}$$

将式（5-32）代入式（5-31），得

$$[\Delta\Delta]=[vv]+\frac{[\Delta\Delta]}{n}$$

整理得

$$\frac{[\Delta\Delta]}{n}=\frac{[vv]}{n-1}$$

所以

$$m=\pm\sqrt{\frac{[\Delta\Delta]}{n}}=\pm\sqrt{\frac{[vv]}{n-1}} \tag{5-33}$$

式（5-33）即是应用改正数计算观测值中误差的公式，亦称白塞尔公式。将式（5-33）代入式（5-25）得

$$m_x=\pm\frac{m}{\sqrt{n}}=\pm\sqrt{\frac{[vv]}{n(n-1)}} \tag{5-34}$$

即为由改正数计算观测值算术平均值中误差的公式。

【例 5-8】设某水平角观测了 6 个测回，其观测数据见表 5-4，试求该角的算术平均值及其中误差。

解：有关观测数据和计算均见下表：

表 5-4　算术平均值及中误差计算表

测回	观测值	v	vv	计　　算
1	36°50′30″	−4	16	
2	36°50′26″	0	0	$m=\pm\sqrt{\dfrac{[vv]}{n-1}}=\pm\sqrt{\dfrac{34}{6-1}}=\pm2''.6$
3	36°50′28″	−2	4	
4	36°50′24″	+2	4	$m_x=\pm\sqrt{\dfrac{[vv]}{n(n-1)}}=\pm\sqrt{\dfrac{34}{6(6-1)}}=\pm1''.06$
5	36°50′25″	+1	1	
6	36°50′23″	+3	9	
平均值	36°50′26″	$[v]=0$	$[vv]=34$	

本章思考题

1. 测量误差产生的原因主要有哪些？

2. 什么是系统误差？什么是偶然误差？

3. 偶然误差有哪些统计特性？

4. 常用来衡量观测值精度的标准有哪些？

5. 已知圆的半径 $r=15.00\text{m}\pm0.01\text{m}$，计算圆的周长及其中误差。

6. 测得正方形的一条边长为 $a=55.00\text{m}$，计算该正方形的面积及其中误差。

7. 如果上题的正方形量测了两边，中误差都是 $\pm0.06\text{m}$，计算该正方形的面积及其中误差。

8. 对某段距离进行了 5 次同精度观测，观测值分别为 148.64，148.58，148.61，148.62，148.60。试计算这段距离的最或是值及其中误差。

第6章 小地区控制测量

本章导读

本章主要介绍小地区平面控制测量和高程控制测量、导线测量的内外业工作、三角高程测量、GPS 测量等内容；其中导线测量的外业观测与内业计算是学习的重点与难点；采取课堂讲授、内业计算与课下练习相结合的学习方法，建议 6~8 个学时。

6.1 控制测量概述

从第 1 章的讲述可知，测量工作的原则是"从整体到局部""先控制后碎部"，也就是说先从整体上考虑建立控制网，按照从高级到低级的顺序进行控制测量，然后再根据控制点测定周围的碎部点位置或者进行建筑工程的施工放样。

控制网是由测区内所选择的一些有控制意义的点构成的几何图形，这些有控制意义的点称为控制点。控制测量就是建立控制网，采用比较高的精度与方法测定控制点平面位置和高程，并以此作为各种测量的依据。建立控制网可以使测量工作在同一基准框架下进行，便于分工协作，加快测量进度，另外也可以减少测量工作中误差的累积。

控制测量分为平面控制测量和高程控制测量。平面控制测量是指测定控制点平面位置的工作；高程控制测量是指测定控制点高程的工作。

在全国范围内建立的控制网，称为国家控制网。国家控制网在全国范围内按照统一方案，使用精密测量仪器和方法，依照国家测量规范分为一、二、三、四等四个等级，由高级到低级逐级加密点位建立的。它是全国各种比例尺测图的基本控制网，为研究地球的形状和大小、地壳形变大小及趋势、地震等自然灾害预警，提供空间位置基准信息服务。

6.1.1 平面控制测量

平面控制测量所建立的控制网称为平面控制网，按规模可分为国家平面控制网、城市平面控制网和小地区平面控制网。

1. 国家平面控制网

国家平面控制网主要采用三角测量方法布设，在西部地区采用导线测量法。国家平面控制网是按照一定的密度和精度分级布设的。根据天文大地测量的方法，首先在全国范围内建立一等天文大地网，一般沿经纬线方向交叉布设三角锁，两交叉处的三角锁称为锁段。在一等三角锁环所围成的范围内布设二等三角网，国家一、二等网合称为天文大地网。在二等控制网下进一步加密，依次建立三、四等平面控制网，从而在全国范围内建立一个统一的坐标参考框架，实现对测量工作的整体控制。

2. 城市平面控制网

城市平面控制网是在国家平面控制网的基础上建立的，其目的在于为城市规划、市政建设、民用建筑设计等各种工程建设服务。

与国家平面控制网的建立方法类似，城市控制网根据城市面积的大小和测量工程的要求，布设为不同的等级。

建立城市平面控制网可采用 GPS 测量、三角测量、各种形式边角组合测量和导线测量，具体的技术要求要符合《城市测量规范》以及《全球定位系统（GPS）测量规范》。

3. 小地区平面控制网

小地区平面控制网是指在面积小于 $15km^2$ 范围内建立的局部控制网，目的是为了满足大比例尺地形图测绘或某一具体的工程建设需要。小地区平面控制网原则上应与国家或城市平面控制网相连接，从而实现与国家控制网坐标系的统一。当与高等级平面控制点连接有困难时，为满足建设需要，也可以建立独立控制网。

小地区平面控制网根据用途和性质分为施工控制网、图根控制网以及变形监测网。其中施工控制网是指在工程建设中为施工放样而建立的控制网；图根控制网是专门为测图工作建立的控制网，相应的控制点称为图根控制点，即图根点；变形监测网是指为建筑物等的变形观测建立的控制网。

小地区平面控制网也要根据面积大小分级布设（表 6-1），主要采用一、二、三级导线测量，一、二级小三角网测量，《工程测量规范》对一、二、三级导线测量、小三角测量的主要技术要求分别见表 6-2、表 6-3。图根导线测量宜采用 $6''$ 级经纬仪 1 测回测定水平角，其主要技术指标见表 6-4。图根点的密度应根据测图比例尺及具体的地形条件来定，在平坦开阔地区采用常规成图方法及数字成图方法。图根点的密度应不小于表 6-5 的规定。对于地形比较复杂的地区或城市建筑区，应结合实际情况适当加大图根控制点的密度。

表 6-1 小地区控制网的布设

测区面积（km²）	首级控制网	图根控制网
2～15	一级小三角或一级导线	两级图根
0.5～2	二级小三角或二级导线	两级图根
0.5 以下	图根控制	—

表 6-2 低级导线测量的主要技术指标

等级	导线长度（km）	平均边长（km）	测角中误差（″）	测距中误差（mm）	测距相对中误差	测回数 DJ₆	测回数 DJ₂	导线全长相对闭合差	方位角闭合差（″）
一级导线	4	0.5	±5	15	1/3 万	4	2	1/1.5 万	$\pm10\sqrt{n}$
二级导线	2.4	0.25	±8	15	1/1.4 万	3	1	1/1 万	$\pm16\sqrt{n}$
三级导线	1.2	0.1	±12	15	1/0.7 万	2	1	1/0.5 万	$\pm24\sqrt{n}$

表 6-3 小三角测量的主要技术指标

等级	平均边长（km）	测角中误差（″）	起始边边长相对中误差	最弱边边长相对中误差	测回数 DJ₆	测回数 DJ₂	三角形最大闭合差（″）
一级小三角	1	±5	≤1/4万	1/2万	4	2	±15
二级小三角	0.5	±10	≤1/2万	1/1万	2	1	±30

表 6-4 图根导线的主要技术指标

导线长度（m）	相对闭合差	测角中误差（″） 一般	测角中误差（″） 首级控制	方位角闭合差（″） 一般	方位角闭合差（″） 首级控制
≤$a \times M$	≤$1/(2000 \times a)$	30	20	$\pm 60\sqrt{n}$	$\pm 40\sqrt{n}$

注：1. a 为比例系数，取值宜为1，当采用1:500、1:1000比例尺测图时，其值可在1～2之间选用；

2. M 为测图比例尺的分母，但对于工矿区现状图测量，不论测图比例尺大小，M 均应取值为500；

3. 隐蔽或施测困难地区导线相对闭合差可放宽，但不应大于 $1/(1000 \times a)$。

表 6-5 平坦开阔地区图根点的密度

测图比例尺	1:500	1:1000	1:2000
常规方法图根点密度/（点/km²）	150	50	15
数字成图方法图根点密度/（点/km²）	64	16	4

6.1.2 高程控制测量

高程控制点构成的图形称为高程控制网，按用途可分为国家高程控制网、城市高程控制网和工程高程控制网。高程控制测量主要采用水准测量的方法，控制网布设的原则是从整体到局部，由高级到低级，逐点加密。当地面起伏较大，无法进行水准测量时，可采用三角高程测量的方法进行测定。

在全国领土范围内，由一系列按国家统一规范测定高程的水准点构成的网称为国家水准网，在水准点上设有固定标志，以便长期保存。国家水准网按控制等级和施测精度分为一、二、三、四等四个等级。根据《国家水准测量规范》，各等级水准测量主要技术指标见表 6-6。其中一、二等水准测量称为精密水准测量。一等水准网在全国范围内沿地质构造稳定和坡度平缓的主干道及河流布设成格网状，是国家高程控制的骨干。二等网是在一等水准环内进行加密，作为全国的高程控制。三、四等水准网直接为地形测图或工程建设提供高程控制点，三等水准一般布设成附合在高等级水准点间的附合水准路线，长度不超过 150km，四等水准采用附合在高级点间的附合水准路线时，长度不超过 80km。全国各地的高程都是通过国家水准网统一传算的。

表 6-6　国家水准网的主要技术指标

等级	水准网环线周长（km）	附合路线长度（km）	每千米高差中数		往返较差、附合或环线闭合差（mm）
			偶然中误差（mm）	全中误差（mm）	
一	东部地区不大于 1600，西部地区不大于 2000，山区和困难地区酌情放宽	—	±0.45	±1	$±2\sqrt{L}$
二	平原和丘陵地区不大于 750，山区和困难地区酌情放宽	—	±1	±2	$±4\sqrt{L}$
三	200	150	±3	±5	平原：$±12\sqrt{L}$ 山区：$±15\sqrt{L}$
四	100	80	±6	±10	平原：$±20\sqrt{L}$ 山区：$±25\sqrt{L}$

注：表中 L 为路线长度（km）；三、四等水准测量中，山区等困难地区可适当放宽，但各指标不宜大于上述的 1.5 倍。

城市高程控制测量按精度可分为二、三、四等水准测量及图根水准测量；工程高程控制测量按精度分为二、三、四、五等水准测量及图根水准测量，根据《工程测量规范》，二、三、四、五等及图根水准测量主要技术指标见表 6-7。城市首级高程控制网的精度应不低于三等水准，根据测区需要，各等级的高程控制网均可作为首级高程控制。各等级的高程控制主要采用水准测量方法建立，四等及以下等级可采用电磁波测距三角高程测量，五等也可以采用 GPS 拟合高程测量。测区的高程系统，应采用 1985 国家高程基准。在已有高程控制网的地区测量时，可沿用原有高程系；当小测区连测有困难时，也可采用假定高程系。

表 6-7　工程测量各等水准测量主要技术指标

等级	每千米高差全中误差（mm）	路线长度（km）	水准仪型号	水准尺	观测次数		往返较差、附合或环线闭合差	
					与已知点联测	附合或环线	平地（mm）	山地（mm）
二等	2	—	DS1	钢瓦	往返各一次	往返各一次	$±4\sqrt{L}$	—
三等	6	≤50	DS1	钢瓦	往返各一次	往一次	$±12\sqrt{L}$	$±4\sqrt{n}$
			DS3	双面		往返各一次		
四等	10	≤16	DS3	双面	往返各一次	往一次	$±20\sqrt{L}$	$±6\sqrt{n}$
五等	15	—	DS3	单面	往返各一次	往一次	$±30\sqrt{L}$	—
图根	20	≤5	DS10	单面	往返各一次	往一次	$±40\sqrt{L}$	$±12\sqrt{n}$

注：L 为往返测段、附合路线或环线长度（km）；n 为测站数。

6.2　导线测量

6.2.1　导线测量概述

导线测量是建立小地区平面控制网常用的方法，特别是在地物复杂的建筑区、视线障碍较多的隐蔽区和带状区域，多采用导线测量的方法。

测区内相邻控制点用直线相互连接而成的折线称为导线。这些控制点称为导线点。导线点之间的连线称为导线边，相邻两条导线边所夹的水平角称为转折角。

导线测量就是在测区内按照一定要求选择若干个导线点，测定各导线边的长度和转折角，根据起算数据，推算各边的坐标方位角，从而求出各导线点的坐标。

转折角可以用经纬仪测量，导线边长可以采用电磁波测距或钢尺丈量；也可以使用全站仪直接测量出转折角和导线边长。

按照距离测量的方法，导线分为电磁波测距导线和钢尺量距导线；按照平面控制网的精度等级，导线分为三、四等和一、二、三级导线以及图根导线。电磁波测距导线不受地形条件限制，速度快、精度高，在工程建设中应用广泛。《工程测量规范》中规定的各等级导线的技术要求见表6-2～表6-4。

6.2.2 导线的布设形式

导线的基本布设形式有闭合导线、附合导线和支导线。

1. 闭合导线

如图6-1所示，从一个已知控制点 B 和已知方向 BA 出发，经过若干个导线点1、2、3、4，最终又回到已知点 B，形成一个闭合多边形，这样的导线称为闭合导线。

2. 附合导线

如图6-2所示，从一个已知控制点 B 和已知方向 BA 出发，经过若干个导线点1、2、3，最后附合到另一已知控制点 C 和已知方向 CD 上，这样的导线称为附合导线。

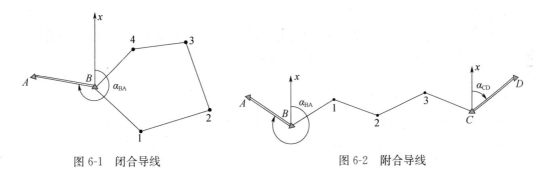

图 6-1 闭合导线   图 6-2 附合导线

3. 支导线

如图6-3所示，从一个已知控制点 B 和已知方向 BA 出发，即不回到原始起点 B，也不附合到另一已知点，这样的导线称为支导线。它是从已知点上引伸的导线。支导线缺乏图形检核条件，一般只能用于图根测量或无法布设闭合或附合导线的少数特殊情况，并且要对导线边长以及边数进行限制。

根据测区需要和精度要求，除了需要布设前面这三种基本导线形式，有时还要布设导线网，导线网又可分为单结点导线网、多结点导线网等，如图6-4所示。导线网检核条件多，适宜用在已知点稀少的地区作基本控制网。

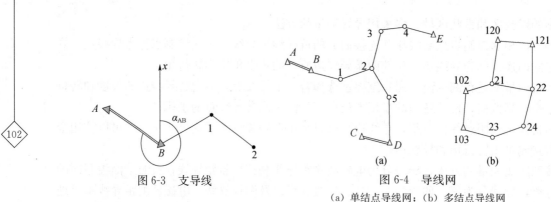

图 6-3　支导线　　　　　图 6-4　导线网

(a) 单结点导线网；(b) 多结点导线网

6.2.3　导线测量的外业工作

测量的外业是指在测区内利用仪器和工具采集点位数据的工作。导线测量外业工作流程包括踏勘选点、建立标志、测量导线边长、测量转折角以及与高级点的连测等。

1. 踏勘选点

踏勘选点是导线测量的首要工作。选点之前，首先应搜集与测区有关的测量资料，如测区原有地形图和各类已知控制点、测量规范等。利用已有资料研究测区，根据工程需要在地形图上初步设计导线的布设形式。然后到测区实地踏勘，查看已知点是否完好，因为已知点是决定导线方案设计的关键。另外还要了解测区的范围、地形、交通及通视等情况。通过实地对照与修改，最终确定导线的布设形式、路线的走向、导线点的位置及需要埋石的点位等，拟定一个经济合理的导线布设方案。

实地选点时应注意以下几点：

（1）导线点一般应均匀地布设在测区内，便于控制整个测区。导线边长根据测图比例尺及工程精度要求而定，相邻边的长度不宜相差太大，以免影响测角的精度。

（2）相邻导线点之间要通视良好，便于测角和量边。

（3）导线点应选在土质坚硬、便于保存和便于安置仪器的地方。

（4）导线点应选在周围开阔的地带，以便测图或施工放样时充分发挥控制点的作用。

为减小导线计算的工作量，导线路线应尽可能布设成单一附合或闭合路线，如果路线长度超限时，再考虑布设导线网。

2. 建立标志

导线点确定以后，需要在实地导线点点位上建立标志。对于临时点或图根导线点，可用大铁钉、钢筋钉或木桩（桩顶钉小铁钉或划"十"字作为点的标志）等直接打入路面，如图 6-5 所示。对于需要长期保存的导线点，应埋设混凝土标石标志点位，如图 6-6 所示。

为了便于寻找和使用，导线点标志埋设好后，应按顺序编号并绘制说明控制点实地位置的"点之记"，如图 6-7 所示。

3. 测量导线边长

对于一级及以上等级的导线边长，要采用检定过的中、短程全站仪或电磁波测距仪进行测量，测量时应同时测出竖直角或高差，以便进行倾斜改正。一级以下的导线也可以采用检定过的钢尺进行丈量。当钢尺的尺长改正数大于 1/10000 时，应加尺长改正；量距时的温度与检定温度相差大于±10℃时，应进行温度改正；尺面倾斜坡度大于1.5％时，应进行倾斜改正。钢尺量距需进行往返丈量或同向丈量两次，其较差的相对误差应不大于1/3000，若满足限差规定则取两次丈量结果的平均值作为最后结果。

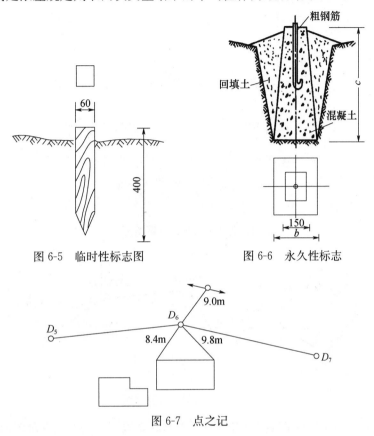

图 6-5　临时性标志图　　　　图 6-6　永久性标志

图 6-7　点之记

4. 测量转折角

在角度测量上，导线转折角有左角和右角之分。左角是指在导线前进方向左侧的水平夹角，如图 6-9 所示的附合导线的转折角；右角是指在导线前进方向右侧的水平夹角。测量转折角时，附合导线一般观测左角，闭合导线观测内角，而支导线应分别观测左角和右角，以增加检核条件。无论观测左角还是右角，对导线测量并无影响，只是在计算方位角时公式有所不同。

导线转折角测量时可以使用经纬仪或全站仪，测角方法一般为测回法。观测方向超过两个时则应采用方向观测法。图根导线测角时使用 6″级经纬仪观测一个测回，且两个半测回之差不得超过±40″。每站观测完毕都要检查观测数据是否满足限差要求，满足后方可迁站。当导线上所有转折角观测结束后，还应检查各角度的总和是否满足理论要求，如果不满足，应查找原因，有目的的局部或全部返工。

6.3　导线测量的内业计算

测量内业工作是指对外业采集的数据进行整理计算及精度评定。导线测量内业最主要的任务就是计算得到各导线点的平面坐标。

计算前应首先检查导线测量外业中量距及测角数据是否齐全、记错、算错，成果是否符合限差要求，然后绘制导线略图，将已知点数据和实测的转折角、导线边长等标注于图上，方便计算时使用，如图 6-8、图 6-9 所示。

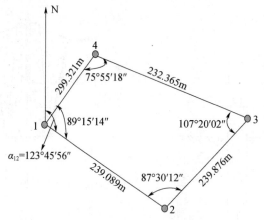

图 6-8　闭合导线计算略图

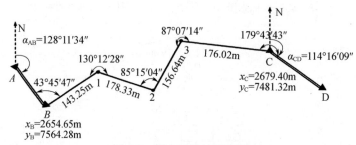

图 6-9　附合导线计算略图

符合限差要求的外业测量数据仍有测量误差存在，以至于仍不能满足图形的几何条件，因此必须对外业测量数据进行合理的处理。在测量上称这种数据处理为平差计算。通常，导线平差应进行严密平差，但对于二级及以下等级的图根导线允许对单一导线、单结点导线网采用近似平差方法进行计算。导线近似平差的基本思路就是将角度误差和边长误差分别进行平差处理。首先进行角度闭合差的计算与调整，然后在此基础上进行坐标闭合差的计算与调整，从而达到处理角度剩余误差和边长误差的目的。平差过程中要注意数字位数的取舍：四等及以下的小三角及导线，角值取至秒位，边长和坐标取至毫米；图根三角锁及图根导线，角值取至秒位，但边长和坐标取至厘米。下面简要介绍三种单一导线的近似平差方法。

6.3.1　闭合导线的计算

闭合导线必须满足两个图形上的几何条件：一是外业观测所得的多边形内角和应与其理论值一致；二是由起点的已知纵横坐标依次推算出各导线点的纵、横坐标，再推算回到起始点上，推算结果应与该点的已知纵横坐标相一致。这两个条件是闭合导线观测成果的校核条件，也是导线测量平差的依据。将各观测值和已知数据填入导线计算表后，见表 6-8，闭合导线按下列步骤进行计算。

1. 角度闭合差的计算与调整

闭合导线角度闭合差是指外业观测所得到的多边形内角和 $\sum\beta_{测}$ 与其内角和的理论值

$\sum\beta_{理}$ 之间的差值，用 f_β 表示，即：

$$f_\beta=\sum\beta_{测}-\sum\beta_{理}=\sum\beta_{测}-(n-2)\times180° \tag{6-1}$$

各级导线闭合差的容许值见表 6-2～表 6-4。以图根导线为例，其角度闭合差容许值为

$$f_{\beta容}=\pm60''\sqrt{n} \tag{6-2}$$

如果角度闭合差不超过容许值，即 $|f_\beta|\leqslant|f_{\beta容}|$，则将闭合差反符号平均分配给各观测角，也就是给每个观测值加上一个改正数 v_i，v_i 的公式为

$$v_i=-\frac{f_\beta}{n} \tag{6-3}$$

式中，n 为多边形内角个数。

改正值一般取到秒，如果闭合差不能被整除或闭合差较小，可按凑整的方法把余数重点分配给相邻边长相差悬殊的导线边所夹的观测角上。

然后计算改正后的角值

$$\hat\beta_i=\beta_i+v_i \tag{6-4}$$

改正后的角值总和应严格等于理论值，以此校核计算中是否有错误。

如图 6-8 所示的图根闭合导线，其内角和理论值 $\sum\beta_{理}$ 为 360°，观测值总和 $\sum\beta_{测}$ 为 360°00′36″，角度闭合差 $f_\beta=36''$，而闭合差容许值 $f_{\beta容}=\pm60''\sqrt{n}=\pm120''$，满足限差要求，因此 $v_i=-9''$，然后依次计算改正后的角值 $\hat\beta_i$，见表 6-8 第 4 列。

计算完后，要进行检核 $\sum\hat\beta_i=\sum\beta_{理}=360°$。

2. 导线边方位角的推算

角度闭合差调整好后，用改正后的角值依次推算各边的方位角，其计算公式为

$$\alpha_{前}=\alpha_{后}+\beta_{左}\pm180° \text{ 或 } \alpha_{前}=\alpha_{后}-\beta_{右}\pm180° \tag{6-5}$$

即：前一边的方位角等于后一边的方位角加上（或减去）该两条边所夹的左角（或右角），然后再加或减 180°。方位角的取值范围是 0°～360°，当计算出的 $\alpha_{后}+\beta_{左}$（或 $\alpha_{后}-\beta_{右}$）大于 180°就减去 180°，当 $\alpha_{后}+\beta_{左}$（或 $\alpha_{后}-\beta_{右}$）小于 180°就加上 180°。图 6-8 中所测的各转折角均为左角，根据起始边方位角和改正后观测角来推算各边的方位角，则：

$$\alpha_{23}=\alpha_{12}+\beta_2\pm180°=31°15'59''$$

$$\alpha_{34}=\alpha_{23}+\beta_3\pm180°=318°35'52''$$

$$\alpha_{41}=\alpha_{34}+\beta_4\pm180°=214°31'01''$$

$$\alpha_{12推算}=\alpha_{41}+\beta_1\pm180°=123°45'56''$$

应用改正后的角值推算的起始边方位角 $\alpha_{12推算}$ 应等于 α_{12}，以此作为方位角计算的检核。推算的各边方位角填入表 6-8 第 5 列。

3. 坐标增量的计算及其闭合差调整

各边的方位角确定后，就可以按坐标正算公式计算各边的坐标增量：

$$\left.\begin{array}{l}\Delta x_{ij}=D_{ij}\cdot\cos\alpha_{ij}\\\Delta y_{ij}=D_{ij}\cdot\sin\alpha_{ij}\end{array}\right\} \tag{6-6}$$

例如，12 边的坐标增量 Δx_{12}、Δy_{12} 计算公式为：

$$\left.\begin{array}{l}\Delta x_{12}=D_{12}\cdot\cos\alpha_{12}\\\Delta y_{12}=D_{12}\cdot\sin\alpha_{12}\end{array}\right\}$$

按照上式依次计算出各边的坐标增量，结果见表 6-8 中第 7、8 列。

坐标增量有正有负，它由方位角的大小来决定。

闭合导线的角度闭合差虽然经过调整，但仍含有残余的测角误差，而且由于测距误差的存在，闭合导线各边坐标在 x、y 方向上增量的代数和 f_x、f_y 往往不等于其理论值零，该值称为闭合导线的坐标增量闭合差。用下式表示：

$$\left. \begin{array}{l} f_x = \sum \Delta x_{ij} \\ f_y = \sum \Delta y_{ij} \end{array} \right\} \tag{6-7}$$

由于坐标增量闭合差 f_x 和 f_y 的存在，致使导线的起点和终点不重合，这两点之间的距离称为导线全长闭合差，用 f 表示，即

$$f = \sqrt{f_x^2 + f_y^2} \tag{6-8}$$

导线全长闭合差 f 与导线全长 $\sum D$ 之比称为导线全长相对闭合差，常用 K 表示。导线全长相对闭合差一般都化成分子为 1 的分数形式，它可以用来衡量导线的精度。

$$K = \frac{f}{\sum D} = \frac{1}{\dfrac{\sum D}{f}} \tag{6-9}$$

各级导线全长相对闭合差应不大于表 6-2～表 6-4 中的规定。对于电磁波测距图根导线，其导线全长相对闭合差的容许值 $K_{容} = 1/4000$。如果 K 值符合精度要求，即 $K \leqslant K_{容}$，可将坐标增量闭合差按相反的符号且与边长成正比分配给各坐标增量，使改正后的坐标增量的代数和等于零。各坐标增量的改正值可按下式计算：

$$\left. \begin{array}{l} \delta \Delta x_{ij} = -\dfrac{f_x}{\sum D} D_{ij} \\ \delta \Delta y_{ij} = -\dfrac{f_y}{\sum D} D_{ij} \end{array} \right\} \tag{6-10}$$

按照上式依次计算出各边坐标增量的改正数后，应检核：

$$\left. \begin{array}{l} \sum \delta \Delta x_{ij} = -f_x \\ \sum \delta \Delta y_{ij} = -f_y \end{array} \right\} \tag{6-11}$$

由于计算过程中取舍的原因，可能会出现上式不严格相等的情况，此时需对某一改正数进行修正。

无误后计算改正后的坐标增量，计算方法见式（6-12），结果见表 6-8 中第 9、10 列。

$$\left. \begin{array}{l} \Delta \hat{x}_{ij} = \Delta x_{ij} + \sum \delta \Delta x_{ij} \\ \Delta \hat{y}_{ij} = \Delta y_{ij} + \sum \delta \Delta y_{ij} \end{array} \right\} \tag{6-12}$$

4. 导线点坐标计算

根据 i 点的坐标以及相邻点 i、j 间改正后的坐标增量，可得出 j 点的坐标：

$$\left. \begin{array}{l} x_j = x_i + \Delta \hat{x}_{ij} \\ y_j = y_i + \Delta \hat{y}_{ij} \end{array} \right\} \tag{6-13}$$

按照上式由起始点依次推算出各点的坐标，见表 6-8 中第 11、12 列。推算出来的 1 点坐标应与已知值一致，并以此作为坐标计算的检核。

表 6-8 闭合导线坐标计算表

点号	观察角	改正数	改正后角值	坐标方位角	边长	坐标增量 Δx/m	坐标增量 Δy/m	改正后坐标增量 Δx̂/m	改正后坐标增量 Δŷ/m	坐标 x/m	坐标 y/m	点号
1	2	3	4	5	6	7	8	9	10	11	12	13
1	—	—	—	123°45′56″	—	—	—	—	—	—	—	—
1										2017.000	2017.000	A
2	87°30′12″	−9″	87°30′03″	31°15′59″	239.876	0.043 205.037	0.017 124.450	205.080	124.467	2222.080	2141.467	B
3	107°20′02″	−9″	107°19′53″	318°35′52″	232.365	0.042 174.294	0.017 −153.672	174.336	−153.655	2396.416	1987.812	C
4	75°55′18″	−9″	75°55′09″	214°31′01″	299.321	0.054 −246.628	0.022 −169.610	−246.574	−169.588	2149.842	1818.224	D
1	89°15′04″	−9″	89°14′55″	123°45′56″	239.089	0.043 −132.885	0.017 198.759	−132.842	198.776	2017.000	2017.000	A
2	—											
Σ	360°00′36″	−36″	360°		1010.651	−0.182	−0.073	0.000	0.000			

辅助计算

$$f_\beta = \sum\beta_{测} - \sum\beta_{理} = \sum\beta_{测} - (n-2)\times180° = 360°00′36″ - 360° = 36″,\quad f_{容} = \pm60''\sqrt{n} = \pm120'',\quad |f_\beta| \le |f_{容}|，角度测量成果合格。$$

$$f_x = \sum\Delta x_{ij} = -0.182\text{m},\quad f_y = \sum\Delta y_{ij} = -0.073\text{m},\quad f = \sqrt{f_x^2 + f_y^2} = 0.196\text{m},\quad K = \dfrac{f}{\sum D} = \dfrac{1}{\dfrac{\sum D}{f}} = \dfrac{0.196}{1010.651} = \dfrac{1}{5156},\quad K \le K_{容}，导线测量成果合格。$$

6.3.2 附合导线的计算

附合导线的计算方法和步骤与闭合导线基本相同，只是由于两者在布设形式上的不同，导致其角度闭合差与坐标增量闭合差的计算公式也有所不同，下面主要介绍两者的不同之处。

1. 附合导线角度闭合差的计算

附合导线虽然不构成多边形，但也存在角度闭合差，其角度闭合差是推算的终边方位角（根据起始边已知方位角以及导线转折角依次计算得到）与已知终边方位角的差值，用 f_β 表示，即：

$$f_\beta = \alpha'_{终} - \alpha_{终} \tag{6-14}$$

如图 6-9 所示的附合导线，已知坐标方位角 α_{AB}、α_{CD}，控制点 B、C 的坐标 (x_B, y_B)、(x_C, y_C)，观测导线各转折角为 β_B、β_1、β_2、β_3、β_C，各导线边长为 D_{B1}、D_{12}、D_{23}、D_{3C}。

从已知边 AB 的方位角 α_{AB} 通过各转折角 β_i（左角）可以逐个推算出各边的方位角及最终边 CD 的方位角 α'_{CD}，即

$$\left.\begin{array}{l} \alpha_{B1} = \alpha_{AB} + \beta_B \pm 180° \\ \alpha_{12} = \alpha_{B1} + \beta_1 \pm 180° \\ \alpha_{23} = \alpha_{12} + \beta_2 \pm 180° \\ \alpha_{3C} = \alpha_{23} + \beta_3 \pm 180° \\ \alpha'_{CD} = \alpha_{3C} + \beta_C \pm 180° \end{array}\right\}$$

将上面各等式整理得 $\alpha'_{CD} = \alpha_{AB} + \sum\beta_左 \pm 5 \times 180°$，写成一般形式

$$\alpha'_{终} = \alpha_{始} + \sum\beta_左 \pm n \times 180° \tag{6-15}$$

那么

$$f_\beta = \alpha'_{终} - \alpha_{终} = \alpha_{始} + \sum\beta_左 \pm n \times 180° - \alpha_{终} \tag{6-16}$$

同理当 β 为右角时

$$f_\beta = \alpha'_{终} - \alpha_{终} = \alpha_{始} - \sum\beta_右 \pm n \times 180° - \alpha_{终} \tag{6-17}$$

附合导线角度闭合差容许值及其闭合差调整方法与闭合导线基本相同。但需注意的是当计算改正数时，如果观测角是左角，分配原则与闭合导线一致，即

$$v_i = -\frac{f_\beta}{n} \tag{6-18}$$

如果观测角是右角，则应将角度闭合差按同符号平均分配到各观测角中，即

$$v_i = \frac{f_\beta}{n} \tag{6-19}$$

计算结果见表 6-9 中第 3 列。

表 6-9 附合导线坐标计算表

点号	观测角(左角)	改正数	改正后角值	坐标方位角	边长	坐标增量 Δx/m	坐标增量 Δy/m	改正后坐标增量 Δx̂/m	改正后坐标增量 Δŷ/m	坐标 x/m	坐标 y/m	点号
1	2	3	4	5	6	7	8	9	10	11	12	13
A	—	—		128°11′34″	—							
B	43°45′47″	+4″	43°45′51″	351°57′25″	143.25	+2 141.84	+1 −20.04	141.86	−20.03	2654.65	7564.28	B
1	130°12′28″	+3″	130°12′31″	302°09′56″	178.33	+3 94.94	+2 −150.96	94.97	−150.94	2796.51	7544.25	1
2	85°15′04″	+4″	85°15′08″	207°25′04″	156.64	+3 −139.04	+1 −72.13	−139.01	−72.12	2891.48	7393.31	2
3	87°07′14″	+4″	87°07′18″	114°32′22″	176.02	+3 −73.10	+1 160.12	−73.07	160.13	2752.47	7321.19	3
C	179°43′43″	+4″	179°43′47″	114°16′09″	—	—	—	—	—	2679.40	7481.32	C
D	—			114°16′09″	—	—	—	—	—	—	—	D
Σ	526°04′16″	+19″	526°04′35″		654.24	24.64	−83.01	24.75	−82.96			

辅助计算

$\alpha'_{CD}=\alpha_{AB}-5\times180°+\sum\beta_{左}=114°15'50''$，$f_\beta=\alpha'_{CD}-\alpha_{CD}=-19''$，$f_{容}=\pm60''\sqrt{n}=\pm134''$，$|f_\beta|\leqslant|f_{容}|$，角度测量成果合格。

$f_x=\sum\Delta x_{测}-(x_C-x_B)=-0.11\text{m}$，$f_y=\sum\Delta y_{测}-(x_C-x_B)=-0.05\text{m}$，$f=\sqrt{f_x^2+f_y^2}=0.12\text{m}$。

$K=\dfrac{f}{\sum D}=\dfrac{1}{\dfrac{\sum D}{f}}=\dfrac{0.12}{654.24}=\dfrac{1}{5452}$，$K\leqslant K_{容}$，导线测量成果合格。

2. 附合导线坐标增量闭合差的计算

附合导线起点 B 与终点 C 都是高级控制点，两点坐标增量的理论值为

$$\left.\begin{aligned}\sum\Delta x_{理}=x_C-x_B\\\sum\Delta y_{理}=y_C-y_B\end{aligned}\right\} \tag{6-20}$$

根据改正后的方位角和边长计算的坐标增量之和往往不等于该理论值，其差值称为附合导线坐标增量闭和差。即

$$\left.\begin{aligned}f_x=\sum\Delta x_{测}-(x_C-x_B)\\f_y=\sum\Delta y_{测}-(y_C-y_B)\end{aligned}\right\} \tag{6-21}$$

有关附合导线全长相对闭合差的计算以及坐标增量闭合差 f_x、f_y 的调整方法与闭合导线相同。计算结果见表 6-9 中第 7、8、9、10 列及辅助计算。

6.3.3 支导线的计算

支导线由于缺少图形检核条件，内业计算过程比较简单，具体步骤如下：

1. 根据观测的转折角和已知方位角推算各边的方位角。

2. 根据各边的方位角和边长计算各边的坐标增量。

3. 根据各边坐标增量和起始点的已知坐标推算各未知点的坐标。

上述计算中所用的公式及计算原理同闭合导线。由于支导线即没有角度校核条件也没有坐标校核条件，观测和计算中的错误不易发现，因此，一般不建议布设支导线。当情况特殊必需布设支导线时，观测和计算过程中一定要特别认真仔细，做到复测复算，且点数不宜太多。

6.4 高程控制测量

高程控制测量主要采用水准测量方法。小地区高程控制测量可采用三、四等水准测量和三角高程测量。本节主要介绍三角高程测量。

6.4.1 三、四等水准测量

三、四等水准测量，除了用于国家高程控制网的加密外，还常用作小地区的首级高程控制，以及工程建设测区内的工程测量和变形观测的基本控制。三、四等水准网应从附近的高级水准点引测高程。独立测区也可以采用闭合水准路线。三、四等水准测量的具体技术要求、观测方法及内业计算参见第 2 章。

6.4.2 三角高程测量

1. 三角高程测量的原理

三角高程测量是通过测量仪器采集两点间的水平距离（或倾斜距离）和竖直角，然后利用三角函数公式计算两点间的高差，从而推算出未知点的高程。如图 6-10 所示，已知 A 点的高程为 H_A，求 B 点的高程 H_B。那么在 A 点安置经纬仪，量取仪器高（望远镜旋转中心至地面 A 点的距离）为 i，在 B 点上竖立标尺，用十字丝中丝瞄准标尺上的一点

E，E 点与地面点 B 的距离 v 称为目标高，测得竖直角 α，量出目标高 v，若 A、B 两点间的水平距离 D（或斜距 D'）已知，则 A、B 两点间的高差 h_{AB} 为：

$$h_{AB} = D \cdot \tan\alpha + i - v = D' \cdot \sin\alpha + i - v \tag{6-22}$$

B 点高程 H_B 为：

$$H_B = H_A + h_{AB} = H_A + D \cdot \tan\alpha + i - v = H_A + D' \cdot \sin\alpha + i - v \tag{6-23}$$

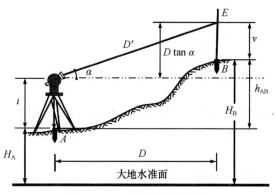

图 6-10　三角高程测量原理

也可以在 A 点安置全站仪代替经纬仪，B 点安置棱镜代替标尺，使用全站仪来进行三角高程测量。具体过程为：在全站仪中输入仪器高、棱镜高以及 A 点高程，将全站仪瞄准棱镜，利用全站仪的测角、测距功能，通过内置程序计算两点的高差和未知点 B 的高程，并在屏幕上显示出来。

在三角高程测量中，仅从 A 点向 B 点观测一次，称为单向观测。若既从 A 点向 B 点观测，又从 B 点向 A 点观测，则称为对向观测。若仪器安置在已知点观测与未知点间的高差称为直觇；反之仪器安置在未知点观测与已知点间的高差称为反觇。

2. 地球曲率和大气折光的影响

一般当两点相距较远时，就应考虑地球曲率和大气折光的影响。根据第 2 章中给出的公式可知，球差改正数：

$$f_1 = c = D^2/2R \tag{6-24}$$

气差改正数：

$$f_2 = -r = -kD^2/2R \tag{6-25}$$

球气差改正数：

$$f = f_1 + f_2 = (1-k)D^2/2R \tag{6-26}$$

由于 k、R 均为常数，令 $k_0 = (1-k)/2R$，则

$$f = k_0 D^2 \tag{6-27}$$

考虑地球曲率和大气折光影响，A、B 两点间的高差 h_{AB} 为：

$$h_{AB} = D \cdot \tan\alpha + i - v + k_0 D^2 = D' \cdot \sin\alpha + i - v + k_0 D'^2 \tag{6-28}$$

若已知两点间的水平距离 D，则 B 点的高差 H_B 为：

$$H_B = H_A + D \cdot \tan\alpha + i - v + k_0 D^2 \tag{6-29}$$

若已知两点间的水平距离 D'，则 B 点的高差 H_B 为：

$$H_B = H_A + D' \cdot \sin\alpha + i - v + k_0 D'^2 \tag{6-30}$$

当 D 取不同值时，球气差改正数 f 见表 6-10。

表 6-10 三角高程测量球气差改正

D (m)	f (mm)	D (m)	f (mm)
100	0.7	1000	67.9
200	2.7	1500	151.9
300	6.1	2000	270.0
400	10.8	2500	421.8
500	16.9	3000	607.4

注：表中 R=6371km，k=0.14。

从表中可以看出，当距离在 300m 以内时，可以不考虑地球曲率差和大气折光的影响。如果观测时采用往返对向观测，取两次观测高差的平均值，可抵消地球曲率差和大气折光的影响。

3. 三角高程测量的观测与计算

（1）安置仪器

在已知点安置经纬仪（或全站仪），在目标点安置标尺（或棱镜）。

（2）量取仪器高和目标高

用钢尺量取仪器高 i 和目标高 v，读数至毫米位，其较差对于四等三角高程应不大于 2mm，对于五等三角高程应不大于 4mm，取平均值作为最终高度。观测前要规定好望远镜中丝瞄准标尺上的部位。各站上量取的数据要记录清晰，以免混淆。

（3）测量竖直角

对中整平后，读取盘左、盘右竖直角读数，记入表格中。竖直角观测的测回数及限差要求见表 6-11。

表 6-11 竖直角观测的测回数及限差要求

项目		等级				
		一、二级小三角		一、二级导线		图根控制
		DJ$_2$	DJ$_6$	DJ$_2$	DJ$_6$	DJ$_6$
测回数		2	4	1	2	1
各测回	竖直角互差 指标差互差	15″	25″	15″	25″	25″

（4）测量距离

可用电磁波测距仪测定两点间的倾斜距离，其测距精度符合相应等级平面控制网的测距精度要求。如果是确定平面控制网的高程，两点间的水平距离可以从平面控制成果资料中获取。

（5）计算高差、高程

按照式（6-28）、式（6-29）和式（6-30）计算两点间的高差与高程，往返测高差之差按图根三角高程测量的规定不大于 0.4D（m）（D 为两点间的水平距离，以 km 为单位）。若符合要求取其平均值作为两点间的高差。算例见表 6-12。

表 6-12　图根三角高程测量记录与计算表

起算点	A	
待定点	B	
觇法	直觇	反觇
平距 D/m	405.225	405.225
竖直角 α	$+2°25'50''$	$-2°24'30''$
$D\tan\alpha$/m	17.2	-17.043
仪器高 i/m	1.468	1.481
觇标高 v/m	1.600	1.600
球气差改正 f/m	$+0.011$	
单向高差/m	17.068	-17.162
高差较差/m	-0.094	
高差较差容许值/m	0.162	
平均高差/m	17.115	
起算点高程	120.110	
待定点高程/m	137.225	

以上是每个测站三角高程测量的观测与计算，根据路线的布设形式，计算完每条边的高差后，还要计算全路线的高差闭合差 f_h，f_h 应满足下式要求：

$$f_h \leqslant \pm 5\sqrt{\sum D^2}\,(\text{cm}) \tag{6-31}$$

式中 D 以 km 为单位。

闭合差在限差要求以内时，按与边长成正比例的原则将闭合差分配给各高差，最后按调整后的高差推算各高程点的高程。

6.5　GPS 测量

6.5.1　GPS 系统概述

GPS（Global Positioning System）即全球卫星定位系统，1973 年由美国国防部组织陆海空三军联合研制，1993 年全部建成。作为新一代的卫星导航定位系统，其设计初衷是为陆海空三军提供实时、全天候和全球性的导航服务。经过几十年的发展，随着 GPS 定位技术的高度自动化，及精度的不断提高，其广泛应用于航空、军事、交通、运输、旅游、气象、通信等诸多行业。在测绘行业，GPS 已经成为一种被广泛采用的导航定位系统，主要应用于高精度大地测量和控制测量，建立各种类型和等级的测量控制网，另外还可应用于施工放样、测图、变形观测以及航空摄影测量、海洋测绘、地理数据采集等。目前在建立测量控制网时，GPS 技术已经基本取代了其他常规测量方式。

卫星导航定位系统除了美国的 GPS 外，还有中国的北斗卫星导航系统，欧洲的 Galileo 系统以及俄罗斯的 GLONASS 等。

GPS 系统主要由空间卫星星座、地面监控系统以及用户三部分组成，如图 6-11 所示。

1. 空间卫星星座

GPS 全球卫星定位系统由 24 颗卫星组成，其中工作卫星 21 颗，备用卫星 3 颗，如图 6-12 所示。这些卫星均匀的分布在 6 个轨道面内，轨道面相对于赤道的倾角为 55°，各轨道面升交点的赤经差为 60°。每个轨道上分布有 4 颗卫星，卫星的平均高度约为 20183km，运行速度为 3.8km/s，运行周期为 11h58min，每颗卫星可覆盖全球 38% 的面积。这样的分布可以保证在地球上任何区域都能同时观测到 4 颗以上的卫星。

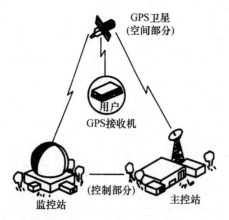

图 6-11　GPS 系统组成

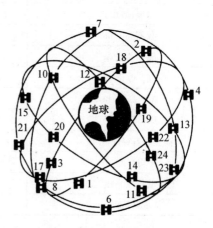

图 6-12　GPS 卫星系统

GPS 空间卫星的作用主要是接收地面注入站用 S 波段发送的导航电文和其他信号，适时发送给地面用户；接收地面主控站通过注入站发送的调度命令，适时改正卫星运行偏差等；也可以连续向广大用户发射导航定位信号，提供卫星自身的概略位置。卫星发射的信号由三个信号分量组成：载波、测距码和数据码。其中载波是采用 L 波段中 L_1、L_2 这两个频率的无线电载波发送；测距码采用伪随机码（PRN），分为用于粗略定位的 C/A 码（也叫 S 码）和用于精密定位的精密测距码 P 码；数据码也称为导航电文或 D 码，它包含了卫星当前的位置和工作情况。这三个信号分量都是在同一个原子钟频率 $f_0 = 10.23\text{MHz}$ 下产生的，如图 6-13 所示。

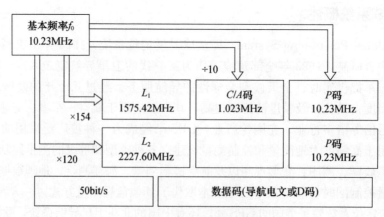

图 6-13　GPS 卫星信号构成

2. 地面监控系统

地面监控系统是 GPS 卫星的地面控制部分，它的作用是提供发送给用户的卫星广播星历——描述卫星运动及其轨道的参数；监测卫星上的设备是否正常工作以及卫星是否沿预设轨道运行；监测各颗卫星的时间，保持各颗卫星处于同一时间标准——GPS 时间系统。

地面监控系统包括一个主控站、三个注入站和五个监测站。

主控站的任务是：根据本站和其他监测站的观测数据，推算各卫星星历、GPS 时间系统，将预测的卫星星历、钟差、状态数据以及大气传播改正参数编制成导航电文传送给注入站；调整偏离预设轨道的卫星，必要时可启动备用卫星，取代失效的工作卫星；监测整个地面监控系统的工作，检验注入给卫星的导航电文，监测卫星是否将导航电文发送给用户。

注入站的任务是将主控站发来的卫星星历、钟差、导航电文和其他控制指令等注入到相应卫星的存储器中；还可以自动向主控站发射信号报告自己的工作状态。

监测站的任务是在主控站的控制下对 GPS 卫星进行连续观测，为主控站提供卫星观测数据和气象数据。

3. 用户部分

GPS 用户部分由 GPS 接收机、数据处理软件及其终端设备等组成，其中 GPS 接收机是核心设备。GPS 接收机的主要作用是接收 GPS 卫星发射的信号，并对信号进行处理，测量出测距信号从卫星到接收机天线的时间间隔，译出卫星广播的导航电文，实时计算接收机天线的三维坐标、速度和时间，从而完成导航和定位工作。

6.5.2 GPS 定位原理及方法

GPS 是采用空间距离后方交会原理来进行定位的。GPS 接收机可以接收卫星发射的测距信号和导航电文，其中导航电文中含有卫星的位置信息。假设某一时刻，用户在测站点 P 利用接收机同时接收到三颗以上的 GPS 卫星信号，通过数据处理与计算，便可求得 P 点（接收机天线中心）至 GPS 卫星的距离，再根据导航电文（卫星星历）解算出的 GPS 卫星的瞬时空间坐标，据此利用空间距离后方交会原理解算出 P 点的三维坐标。GPS 定位的关键在于测定接收机天线至 GPS 卫星的距离，分为伪距测量和载波相位测量。

1. 伪距测量

伪距测量所采用的观测值是卫星发射的测距码，既可以是 C/A 码，也可以是 P 码。由于存在卫星时钟与接收机时钟不同步的误差以及测距码在大气中传播的延迟误差等，因此利用 C/A 码或 P 码所求得的距离并非是接收机到卫星的几何距离，故称为伪距。本节主要介绍伪距法静态定位的基本原理。

如图 6-14 所示，假设在待测点安置 GPS 接收机，通过测定某颗卫星发送信号与接收机天线接收到该信号的时间间隔 Δt，与光速 c 相乘就可以求得卫星到接收机天线的伪距，用 $\tilde{\rho}$ 表示，其计算式为：

$$\tilde{\rho} = \Delta t \times c \qquad (6\text{-}32)$$

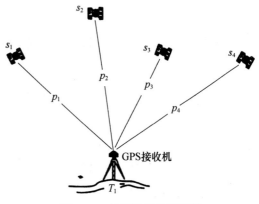

图 6-14　伪距法定位原理图

若用 δ_t、δ_T 表示卫星和接收机时钟相对于 GPS 时间的误差改正数，用 δ_I 表示信号在大气中传播的延迟改正数，则卫星到接收机天线的几何距离 ρ 可表示为：

$$\rho = \tilde{\rho} + c(\delta_t + \delta_T) + \delta_I \tag{6-33}$$

其中，根据卫星发出的导航电文可以得到卫星钟误差改正数 δ_t，采用数学模型可计算出 δ_I，而 δ_T 为未知数。假设在世界大地坐标系中卫星的三维坐标为 (X_s, Y_s, Z_s)，可由卫星发出的导航电文计算得到，接收机天线（待测点）的三维坐标为 (X, Y, Z)，是待求的未知量。则上式中的 ρ 可表示为

$$\rho = \sqrt{(X_s - X)^2 + (Y_s - Y)^2 + (Z_s - Z)^2} \tag{6-34}$$

根据式（6-33）和式（6-34）可知，每一个伪距观测方程中仅含有 X，Y，Z 和 δ_T 4 个未知数。因此，只要在任一测站同时对 4 颗卫星进行观测，取得 4 个伪距观测值 $\tilde{\rho}$，即可解算出这 4 个未知数，从而求出待测点的坐标 (X, Y, Z)。如果同时观测的卫星多于 4 颗，可用最小二乘法进行平差处理。

伪距定位的优点是数据处理简单，对定位条件的要求低，不存在整周模糊度的问题，可以非常容易地实现实时定位；其缺点是观测值精度低，C/A 码伪距观测值的精度一般为 3m，而 P 码伪距观测值的精度一般也在 30cm 左右，从而导致定位成果精度低，另外，若采用精度较高的 P 码伪距观测值，还存在反电子欺骗技术问题。

2. 载波相位测量

载波相位测量是以 GPS 卫星发射的载波为测距观测值，即 L_1、L_2 或它们的某种线性组合。它是利用测量卫星的 GPS 载波信号在传播路程上的相位变化获得卫星至接收机天线的距离进行定位。由于载波的波长比测距码波长要短得多，因此对载波进行相位测量，可以得到较高的定位精度。载波相位定位原理比较复杂，由于使用时并不要求用户按照公式进行计算，下面仅简略讲述其定位基本原理。

如果不考虑卫星和接收机的时钟误差、大气层对信号传播的影响，在任一时刻 t 可以测定卫星载波信号在卫星处某时刻的相位 φ_s，与该信号到达待测点天线时刻的相位 φ_r 间的相位差 φ，若用 N 表示信号的整周期数，$\delta\varphi$ 表示不足整周期的相位差，那么 φ 的计算公式为：

$$\varphi = \varphi_r - \varphi_s = N \cdot 2\pi + \delta\varphi \tag{6-35}$$

顾及到相位和时间之间的换算，可以得到卫星与待测点天线间的距离为：

$$\rho = \frac{c\varphi}{f 2\pi} = \frac{c}{f}\left(N + \frac{\delta\varphi}{2\pi}\right) \tag{6-36}$$

如果考虑到卫星和接收机的时钟误差以及大气层对信号传播的影响，上式又可写成：

$$\rho = \frac{c}{f}\left(N + \frac{\delta\varphi}{2\pi}\right) + c(\delta_t + \delta_T) + \delta_I \tag{6-37}$$

或写为

$$\Delta\varphi = \frac{f}{c}(\rho - \delta_t) - f(\delta_t + \delta_T) - N \tag{6-38}$$

式中，$\Delta\varphi = \dfrac{\delta\varphi}{2\pi}$ 为相位差不足一周的小数部分。

载波相位测量只能测定不足一个周期的相位差 δ_φ，无法直接测得整周期数 N，存在整周模糊度问题，因此载波相位测量的解算比较复杂。N 值的确定是进一步提高 GPS 定

位精度，提高作业速度所要解决的关键问题，它只存在于载波相位测量。

载波相位测量是以卫星载波波长为单位进行量度的，卫星载波 L_1 和 L_2 波长分别为 $\lambda_1=19.03cm$、$\lambda_2=24.42cm$，如果测相的精度达到百分之一，则测量的分辨率可分别达到 0.19cm 和 0.24cm，测距中误差分别为 $\pm$（3~5mm）和 $\pm$（3~7mm），从而保证了测量定位的高精度。

为消除或减弱 GPS 定位时的误差，目前普遍采用将相位观测值进行线性组合的方法，即差分法，可分为三种形式：一次差分、二次差分和三次差分。

（1）一次差分

假设将两台接收机架设在测站 K 和 M 上同步观测相同卫星 P，则可以写出两个如式（6-38）的方程式，将这两个方程式相减即可得到一次差分方程。一次差分可以消除卫星时钟误差的的影响。接收机时钟误差和大气层传播误差对两个测站同步观测的影响具有相关性将被明显减弱，尤其当基线较短时，大气层传播误差也可以忽略不计。

（2）二次差分

假设将两台接收机架设在测站 K 和 M 上同步观测卫星 P 和卫星 Q，则可以写出两个一次差分方程，将这两个一次差分方程相减即可得到二次差分方程。二次差分既可以消除卫星时钟误差的影响，也可以消除接收机时钟误差的影响。

（3）三次差分

假设在两个历元时间 t 和 $t+1$ 分别列出其二次差分方程，将这两个二次差分方程相减即可得到三次差分方程。三次差分可以消除整周未知数 N，但是三次差分方程中未知参数数目较少，使之在解算时精度降低，在实际生产工作中常采用二次差分进行解算。

GPS 定位的方法是多种多样的，用户可以根据不同的用途采用不同的定位方法。

（1）根据定位时接收机的运动状态分为动态定位和静态定位。

① 动态定位

所谓动态定位，就是在进行 GPS 定位时，认为接收机的天线在整个观测过程中的位置是变化的。也就是说，在数据处理时，将接收机天线的位置作为一个随时间改变而改变的量。

② 静态定位

所谓静态定位，就是在进行 GPS 定位时，认为接收机的天线在整个观测过程中的位置是保持不变的。也就是说，在数据处理时，将接收机天线的位置作为一个不随时间改变而改变的量。在测量中，静态定位一般用于高精度的测量定位，其具体观测模式为多台接收机在不同的测站上进行静止同步观测，时间由几分钟、几小时甚至数十小时不等。

（2）根据获取定位结果的时间可分为实时定位和非实时定位。

① 实时定位

实时定位是根据接收机观测到的数据，实时地解算出接收机天线所在的位置。

② 非实时定位

非实时定位又称后处理定位，它是通过对接收机接收到的数据进行后处理以进行定位的方法。

（3）根据定位的模式可分为绝对定位、相对定位和差分定位

① 绝对定位

绝对定位又称为单点定位，这是一种采用一台接收机进行定位的模式，它所确定的是

接收机天线在 WGS-84 坐标系中的绝对坐标。绝对定位的特点是作业方式简单、可以单机作业、速度快、无多值性问题、数据处理简单，但是由于单点定位受卫星钟差、接收机钟差、大气传播误差等的影响，定位精度较低，一般用于导航定位以及对精度要求不高的应用中。

精密单点定位，指的是利用全球若干地面跟踪站的 GPS 观测数据计算出的精密卫星轨道和卫星钟差，对单台 GPS 接收机所采集的相位和伪距观测值进行定位解算。根据一天的观测值所求得的点位平面位置精度可达到 2～3cm，高程精度可达到 3～4cm，实时定位精度可达到分米级。精密单点定位技术，是实现全球精密实时动态定位与导航的关键技术，也是 GPS 定位研究的前沿方向。

② 相对定位

相对定位又称为差分定位，这种定位模式采用两台以上接收机，同时对一组（四颗以上）相同的卫星进行观测，以确定接收机天线间的相互位置关系（坐标差），如图 6-15 所示。实际工作中，通常采用三台以上的接收机进行同步观测，取得充分的观测数据，以提高工作效率和观测精度。相对定位一般采用载波相对定位，由于各接收机观测的是相同的卫星，其卫星钟误差、大气传播误差等几乎相同，在解算坐标差时这些误差可以得到有效的减弱或消除，从而提高定位精度。载波相位静态相对定位精度较高，一般用于精密定位，如控制测量、变形观测等。

③ 差分定位

由于单点定位受卫星钟差、接收机钟差、大气传播误差等的影响，定位精度较低，为提高定位精度，可采用 GPS 差分定位技术。下面介绍一种以载波相位为观测值的实时动态差分技术——RTK，它能实时提供测站点在指定坐标系中的三维坐标，精度可达到厘米级。如图 6-16 所示，RTK 作业模式为：采用一台配置无线电台的接收机，安置在基准站上固定不动，另一台接收机（流动站）处于运动状态，两台接收机同步接收相同的卫星信号，由流动站对接收的卫星信号和基准站转发来的信号进行实时处理，得到流动站的三维坐标和精度。但是随着流动站和基准站的距离增大，RTK 定位精度迅速下降，一般流动站与基准站间的距离应小于 10km。

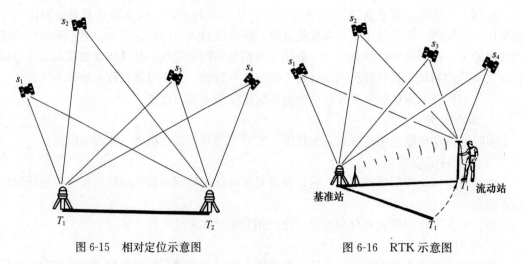

图 6-15 相对定位示意图   图 6-16 RTK 示意图

网络RTK的出现解决了流动站与基站间距离与定位精度的矛盾。它将大大拓展RTK的作业范围，使GPS的应用更加广泛、精度进一步提高。网络RTK是一种基于多基准站的实时差分定位系统，其较为成熟的应为虚拟参考站技术（VRS），即利用地面布设的多个基准站组成GPS连续运行网络，根据各基准站的观测数据，建立精确的误差模型修正距离相关误差，在用户站附近产生一个物理上不存在的虚拟参考站，并计算出虚拟参考站的坐标和虚拟观测值，发送给用户。VRS一般是由流动站用户接收机的单点定位解建立，虚拟参考站与用户测站构成的基线很短，一般只有数米到数十米，因此流动站上只要用常规RTK技术就能与虚拟参考站进行实时相对定位，大大提高定位精度。

6.5.3 GPS测量的实施

目前GPS控制测量多采用载波相位静态相对定位法，即需要使用两台或两台以上的GPS接收机在相同时间段内同时对一组相同的卫星进行连续跟踪观测，也称为同步观测，各GPS点间组成的图形称为同步图形（也就是多台仪器同步观测卫星获得的基线构成的闭合图形）。与之对应，由不同时段的基线组成的图形称为异步图形。同步图形中形成的若干个坐标闭合差称为同步图形闭合差，它可以反应野外观测成果质量的好坏。与之相对应的异步图形闭合差可以作为衡量精度、检验粗差和系统差的重要指标。

GPS外业控制测量的实施流程为：方案设计、外业观测以及内业数据处理。根据测量成果的用途，参照不同的GPS测量规范进行实施。以城市工程控制网为例，根据《城市测量规范》，其控制网精度指标、卫星接收机的选用类型以及GPS测量技术要求见表6-13～表6-15。

表6-13 城市及工程GPS控制网精度指标

等级	平均距离/km	a/mm	$b/1 \times 10^{-6}$	最弱边相对中误差
二等	9	≤5	≤2	1/12万
三等	5	≤5	≤2	1/8万
四等	2	≤10	≤5	1/4.5万
一级	1	≤10	≤5	1/2万
二级	<1	≤10	≤5	1/1万

注：表中a为接收机标称精度的距离固定误差，b为接收机标称精度的距离比例误差系数。

二、三、四等静态卫星定位网相邻点最小边长不宜小于平均边长的1/2，最大边长不宜大于平均边长的2倍。当边长小于200m时，边长中误差应小于0.02m。

表6-14 静态测量卫星接收机的选用

等级	接收机类型	标称精度	同步观测接收机数
二等	双频	$\leq 5mm + 2 \times 10^{-6}d$	≥4
三等	双频或单频	$\leq 5mm + 2 \times 10^{-6}d$	≥3
四等	双频或单频	$\leq 10mm + 5 \times 10^{-6}d$	≥3
一级	双频或单频	$\leq 10mm + 5 \times 10^{-6}d$	≥3
二级	双频或单频	$\leq 10mm + 5 \times 10^{-6}d$	≥3

表 6-15　静态 GPS 测量的技术要求

等级	二等	三等	四等	一级	二级
卫星高度角	≥15	≥15	≥15	≥15	≥15
PDOP	<6	<6	<6	<6	<6
有效观测卫星数	≥4	≥4	≥4	≥4	≥4
平均重复测站数	≥2	≥2	≥1.6	≥1.6	≥1.6
观测时段长度/min	≥90	≥60	≥45	≥45	≥45
数据采样间隔/s	10～30	10～30	10～30	10～30	10～30

注：卫星高度角——卫星与接收机天线相对于水平面的夹角；PDOP——点位图形强度因子，反映一组卫星与测站所构成的几何图像与定位精度关系的数值；观测时段——测站接收机开始接收卫星信号到停止数据记录的时段。

1. GPS 控制网的布设形式

GPS 测量时点与点间不需要通视，因此网形结构设计比较灵活。根据测量成果用途和任务要求，GPS 网的基本构成方式主要有星形网、点连式、边连式、网连式、边点混连式。

（1）星形网

如图 6-17 所示，星形网布设的几何图形比较简单，由于直接观测边之间不构成任何闭合图形，没有检验条件，容易产生粗差。但其优点是作业简单，测量速度快，广泛应用于精度要求不高的工程测量、地形测图、地籍测量等。为了保证质量，在实际应用中常选用两个点作为基准站。

（2）点连式

如图 6-18 所示，点连式结构中相邻两个同步图形仅通过一个公共点连接。点连式结构图形几何强度很弱，没有或极少有非同步图形闭合条件，抗粗差能力差，一般不单独使用，但其在实际作业中效率高，图形扩展迅速。

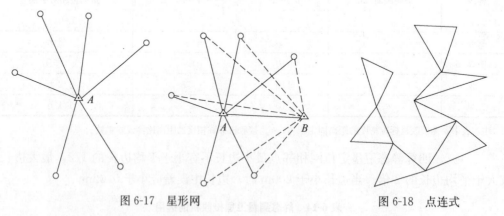

图 6-17　星形网　　　　　　　　　　　　图 6-18　点连式

（3）边连式

如图 6-19 所示，边连式结构中相邻两个同步图形通过一条公共边进行连接。这种结构几何强度较好，有较多的复测边和独立环，在仪器台数相同的条件下，观测时段数将比点连式大大增加。

（4）网连式

如图 6-20 所示，网连式结构中相邻两个同步图形间由两个以上公共点相连接。这种作业方法至少需要 4 台 GPS 接收机，所布设的 GPS 网具有很强的图形几何强度，但作业效率低，经济和时间成本较高，一般仅用于精度要求较高的控制测量。

（5）边点混连式

如图 6-21 所示，边点混连式是把点连式和边连式有机结合起来，既保证了网形的几何强度，有效发现粗差，又在一定程度上保证作业效率，降低作业成本。边点混连式是实际作业中经常采用的一种布网方式。

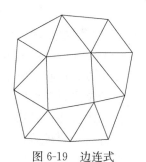

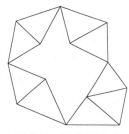

图 6-19　边连式　　　　　　图 6-20　网连式　　　　　　图 6-21　边点混连式

2. GPS 控制测量的实施

（1）前期准备工作

前期准备工作包括两个方面：收集测区相关资料和图上 GPS 网点位设计。

根据测区的范围和测量成果要求，搜集已有导线、水准测量成果以及国家各级 GPS 网的资料，包括已有测区地形图、交通图、大地网图等。

根据控制点的密度要求，在图上设计选定 GPS 网的点位，点位要选择在交通便利、方便观测的地方。根据 GPS 测量的原理，网点间虽不要求通视，但为了日后布设低等控制网时方便联测，每个点应与 1~2 个点相互通视，为了将 GPS 网坐标归算至原有地面控制坐标系，网中应至少有三个 GPS 控制点与地面控制网点重合，至少有三个点用水准测量进行联测，或与水准点重合，以便进行大地高和正常高的转换。

（2）踏勘选点

由于 GPS 点间不要求通视，因此相对于常规控制测量选点工作更简便一些。结合 GPS 测量的特点，点位应布设在地基稳定、方便安置 GPS 接收机设备、视野开阔的高处，视场内障碍物的高度角一般不能超过 $15°$；要远离可能干扰卫星信号的无线电发射源、高压线以及有强烈反射卫星信号的物体等。

点位选定以后，按要求埋设标石，绘制点之记。

（3）外业观测计划的拟定

GPS 定位的精度与卫星的几何分布密切相关，所以为了确定最佳观测时段，应拟定观测计划，编制 GPS 卫星可见性预报图。编制 GPS 卫星可见性预报图，需利用卫星预报软件，输入测区坐标范围、作业时间、卫星截止高度角等信息，根据星历文件编制卫星可见性预报图。

根据实地踏勘结果以及技术设计要求，对需要观测的 GPS 点的分布、交通路线等情况综合分析，再结合星历预报，编制外业调度计划表，提高作业效率，调度计划表中应包含观测时段、测站号、测站名、接收机编号、作业员以及调度车辆等相关内容。

（4）观测作业

外业观测时，根据 GPS 测量成果的用途，严格按照相应规范中的技术要求进行实施。

首先，安置天线和接收机。天线尽量用脚架进行安置，对中、整平后量取仪器高（即天线中心到地面观测点的垂直距离）。对中误差不超过 2mm，仪器高不得小于 1.2m，仪器高量取时，应在各观测时段的前后各量取天线高一次，每次从三个方向分别量取，天线高互差不大于 3mm，满足要求后取平均值作为天线高最终结果。接着将 GPS 接收机安置在天线附近，并连接天线及电源电缆，确保无误。

然后进行外业观测与记录。作业员需根据作业计划按规定时间打开接收机，输入测站和时段控制等相关信息。GPS 接收机操作的自动化程度比较高，接收机捕获到卫星信号以后即可自动接收与记录数据。作业员只需定期使用功能键和选择菜单查看接收机的工作状况并记录，包括接收卫星的数量、卫星号、各通道信噪比、实时定位结果以及存储介质记录等。接收机在同一时段观测过程中不允许开关电源、进行自测试、改变相关参数、碰触天线阻挡信号等。某一观测时段上预定作业项目均按相关规定完成并符合要求后，方可迁站。

最后进行外业成果整理与检核。作业员应及时检核观测成果，包括基线向量（利用厂家提供的商用软件计算）、计算同步观测环闭合差、同步多边形闭合差以及重复基线较差等，根据情况对不合格成果采取补测或重测措施后方可离开测区。

（5）内业平差处理

根据外业成果整理得到的基线向量（Δx_{ij}、Δy_{ij}、Δz_{ij}）进行 GPS 网单独平差，得到 WGS-84 坐标系下的坐标值。根据计算出的 WGS-84 坐标系与测区坐标系的坐标转换参数，利用 GPS 附带的软件，进行三维约束平差，求得在测区坐标系中相应的坐标值。

本章思考题

1. 什么是控制点、控制网、控制测量？控制测量包括哪几方面的工作？

2. 导线布设形式有哪几种形式？选择导线点应注意哪些事项？

3. 导线计算的目的是什么？计算内容和步骤有哪些？

4. 闭合导线和附合导线计算有哪些异同点？

5. GPS 全球定位系统由哪几部分组成？各部分的作用是什么？

6. 如图 6-22 所示，已知 1—2 边的坐标方位角 α_{12} 和多边形的各内角，试推算其他各边的坐标方位角。

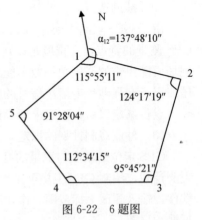

图 6-22　6 题图

第 7 章　大比例尺地形图测绘

本章导读

　　本章主要介绍地形图的比例尺、比例尺精度、地物、地貌及其符号表示、等高线、碎部测量的方法、地形图的拼接与检查等内容；其中地物和地貌的表示方法、碎部测量的方法、数字测图的技术方法是学习的重点与难点；采取课堂讲授、实验操作与课下练习相结合的学习方法，建议 6～8 个学时。

7.1　地形图及其比例尺

7.1.1　地形图的概念

　　地球表面的形体复杂多样，一般可把地形分为地物和地貌两大类。地物与地貌经过综合取舍，按比例缩小后，用规定的符号和一定的表示方法描绘在图纸上的正形投影图称为地形图。在大的地区内测图时，需将地面点投影到参考椭球面上，然后再用特殊的投影方法绘制到图纸上。大比例尺地形图覆盖区域小，一般不考虑地球曲率的影响，是把投影面作为平面来处理的。如图 7-1 所示，地形是复杂多样的。测图的基本原理就是将地物、地貌的特征点向水平面作投影，得到特征点的正射投影。然后，根据实际地形的形态，将特征点按一定的规律连接成图。所以，地图上的各点是实地上相应点在水平面上正射投影的位置再依据测图的比例尺缩绘在图纸上的。

7.1.2　地形图的比例尺

　　地形图上某一线段的长度与地面上相应线段的水平长度之比，称为地形图的比例尺。地形图的比例尺常有数字比例尺和图式比例尺两种表示方式。

　　1. 数字比例尺

　　用分子为 1，分母为整数的分数表示的比例尺，称为数字比例尺。设图上某一线段的长度为 l，地面上相应线段的长度为 D，则该图的数字比例尺为 $\dfrac{l}{D}=\dfrac{1}{M}$。

　　比例尺的大小是由比例尺的比值来决定的，比值越大，则比例尺越大（比例尺分母 M 越小，比例尺越大），比例尺越大，表示地物地貌越详尽。数字比例尺通常标注在地形图下方。

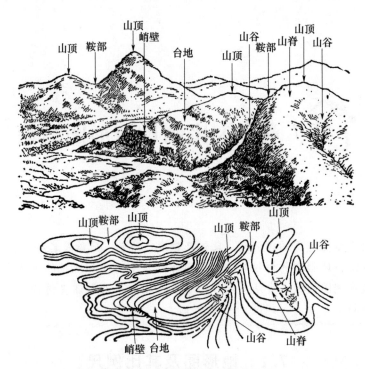

图 7-1 实地和地形图的对应关系

国家基本比例尺地形图主要包括 1：500、1：1000、1：2000、1：5000、1：1 万、1：2.5 万、1：5 万、1：10 万、1：25 万、1：50 万、1：100 万等 11 种，其中 1：500、1：1000、1：2000、1：5000 的地形图称为大比例尺地形图，1：1 万、1：2.5 万、1：5 万、1：10 万的地形图称为中比例尺地形图，1：25 万、1：50 万、1：100 万的地形图，称为小比例尺地形图。

2. 图式比例尺

在地形图上除了数字比例尺之外，一般还标有用线段表示的比例尺，这就是图示比例尺。常用的图式比例尺是直线比例尺，如图 7-2 所示。

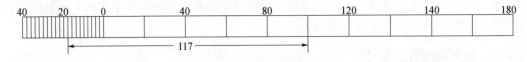

图 7-2 直线比例尺

直线比例尺是在一段直线上截取若干相等的线段，一般为 1cm 或 2cm，称为比例尺的基本单位，将最左边的一段基本单位又分成 10 个或 20 个等分小段。使用时，用两脚规的两脚尖分别对准图上需要测量的线段两端点，然后将两脚规移到图式比例尺上，使一个脚尖对准 0 线右侧适当的分划线，另一脚尖落在 0 线左侧的细微分划线上。据此即可读出被量测的线段长。使用图示比例尺可以基本消除由于图纸伸缩而产生的误差。

由于视觉的限制，人的眼睛能正常分辨的最短距离为图上 0.1mm，因此，在测量工作中将图上 0.1mm 所代表的实地水平距离称为比例尺精度。表 7-1 为几种大比例尺地形图的比例尺精度。

表 7-1　几种大比例尺地形图的比例尺精度

比例尺	1：500	1：1000	1：2000	1：5000
比例尺精度（m）	0.05	0.1	0.2	0.5

地形图的比例尺越大，表示的测区地面情况越详细，但测图所需要的工作量也越大，测量费用也越高。因此，应根据工程对地物、地貌详细程度的需求，确定所选用地形图的比例尺。如要求反映实地量距精度为±5cm，则应选比例尺为 1：500 的地形图。当测图比例尺决定之后，宜根据相应比例尺精度确定实地量测精度，如 1：1000 的地形图，实地量距精度只需达到±10cm 即可。

7.2　地物、地貌的表示方法

7.2.1　地形图图式

为了能够科学的反映实际测区的形态和特征，易于管理和制作，便于不同领域的使用者识别和使用地形图，由国家统一制定和颁布了地形图上表示各种地物和地貌要素的符号、注记和颜色的规则和标准——地形图图式，它是测绘和出版地形图必须遵守的基本依据之一，是识图、用图的重要工具。

比例尺不同，各种符号的图形和尺寸也不尽相同。《国家基本比例尺地形图图式》GB/T 20257—2007 现分为 4 个部分：第 1 部分：1：500、1：1000、1：2000 地形图图式；第 2 部分：1：5000、1：10000 地形图图式；第 3 部分：1：25000、1：50000、1：100000 地形图图式；第 4 部分：1：250000、1：500000、1：1000000 地形图图式。根据不同行业的特点和需要，各部门也制定有专用的或补充的图式。本文引用的是 GB/T 20257 的第 1 部分，适用于 1：500、1：1000、1：2000 地形图的测绘，也是各部门使用地形图进行规划、设计、科学研究的基本依据。

7.2.2　地物的表示方法

1. 地物在地形图上的表示原则

地物测绘必须依据规定的比例尺，遵照规范和图式的要求，进行综合取舍，将各种地物表示在地形图上。能依比例尺表示的地物，则将它们水平投影位置的几何形状按照比例尺缩绘在地形图上，如房屋、湖泊等，或将其边界按比例尺缩小后表示在图上，边界内按照图式的规定绘上相应的符号，如树林、耕地等；不能依比例尺表示的地物，则在地形图上用相应的地物符号表示其中心位置，如路灯、水塔等；长度能依比例尺表示，而宽度不能依比例尺表示的地物，则其长度按比例尺绘制，宽度以相应符号表示，如道路、通信线等。

2. 地物符号

根据地物形状大小、描绘方法不同，地物符号分为依比例符号、半依比例符号、不依比例符号和注记符号四种。

（1）依比例符号

依比例符号是地物依比例尺缩小后，其长度和宽度能依比例尺表示的地物符号，如表7-2中编号为1、2、3的符号。这类符号用于表示轮廓大的地物，一般用实线或点线表示。

表 7-2　《1∶500、1∶1000、1∶2000 地形图图式》中部分符号

编号	符号名称	符号式样			符号细部图	多色图色值
		1∶500	1∶1000	1∶2000		
1	单幢房屋 　a. 一般房屋 　b. 有地下室的房屋 　c. 凸出房屋 　d. 简易房屋 　混、钢—房屋结构 　1、3、28—房屋层数 　—2—地下房屋层数					K100
2	建筑中房屋					K100
3	棚房 　a. 四边有墙的 　b. 一边有墙的 　c. 无墙的					K100
4	土城墙 　a. 城门 　b. 豁口 　c. 损坏的					K100
5	围墙 　a. 依比例尺的 　b. 不依比例尺的					K100
6	栅栏、栏杆					K100
7	卫星定位等级点 　B—等级 　14—点号 　495.263—高程					K100

续表

编号	符号名称	符号式样			符号细部图	多色图色值
		1:500	1:1000	1:2000		
8	三角点 a. 土堆上的 　张湾岭、黄土岗—点名 　156.718、203.623—高程 　5.0—比高	3.0 △ 张湾岭 156.718 a 5.0 ⟁ 黄土岗 203.623				K100
9	塑像、雕塑 a. 依比例尺的 b. 不依比例尺的	a	b3.1			K100

（2）半依比例符号

半依比例符号是地物依比例尺缩小后，其长度能依比例尺而宽度不能依比例尺表示的地物符号，也称线状符号，如表 7-2 中编号为 4、5、6 的符号。这类符号用于表示一些呈线状延伸地物，符号以定位线表示实地物体真实位置。符号定位线位置规定如下：

① 成轴对称的线状符号，定位线在符号的中心线，如铁路、公路、电力线等。

② 非轴对称的线状符号，定位线在符号的底线，如城墙、境界线等。

（3）不依比例尺符号

不依比例尺符号是地物依比例尺缩小后，其长度和宽度不能依比例尺表示的地物符号，又称记号符号，如表 7-2 中编号为 7、8、9 的符号。这类符号只能表示地物的位置，不表示其形状和大小，而且符号的定位位置与该地物实地的中心位置关系，也随符号形状的不同而异。

① 符号图形中有一个点的，该点为地物的实地中心位置，如控制点等。

② 圆形、正方形、长方形等符号，定位点在其几何图形中心，如电线杆、散树等。

③ 宽底符号定位点在其底线中心，如蒙古包、岗亭、烟囱、水塔等。

④ 底部为直角的符号定位点在其直角的顶点，如风车、路标、独立树等。

⑤ 几种图形组成的符号定位点在其下方图形的中心点或交叉点，如旗杆、敖包、教堂、路灯、消防栓、气象站等。

⑥ 不依比例尺表示的其他符号定位点在其符号的中心点，如桥梁、水闸、拦水坝、岩溶漏斗等。

各种无方向的符号均按直立方向描绘，即与南图廓垂直。

（4）注记符号

用文字、数字或特有符号对地物的名称、性质、用途加以说明或对地物附属的数量、范围等信息加以注明的称为注记符号，诸如村镇、工厂、河流、道路的名称，房屋的结构与层数，树木的类别，河流的流向、流速及深度，桥梁的长度及载重量等。注记包括地理名称注记、说明文字注记、数字注记。

依比例符号、半依比例符号、不依比例符号的使用界限是相对的。测图的比例尺越大，用依比例符号描绘的地物越多；测图比例尺越小，用不依比例符号或半依比例符号描绘的地物越多。如某道路宽度为6m，在小于1：10000地形图上用半依比例符号表示，在1：5000及更大的大比例尺地形图上则用依比例符号表示。

7.2.3 地貌的表示方法

在大、中比例尺地形图上主要采用等高线法表示地貌。对于等高线不能表示或者不能单独充分表示的地貌，通常配以特殊的地貌符号和地貌注记表示。

1. 等高线的概念

等高线是地面上高程相同的相邻各点连接而成的闭合曲线。如果把一座山浸没在静止的水中，使山顶与水面平齐，水面与山体相切于一点。然后将水面下降到高程为 h，水面处于静止状态时与山体有一条闭合的相交曲线，且曲线上各点的高程相等，这就是一条等高线。然后再将水面下降 h，水面与山体又形成一条新的交线，这既是一条新的等高线。以此类推，水面每下降 h，水面就与山体相交留下一条等高线，相邻等高线之间的差为 h。把这些等高线沿铅垂线方向投影到水平面上，并按规定的比例尺缩绘到图纸上，就得到了用等高线表示该山地貌的图形。

2. 等高距和等高线平距

（1）等高距

相邻等高线之间的高差称为等高距，常以 h 表示。在同一幅地形图中等高距应相同。《工程测量规范》对等高距作了统一的规定，这些规定的等高距称为基本等高距，见表7-3。

（2）等高线平距

相邻等高线之间的水平距离，称等高线平距，常用 d 表示。因为同一幅地形图内等高距相同，所以等高线平距 d 的大小（等高线的疏、密）直接反映地面坡度的缓、陡。等高线平距越小，地面坡度就越大；平距越大，则坡度越小；坡度相同，平距相同。

在测图比例尺不变的情况下，等高距越小，表示地貌就越详细；等高距越大，表示地貌就越粗略。但另一方面，减小等高距，将增加成倍的工作量和图的负载量，甚至在图上难以清晰表达。因此，在选择等高距时，应结合图的用途、比例尺以及测区地形等多种因素综合考虑。

表7-3 地形图的基本等高距（m）

地形类型	比例尺			
	1：500	1：1000	1：2000	1：5000
平坦地	0.5	0.5	1	2
丘陵地	0.5	1	2	5
山地	1	1	2	5
高山地	1	2	2	5

注：1. 一个测区同一比例尺，宜采用一种基本等高距；

2. 水域测图的基本等深距，可按水底地形倾角所比照地形类别和测图比例尺选择。

3. 典型地貌的等高线

（1）山头和洼地

山头和洼地的等高线如图 7-3 所示，都是一组闭合曲线。内圈等高线的高程大于外圈的是山头；反之，为洼地。

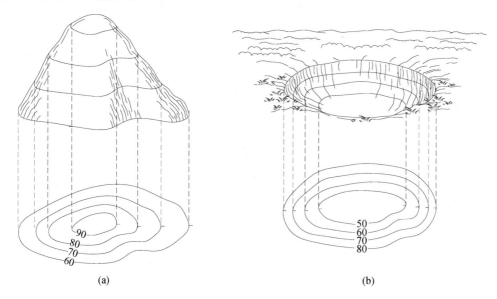

图 7-3　山头、洼地的等高线

(a) 山头；(b) 洼地

在地形图上区分山头或洼地，除了在闭合曲线组中间位置测注高程值外，还用示坡线来表示。示坡线是一端与等高线连接并垂直于等高线，另一端指示地面斜坡下降方向的短线。示坡线从内圈指向外圈，说明中间高，四周低，为山头；从外圈指向内圈，说明四周高，中间低，为洼地。示坡线一般应表示在谷地、山头、鞍部、图廓边及斜坡方向等不易判读的地方。

（2）山脊和山谷

山脊是由山顶向一个方向延伸的凸棱部分。山脊的最高点的连线称为山脊线。山脊等高线表现为一组凸向低处的曲线，如图 7-4（a）所示。山谷是相邻山脊之间的低凹部分。山谷最低点的连线称为山谷线。山谷等高线表现为一组凸向高处的曲线，如图 7-4（b）所示。

山脊线和山谷线合称为地性线（或地形特征线）。山脊上的雨水会以山脊线为分界线，分别流向山脊的两侧；山谷中的雨水会由两侧山坡流向谷底，向山谷线汇集。因此，山脊线又称分水线，山谷线又称集水线。

（3）鞍部

鞍部是相邻两山头之间呈马鞍形的低凹部位，既处于两山顶间的山脊线连接处，又是两山谷线的顶端，如图 7-5 所示。鞍部等高线的特点是在一圈大的闭合等高线内，套有两组独立的小闭合等高线。

（4）陡崖

陡崖是指坡度在 70°以上、形态壁立、难以攀登的陡峭崖壁，分为土质和石质两

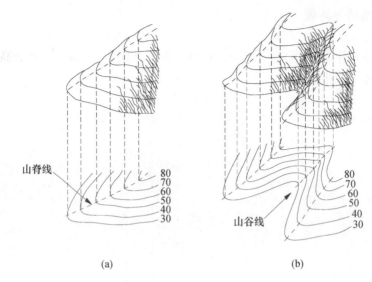

图 7-4　山脊、山谷的等高线

（a）山脊；（b）山谷

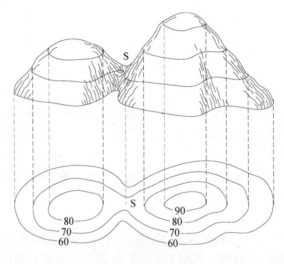

图 7-5　鞍部的等高线

种。陡崖处等高线非常密集或重合为一条线，需采用陡崖符号来表示，符号的实线为崖壁上缘位置。陡崖的等高线如图 7-6 所示。土质陡崖图上水平投影宽度小于 0.5mm时，以 0.5mm 短线表示；大于 0.5mm 时，依比例尺用长线表示。石质陡崖图上水平投影宽度小于 2.4mm 时，以 2.4mm 表示；大于 2.4mm 时，依比例尺表示。陡崖应标注比高。

4. 等高线的特性

① 同一条等高线上的各点高程都相等。

② 等高线为闭合曲线，如没有在本图幅内闭合，则必定在相邻或其他图幅内闭合。在地形图上，等高线除了在规范规定的局部（如内廓线处、悬崖及陡峭处、与房屋或双线道路等相交处等）可断开外，不得在图幅内任意处中断。

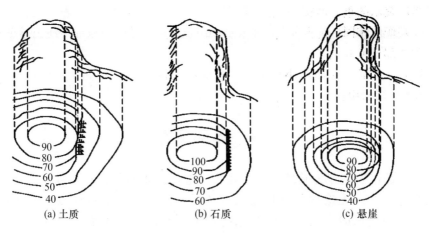

(a) 土质　　　　　　(b) 石质　　　　　　(c) 悬崖

图 7-6　陡崖的等高线

③ 除在悬崖或陡崖等处，等高线在图上不能相交也不能重合。

④ 同一幅图内，等高线的平距小，表示坡度陡，平距大表示坡度缓，平距相等则坡度相等。

⑤ 等高线的切线方向与地性线方向垂直。等高线通过山脊线时，与山脊线成正交，并凸向低处；通过山谷线时，与山谷线成正交，并凸向高处。

5. 等高线的种类

等高线分为首曲线、计曲线、间曲线、助曲线四种，如图 7-7 表示。

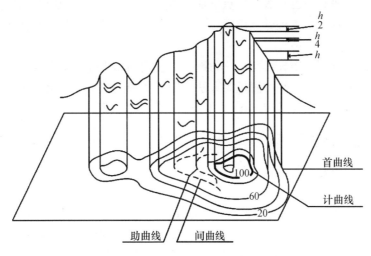

图 7-7　等高线种类

首曲线：从高程基准面起算，按基本等高距测绘的等高线，又称基本等高线。用线宽为 0.15mm 的细实线表示。在等高线比较密的等倾斜地段，当两计曲线间的空白小于 2mm 时，首曲线可省略不表示。

计曲线：从高程基准面起算，每隔四条首曲线加粗一条的等高线，又称加粗等高线。用线宽为 0.3mm 的粗实线表示，其上注有高程值，是辨认等高线高程的依据。

间曲线：按二分之一基本等高距测绘的等高线，又称半距等高线。用长虚线表示，用于首曲线难以表示的重要而较小的地貌形态。间曲线可不闭合，但应表示至基本等高线间隔较小、地貌倾斜相同的地方为止。在表示小山顶、小洼地、小鞍部等地貌形态时，可缩短其实部和虚部的尺寸。

助曲线：为了显示地面微小的起伏，必要时按四分之一等高距加绘的等高线，用 0.15mm 的短虚线绘出。

7.3 碎部测量

碎部测量是以控制点为基础，测定地物、地貌的平面位置和高程，并将其绘制成地形图的测量工作。无论地物还是地貌，其形态都是由一些特征点，即碎部点的点位所决定。碎部测量的实质就是测绘地物和地貌碎部点的平面位置和高程。碎部测量工作包括两个过程：一是测定碎部点的平面位置和高程，二是利用地图符号在图上绘制各种地物和地貌。

大比例尺地形图的测绘方法有图解法和数字测图法。图解法主要有经纬仪配合展点器测绘法和大平板仪测绘法。本节主要介绍经纬仪配合展点器测绘法和数字测图法。

7.3.1 图根控制测量

一般地区每幅图图根点的数量，1：2000 比例尺地形图不宜少于 15 个，1：1000 比例尺地形图不宜少于 12 个，1：500 比例尺地形图不宜少于 8 个。

图根控制点一般是在各等级控制点下加密得到的。对于较小测区，图根控制也可作为首级控制。图根点宜采用木桩做点位标志，当图根点作为首级控制或等级点稀少时，应埋设适当数量的标石。

图根平面控制点可采用导线网、三角网、交会法和 GPS-RTK 等方法布设；图根点的高程可采用水准测量和三角高程测量等方法测定。图根点相对于邻近等级控制点的点位中误差不应大于图上 0.1mm，高程中误差不应大于基本等高距 1/10。

7.3.2 测图前的准备工作

测图前，应准备好仪器设备、工具及图纸等。

1. 图纸选择

地形原图的图纸宜选用一面打毛，厚度为 0.07～0.10cm，伸缩率小于 0.2‰的聚酯薄膜。聚酯薄膜牢固耐用，伸缩性小，不怕潮湿，可用水洗涤，可直接在底图上着墨复晒蓝图，但有易燃、易折等缺点，在使用过程中应注意防火防折。对于临时性小面积测图，也可选用质地较好的测图纸作为图纸。

2. 绘制坐标网格

如果选择的是空白图纸，则需要在图纸上精确绘制 10cm×10cm 的直角坐标网格（又称方格网）。图廓格网线绘制误差不应大于 0.2mm，图廓格网的对角线长度误差不应大于 0.3mm。绘制坐标网格有对角线法、坐标格网尺法、坐标仪展绘法、绘图仪法等。

（1）对角线法

如图 7-8 所示，连接图纸两对角线交于 O 点，然后由 O 点沿对角线向四角分别量取相等的长度（不宜短于 37cm），截得 A、B、C、D 四点，将之顺次连接，得矩形 $ABCD$。在矩形四边上先自下向上，再自左向右每 10cm 量取一分点，连接对边分点即形成互相垂直的坐标格网及矩形或正方形内图廓线。

（2）绘图仪法

可用 AutoCAD 软件编辑好坐标网格图形，然后把图形通过绘图仪绘制在图纸上。

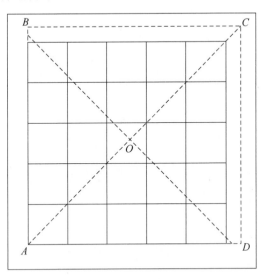

图 7-8　绘方格网

3. 展绘控制点

展点前应先在图纸上建立坐标系。根据本幅图的分幅位置，确定内廓线左下角的坐标值，并将该值注记在内廓线与外廓线之间所对应的坐标网格处，如图 7-9 中左下角的（500，500）。然后依据成图比例尺，将坐标网格线的坐标值注记在相应网格边线的外侧。

展点可使用坐标展点仪，也可以人工展点。人工展点的方法是：先根据控制点的坐标，确定点位所在的方格。然后在上下方的横向网格线上分别截取一点与控制点的 y 值相等，连接两点平行于纵向网格线；在左右侧的纵向网格线上分别截取一点与控制点的 x 值相等，连接两点平行于横向网格线。两条线的交点即为所展绘的控制点位置。例如，在 1：1000 比例尺的图纸上展绘控制点 A（764.30，566.15）。如图 7-9 所示，首先确定 A 点所在方格位置为 $klmn$。然后自 k、l 点分别沿横网格线向右量取（566.15－500.00）/1000＝66.15mm，得 c、d 两点；自 k、n 点分别沿纵网格线向上量取（764.30－700.00）/1000＝64.30mm，得 a、b 两点。ab 和 cd 的交点即为 A 点的图上位置。最后在点位上绘出控制点符号，右侧以分数形式注明点号及高程。同样方法将该图幅内所有控制点展绘在图纸上。控制点的展点误差不应大于 0.2mm，图根点间的长度误差不应大于 0.3mm。

展绘完控制点平面位置并检查合格后，擦去图幅内多余线划。图纸上只留下图廓线、图名和图号、比例尺、方格网十字交叉点处 5mm 长的相互垂直短线，网格坐标、控制点符号及其注记等。

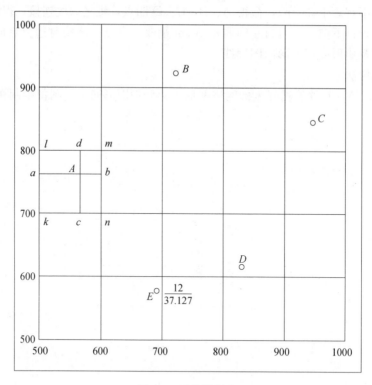

图 7-9　展绘控制点

7.3.3　碎部点的测量方法

1. 碎部点的选择

碎部点就是地物、地貌的特征点。地物的平面位置和形状可以用其轮廓线上的交点及拐点、中心点来表示，因此，地物的碎部点应选择地物轮廓线的方向变化处（如房角点、道路转折点和交叉点、河岸线转弯点）以及独立地物的中心点等。对于形状极不规则的地物，其轮廓线应根据规范要求综合取舍。地貌形态复杂，可将其归纳为由许多不同方向、不同坡度的平面交接而成的几何体，诸平面的交线就是方向变化线和坡度变化线。测定了这些方向变化线和坡度变化线的平面位置和高程，地貌基本形态就确定了。因此地貌的碎部点应选择方向变化线或坡度变化线（如山脊线、山谷线、山脚线）上的点和坡度变化及方向变化处（如山顶、坑底、鞍部等）。

2. 测量碎部点平面位置的基本方法

测定碎部点的平面位置就是测量碎部点与已知点间的水平距离、与已知方向间的水平角两项基本要素。主要有极坐标法、角度交会法、距离交会法、直角坐标法等。

（1）极坐标法

如图 7-10 所示，设 A、B 为已知控制点，P 为待测碎部点。在 A 点上设站，测定测站到碎部点的水平距离 d_1 和测站到碎部点连线方向与已知方向 AB 间的水平角 β_1，即可据此在图纸上将 P 点展绘出来。极坐标法是碎部测量最常用的方法。

（2）角度交会法

在两个已知点 A、B 上分别设站，测量测站点到碎部点 P 的连线和已知方向 AB 间的水平角 β_1、β_2、在图纸上，依据 AB 边，展绘 β_1、β_2 角，即可确定 P 点。

（3）距离交会法

在两个已知点 A、B 上分别设站，测量测站点到碎部点 P 的距离 d_1、d_2。分别以 A、B 在图上的位置为圆心，以 d_1、d_2 按比例尺缩小后的距离为半径划弧，即可交出碎部点 P 的位置。

（4）直角坐标法

设碎部点 P 到线段 AB 的垂距为 y，垂足是 M 点，A、M 的水平距离为 x，在图纸上，以 A 为起点，沿 AB 方向量出 x 按比例尺缩小后的距离，得垂足点 M，再从 M 点沿与 AB 垂直的方向量取 y 按比例尺缩小后的距离，即可得到 P 点位置。

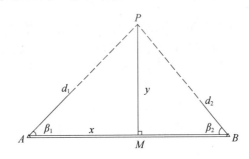

图 7-10　极坐标法测定点的平面位置

3. 碎部点高程的测量

测量碎部点高程可用水准测量和三角高程测量等方法，也可以考虑采用视距测量的方法。

7.3.4　经纬仪测绘法测图

经纬仪配合半圆仪测绘法是在图根控制点上用经纬仪设站，测定碎部点的方向与已知方向之间的夹角、测站点至碎部点的距离和碎部点的高程（水平距离和高差一般采用视距法测量）。然后运用半圆仪等量角工具和比例尺，根据测得的数据把碎部点的平面位置展绘在图纸上，并注明其高程。再对照实地描绘地形。此法相对于大平板测图，具有灵活、操作简单的特点。

1. 一个测站上的具体工作

（1）测站准备工作

① 设站。如图 7-11 所示，在控制点 A 上安置经纬仪，量取仪器高 i，仪器对中的偏差不应大于图上 0.05mm。盘左瞄准另一较远的控制点（后视点）B，配置度盘为 $0°00'$，完成定向。为了防止出错，应检查测站到后视点的平距和高差。

② 安置平板。将平板安置在测站附近合适处，图纸上点位方向与实地方向一致。把图纸上展绘出的 A、B 两点用铅笔连接起来作为起始方向线，将大头针穿过半圆仪的中心小孔准确地扎牢在图纸上的 A 点。

（2）计算和观测

①立尺员将尺子竖立在特征点 P 上。

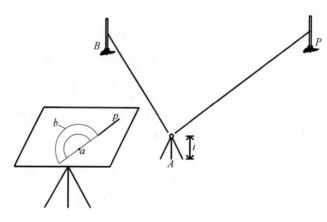

图 7-11　经纬仪测图

②观测员操作仪器，盘左照准地形尺，读取水平度盘读数 β、上下丝读数 $l_上$ 和 $l_下$（或直接读取视距间隔 l）、竖盘读数 L、中丝读数 ν。用式（7-1）计算平距和高程。

$$D=100（l_下-l_上）\cos^2（90°-L+x）$$
$$d=D/M$$
$$H=H_A+D\tan（90°-L+X）+i-v$$

(7-1)

式中，x 为竖盘指标差；H_A 为测站点高程；M 为测图比例尺分母。

（3）展绘碎部点

围绕大头针转动半圆仪，使半圆仪上等于水平角 β 的时刻划线对准起始方向线，此时半圆仪的零方向（$\beta \leqslant 180°$ 时）或 $360°$ 方向（$\beta > 180°$ 时）便是碎部点方向。沿此方向量取 d，点一小点，即为碎部点 P。在点的右侧标注其高程。

（4）展绘其他碎部点

用同样的方法，测量出测站上其他各碎部点的平面位置与高程，绘于图上，并依据现实地形描绘地物和勾绘等高线。

（5）检查

每站测图过程中和结束前应注意检查定向方向，归零差应不大于 $4'$。检查另一测站点的高程，其较差不应大于基本等高距的 1/5。

2. 增设测站

当解析图根点不能满足测图需要时，可增补少量图解交会点或视距支点作为测站点。图解补点应符合下列规定：

（1）图解交会点，必须选多余方向作校核，交会误差三角形内切圆直径应小于 0.5mm，相邻两线交角应在 $30° \sim 150°$ 之间。

（2）视距支点的长度，不宜大于相应比例尺地形点最大视距长度的 2/3，并应往返测定，其较差不应大于实测长度的 1/150。

（3）图解交会点、视距支点的高程测量，其垂直角应 1 个测回测定。由两个方向观测或往、返观测的高程较差，在平地不应大于基本等高距的 1/5，在山地不应大于基本等高距的 1/3。

3. 注意事项

（1）应预先分析测区特点，规划好跑尺路线，以便配合得当，提高效率。

（2）主要的特征点应直接测定，一些次要特征点宜采用量距、交会等多种方法合理测出。

（3）大比例尺测图的碎部点密度取决于地物、地貌的繁简程度和测图的比例尺，应遵照少而精的原则。地形点的最大点位间距不应大于表7-4的规定。

表7-4　一般地区地形点的最大点位间距（m）

比例尺	1：500	1：1000	1：2000
间距	15	30	50

（4）用视距法测量距离和高差，其误差随距离的增大而增大。为了保证成图的精度，各种比例尺测图时的最大视距不应大于表7-5的规定。

表7-5　地物点、地形点的最大视距长度

比例尺	最大视距长度（m）			
	一般地区		城镇建筑区	
	地物点	地形点	地物点	地形点
1：500	60	100	—	70
1：1000	100	150	80	120
1：2000	180	250	150	200

注：1. 垂直角超过10°时，视距长度应适当缩短；平坦地区成像清楚时，视距长度可放长20‰；

　　2. 城镇建筑区1：500比例尺测图，测站点至地物点的距离应实地丈量。

（5）展绘碎部点后，应对照实地随时描绘地物和等高线。

（6）若测区面积较大，应分幅测绘。为了相邻图幅的拼接，每幅图应测出图廓外5mm。

7.3.5　全站仪数字测图

1. 全站仪测量碎部点的作业方法

全站仪又称为全站式电子速测仪。全站仪将电子经纬仪、电磁波测距仪的功能集于一身，还加上了微处理器、存储器等内部元件，且在内部固化了常用的测量计算程序。

利用全站仪，测量人员在测站即可轻松地获得地面点的坐标、高程等参数的数字数据。全站仪测角精度一般能达到10″以上，测距精度一般达到5mm＋5ppm，完全满足大比例尺地形图的精度要求。因此，全站仪已成为大比例尺数字地形图测图主要采用的野外数据采集设备。

全站仪数字测图主要有测站设置、测站定向、碎部测点编号设置、碎部点观测、记录（存储）等步骤。在测区控制测量完成后，一般将控制点坐标成果数据批量传入全站仪。实地选定用作测站和定向的控制点后，在测站控制点安置全站仪，并量取仪器高。瞄准定向点后，启动内置的测站设置与定向程序，输入测站点号、定向点号、仪器高以及棱镜高，待仪器提示测站设置与定向完成，即可开始对测站周围的碎部进行逐点测量。全站仪默认以极坐标方式进行碎部点的测量，每测定一个点即存储该点点号、水平角、竖直角、距离、镜高以及系统自动计算出的改点三维坐标。为了便于后期的图形编辑，一般要预先设置好碎部点的点号。此外还可以根据需要对轴系改正参数、气象改正参数、显示模式、存储模式、单位等进行设置。

全站仪记录碎部点的三维坐标和各观测值，也可以串行接口或蓝牙设备与计算机进行实时通信，对数据存储或处理，以备成图。

根据前述的数字测图原理，要实现自动绘图，使绘出的数字图形符合地形图图式标准，则必须用编码来表示地物不同的特征和属性。即在野外数据采集阶段，测量任意一个点坐标数据的同时，需要记录该点特定的编码，以便成图系统能自动绘制出相应的符号。此外，一般还需记录该点的连接信息。目前，内外业一体化数字测图一般采用以下几种作业方法中的一种。

（1）草图法

草图法也称为"无码作业"法。作业员在野外无需记忆和输入复杂的编码，而是在测量点位的过程中现场绘制一个草图，标注测点的点号、相互连接关系、属性类别等信息。室内利用测图软件，依据自动绘出的点位和相应的草图，编辑成规范的地形图。这种模式现场绘制草图的过程十分关键，室内编辑和处理的工作量要大一些。

（2）简码法

简码法即现场编码输入方法。作业员在野外利用全站仪内存或电子手簿记录测点的点号、坐标、编码以及连接信息，然后在室内将数据传输给台式机上的绘图软件自动成图，并加以适当的编辑成图。这种模式需要作业员熟悉和牢记各类地物的特定编码，在测量点位的同时进行同步输入和记录，对作业员的要求较高。

（3）电子平板法

电子平板法采用全站仪配合便携式计算机、全站仪配合掌上电脑、带图形界面的高端全站仪等设备进行联机数字测图。数据从测量记录到图形界面进行实时传输，每测量一个点都立刻在图形界面显现。此模式一方面实现了现场测绘图形的可视化，做到了"所见即所得"，另一方面实现了地形编码对作业员透明，利用图形界面提供的图形菜单，就可以方便地同步输入各种地形编码。在现场可以直接形成规范的地形图，提高了测图的效率和可靠性。

2. 数字测图软件

实现内外业一体化数字测图的关键是要选择一种成熟且技术先进的数字测图软件。目前，市场上比较成熟的大比例尺数字测图软件主要有广州南方测绘公司的 CASS7.0（目前最新版本为 CASS10.0），北京威远图公司 SV300 以及图形处理软件 CITOMAP，北京清华山维公司的 EPSW，武汉瑞得测绘自动化公司的 RDMS，广州开思测绘软件公司的 SCS GIS2004 等。这些数字化测图软件大多是在 AutoCAD 平台上开发的，如 CASS7.0、SV300、SCS GIS2004 等，因此在图形编辑工程中可以充分利用 AutoCAD 强大的图形编辑功能。本章结合 CASS7.0 地形地籍成图系统进行介绍。

CASS7.0 是一个以 AutoCAD 为平台的地形、地籍绘图软件。如图 7-12 所示窗口为 CASS7.0 的图形界面，窗口内各区的功能如下：

（1）下拉菜单区：几乎所有的 CASS7.0 命令及 AutoCAD 的编辑命令都包含在下拉菜单中，例如文件管理、图形编辑、工程应用等命令都在其中。

（2）屏幕菜单：各种类别的地物、地貌符号及文字注记等内容。

（3）绘图区：图形显示及图形绘制工作区。

（4）工具栏：各种 AutoCAD 命令、测量功能。

（5）命令栏：命令记录区，可在此输入命令进行图形的绘制与编辑。

图 7-12　CASS7.0 图形界面

3. 草图法数字测图

草图法数字测图的组织工作主要包括人员的组织与分工和数据采集设备的准备。

草图法数字测图的人员主要有观测员、领图员、立镜员和内页制图员等。观测员主要负责操作全站仪，观测并记录观测数据。领图员负责指挥跑尺员（立镜员）。现场勾绘草图，要求熟悉图示，以保证草图的简洁、正确。立镜员负责现场立反射器。根据测量情况，经验丰富的测量人员可同时兼任领图员和立镜员。对于无专业制图人员的单位，通常由领图员担负内业制图任务；对于有专业制图人员的单位，通常将外业测量和内业制图人员分开，领图员只负责现场绘制草图，内业制图员得到草图和坐标文件，即可连线成图。

数据采集设备一般为全站仪。新型全站仪大多带内存或磁卡，可直接记录观测数据。观测作业完成后，通过配备的数据线将观测数据导入到电脑中。

草图法数字测图的作业流程分为野外数据采集和数据下载、设定比例尺、展点、连线成图、等高线处理、整饰图形、图形分幅和输出管理等步骤，现将主要步骤分别说明如下。

（1）野外数据采集

在选择的测站点上安置全站仪，量取仪器高，将测站点、后视点（定向点）的点名、三维坐标、仪器高、跑尺员所持反射镜高度输入全站仪（操作方法参考所用全站仪的说明书），观测员操作全站仪照准后视点，将水平度盘配置为 $0°0'0''$ 并测量后视点的坐标，如与已知坐标相符即可以进行碎部测量。

跑尺员手持反射镜立于待测的碎部点上，观测员操作全站仪观测测站至反射镜的水平方向值、天顶距值和斜距值，利用全站仪内的程序自动计算出所测碎部点的 x、y、H 三维坐标并自动记录在全站仪的记录载体上；领图员同时勾绘出现场地物属性关系草图。

（2）数据下载

数据下载是将全站仪内部记录的数据通过电缆传输到计算机，形成观测坐标文件。

用通讯电缆将全站仪与计算机的一个串口连接，点取 CASS7.0 "数据"下拉菜单下的 "读取全站仪数据"选项，系统弹出如图 7-13 所示的 "全站仪内存数据转换"对话框。在该界面中的操作过程如下：

① 点取 "仪器"下拉列表，选择相应的全站仪或电子手簿类型；

② 点取 "通讯口"单选钮设置与全站仪连接的端口；

③ 按设备分别点选 "波特率" "数据位" "停止位" "校验"等通讯参数；

④ 点取 "选择文件"按钮选择一个坐标文件，或在文本框中输入一个新的完全路径的通讯接收文件；

⑤ 点取 "转换"按钮，CASS7.0 处于接收数据状态，操作全站仪或电子手簿发送数据即可开始数据传送工作，数据传输过程中，数据格式自动转换成后缀为 .dat 的 CASS 测图软件的文本格式，并以按设定的路径自动保存在指定的文件内。

图 7-13　全站仪内存数据转换界面

（3）设定比例和改变比例

绘制一幅新的地图必须先确定作图比例尺。点取 CASS7.0 "绘图处理"下拉菜单下的 "改变当前图形比例尺"选项，根据提示，在命令行输入要作图的比例尺分母值，回车，即可完成比例尺的设定。系统默认的图形比例尺为 1：500。若发现已经设置的比例尺不符合要求，CASS7.0 容许在绘图过程中执行此选项重新设置比例尺，并且可以自由选择是否需要符号大小随比例尺改变。

（4）展点和展高程点

展点是将 CASS 坐标文件中全部点的平面位置在当前图形中展出，并标注各点的点名和代码。展点的操作方法是点取 CASS7.0 "绘图处理"下拉菜单下的 "展野外测点点号"选项，系统弹出 "输入坐标数据文件名"对话框，选中需要展点的后缀为 .dat 的坐标文件后，点击"打开"，则系统便开始执行展点操作。如果展绘的数据点在窗口不可见，则可以在命令行输入 Z，回车，然后选 A 选项，图形将显示在窗口。

完成连线成图操作后，如果需要注记点的高程，则可以执行"绘图处理"菜单下的"展高程点"选项，在系统弹出的"输入坐标文件数据名"对话框中，选中与前面展点相同的坐标文件并打开。高程注记字高、小数位数、相对于点位的位置等可以执行"文件"下拉菜单下的"CASS 参数配置"选项，在弹出的"CASS7.0 参数设置"对话框中设置。

（5）连线成图

结合野外绘制的草图，在屏幕右侧 CASS 屏幕菜单属性符号库中点选相应的符号将已经展绘的点连线成图，系统会自动对绘制符号赋予基本属性，如地物代码、图层、颜色、拟合等。绘制好的图形如图 7-14 所示。

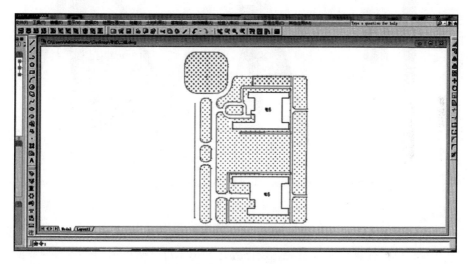

图 7-14 绘制的简单地形图

7.3.6 GPS-RTK 数字测图

GNSS 新技术的出现（本书中以美国的 GPS 技术为例进行介绍），就可以大范围、高精度、快速地测定各级控制点的坐标。特别是应用 RTK 新技术，甚至可以不布设各级控制点，仅依据一定数量的基准控制点，便可以高精度、快速地采集地形点、地物点的坐标，结合数字测图软件，可以高效地进行内外业一体化数字测图作业。因此 RTK 技术一出现，其在数字地形测图中的应用立刻受到人们的重视，应用日趋广泛。

应用 RTK 技术进行定位时要求基准站接收机实时地把观测数据（如伪距或相位观测值）及已知数据（如基准站点坐标）实时传输给流动站 GPS 接收机，流动站快速求解整周模糊度，进而可以求解厘米级的流动站坐标。这比 GPS 静态、快速静态定位需要事后进行处理来说，其定位效率会大大提高。

1. GPS-RTK 系统组成

一套 GPS-RTK 系统至少是由一台基准站等一系列设备组成的。一套 GPS-RTK 主要由 GPS 接收机、电台和电子手簿组成。下面以中国南方测绘公司的银河 6 仪器为例简要介绍 GPS-RTK 系统的组成。图 7-15 为基准站和流动站架设的情况。

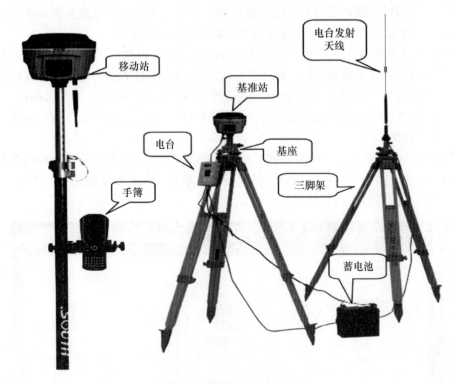

图 7-15 GPS-RTK 系统组成

（1）GPS 接收机

基准站和流动站需要分别配置一台 GPS 接收机，负责接收 GPS 卫星信号，图 7-16 为南方银河 6 接收机。接收机端口功能、按键操作和指示灯含义可参阅南方银河 6 测量系统使用手册。

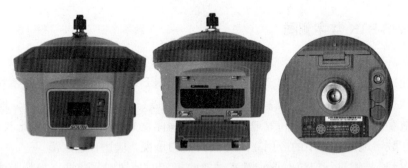

图 7-16 南方银河 6 接收机

（2）电台

电台一般有两个，一个为基准站发射电台（接收机都有内置电台，也可另附外置电台），一个为流动站接收电台（一般为内置电台）。

（3）电子手簿

在 GPS-RTK 作业过程中，为了方便建立测量项目、建立坐标系统、设置测量形式和参数、设置电台参数、存储测量坐标和精度等，一般都会采用手持式电子手簿，如图 7-17 所示。

图 7-17 南方 GPS-RTK 手簿

2. GPS-RTK 数字测图的实施

GPS-RTK 数字测图的基本操作过程为：设置基准站、设置流动站、地形和地物点数据采集、内业数据处理等。

（1）设置基准站

设置基准站主要包括：选址、架设、设置和启动基准站。

① 选址。基准站位置选择比较重要，为了观测到更好的观测数据，基准站应架设在视野比较开阔、周围环境比较空旷、地势比较高的地方；为了减少电磁波干扰，基准站周围不要有高功率的干扰源，如高压输电设备、无线电通信设备等；为了减少多路径效应，基准站应当尽量远离成片水域等；为了提高作业效率，基准站应当安置在交通便利的地方。

② 架设。基准站架设主要包括：将接收机设置为基准站内置电台模式；架设好三脚架，用测高片固定好基准站接收机（如果架在已知点上，需要用基座并做严格的对中整平）；连接 GPS 天线、接收机和电源。架设好的基准站如图 7-15 所示。

③ 设置。架设好基准站后，需要利用电子手簿进行设置，主要包括：新建项目、选择坐标系统、设置投影参数、基准点名及坐标、天线高等内容。新建任务和坐标系选择，一般情况可选择键入参数或者无投影无基准情况，输入任务名称，选择键入参数后，比例因子选 1，然后再选择投影参数，在我国投影方式要选择横轴墨卡托投影、参考椭球参数和投影高度面可根据实际情况进行选择。

设置好项目有关属性后，要设置基准站选项和基准站天线高，包括：基准站天线高和无线电类型，设置基准站天线高时，一定要选择好天线类型和天线量取的位置，天线量取位置一般有三种情况：天线底部、天线槽口和天线相位中心。基准站无线电要选择好电台的类型以及接口，否则将无法进行正确连接。

④ 启动基准站。在设置好基准站后，必须启动基准站才能进行作业，如图 7-18 所示。一般的基站参数设置只需要设置差分格式就可以，其他使用默认参数。设置完基站参数后，点击"启动基站"（一般基站是任意架设的，发射坐标是不需要自己输的）。启动基站后，设置电台通道，一般有 8 个频道可供选择。

（2）设置流动站

流动站的架设较简单，将天线安装在接收机上，将接收机安装在碳纤杆上即可，如图

图 7-18 启动基准站

7-15 所示。移动站架设后,需要对天线类型、天线高、电台通道进行设置。将流动站电台通道切换为与基准站电台一致的通道号。当移动站成功收到基准站信号后,定位状态为固定解,即可进行地物数据采集工作。

(3)地形和地物数据采集

在进行采集数据前,一般需进行点校正工作。为了进行点校正一般需要到几个已知点上采集数据。点校正完成后,即可进行地形、地物的数据采集。

3. 内业数据处理

在获取碎部点的三维坐标后,可根据需要进行适当的数据格式转换(如转换为南方CASS数据格式)得到所需要的点号、编码和三维坐标的坐标数据文件。经过设置后,可将手簿中的数据直接拷贝到电脑中(其他手簿可参考相应说明书进行操作),即可利用地形图成图软件进行数字地形图的成图工作。

知识链接

RTK 是一种利用 GPS 载波相位观测值进行实时动态相对定位的技术。进行RTK 测量时,位于基准站上的 GPS 接收机通过数据通信链实时地把载波相位观测值以及已知的站坐标等信息播发给在附近工作的流动站。流动站就能根据基准站及自身所采集的载波相位观测值利用 RTK 数据处理软件进行实时相对定位,进而根据基准站的坐标求得自己的三维坐标,并估计其精度。也可根据工程需要,将求得的 WGS-84 坐标转换为用户所需的国家 2000 坐标或地方独立坐标等。

利用 RTK 技术可以在很短的时间内获得厘米级精度的定位结果,并能对所获得的结果进行精度评定,减少了由于成果不合格而导致的返工几率,因而广泛应用于图根控制测量、施工放样、工程测量及地形测量等领域,是 GPS 定位技术的重大突破。但随着流动站与基准站之间距离的增加，各种误差的空间相关性迅速下降，导致流动站无法固定整周模糊度而只能获得浮点解。由于浮点解的精度较差，所以利用常规 RTK 技术进行测量时都有距离限制，一般在 15km 以内。

随着网络 RTK 技术的发展，流动站距基准站的作业范围显著增大。采用网络 RTK 技术时，需要在一个较大的区域内大体均匀地布设若干个基准站，基准站间的距离一般为 50～100km。在网络 RTK 技术中，首先利用在流动站周围几个基准站的观测值及已知的站坐标来反解出基准站间的残余误差项，然后流动站根据自己的概略位置内插出或估计出其与基准站之间的残余误差项（或者在流动站附近形成一组虚拟的观测值），而不是像常规 RTK 测量中那样将它们视为零。这样，当基准站间距离达 50～100km 时，流动站仍可获得厘米级的定位精度。

7.4　地形图的拼接、检查与整饰

7.4.1　地形图的拼接

当测区面积较大时，整个测区必须分成若干图幅测绘，这样在相邻图幅的连接处，由于测量误差和绘图误差，无论是地物轮廓线还是等高线一般都不会吻合。对于接合在一起的相邻两个图边要注意检查相应地物和等高线的错位大小，注记名称是否相同，地物有无遗漏，取舍是否相同，地貌是否吻合。每幅图应测出图廓外 5mm，自由图边在测绘过程中应加强检查，确保无误。

地形图接边差不应大于规范规定的平面、高程中误差的 $2\sqrt{2}$ 倍。小于限差时可平均配赋，但应保持地物、地貌相互位置和走向的正确性；超过限差时则应到实地检查纠正。如一般地区轮廓明显地物点的位置中误差为图上 0.6mm，则其接边误差就不能大于1.7mm；地貌坡度小于 6° 的地区，等高线的高程中误差为 1/3 基本等高距，若基本等高距为 1m，则其等高线的接边中误差就不能大于 0.94m。如果拼接误差在允许范围内，则可进行调整、修正。

为保证相邻图幅的拼接，每幅图各接边应测出图廓外一定宽度，规范规定：1 : 500～1 : 2000 比例尺测图应测出图廓外 5mm；1 : 5000 和 1 : 10000 比例尺测图应测出图廓外4mm。拼接时，用 3～4cm 的透明纸条，蒙在左图幅的衔接边上，把格网线、地物、等高线等都描绘在透明纸上；然后把透明纸条按格网线位置蒙在右图幅的衔接边上，这样即可检查出相应的地物和等高线的偏差情况，如果偏差不超过上述要求，则可取平均位置改正原图。改正时地物不得改变其真实形状，地貌不得产生变形。如果拼接偏差超过规范规定，到野外复测纠正。

测图时，若采用聚酯薄膜，可直接将相邻图幅的拼接边上下重叠拼接，检查是否满足上述要求，则更为方便。测图时也可将相邻聚酯薄膜图幅拼接边上下拼接好进行施测，这样就直接解决了图幅的拼接问题。

7.4.2　地形图的检查

为了确保地形图质量，除施测过程中加强检查外，在地形图测完后，必须对成图质量进行一次全面检查。地形图的检查包括图面检查、野外巡视和设站检查等。

（1）图面检查

检查图面上的坐标格网、轮廓线、各级控制点展绘是否正确，各种符号、注记是否正确，包括地物轮廓线有无矛盾，等高线是否清楚，名称注记是否有错或遗漏。如发现错误或疑点，应到野外进行实地检查修改。另外，还应注意图根控制点的密度应符合要求，位置恰当；各项较差、闭合差应在规定范围内；原始记录和计算成果应正确，项目填写齐全。

（2）野外巡视

根据室内图面检查的情况，有计划地确定巡视路线，进行实地对照查看。主要检查地物、地貌有无遗漏；等高线是否逼真合理；符号、注记是否正确等。野外巡视发现的问题，应当场在图上进行修正或补充。

（3）设站检查

根据室内检查和野外巡视检查发现的问题，到野外设站检查，除对发现的问题进行修正和补测外，还要对本测站所测地形进行检查，看所测地形图是否符合要求。如果发现点位的误差超限，应及时修正。实测检查量应不小于测图工作量的 10%。

7.4.3　地形图的整饰

地形图经过上述拼接、检查和修正后，还应进行清绘和整饰，使图面更为清晰、美观，然后作为地形图原图保存。若是数字测图，可直接运用数字地形图软件进行编辑整饰。地形图整饰的次序是先图框内，后图框外；先注记，后符号；先地物，后地貌（等高线注记和地物应断开）。图上的注记、地物符号、等高线等均应按规定的地形图图式进行描绘和书写。最后，在图框外应按图式要求写出图名、图号、接图表、比例尺、坐标系统及高程系统、施测单位、测绘者及测绘日期等。

7.5　地形图的数字化

数字地形图除采用地面数字测图方法外，也可采用地形图数字化方法。采用常规测图方法测绘的图解地形图通过地形图数字化，可转换成计算机能存储和处理的数字地形图，但其地形要素的位置精度不会高于原地形图的精度。地形图数字化方法按采用的数字化仪不同分为手扶跟踪数字化和扫描屏幕数字化。

地形图数字化常用的硬件设备有数字化仪和扫描仪等。数字化仪是数字化测图系统中的一种图形录入设备。它的主要功能是将图形转化为数据，所以，也被称为图数转换设备。扫描仪是以"栅格方式"实现图数转换的设备。所谓栅格方式就是以一个虚拟的格网对图形进行划分，然后对每个格网内的图形按一定的规则进行量化。每一个格网叫作一个"像元"或"像素"。所以，栅格方式数字化实际上就是先将图形分解为像元，然后对像元进行量化。其结果的基本形式是以栅格矩阵的形式出现的。

每幅图数字化完成后，应进行图幅接边和图边数据编辑；接边完成后，应输出检查图。检查图与原图比较，点状符号及明显地物点的偏差不宜大于图上 0.2mm，线状符号的误差不宜大于图上 0.3mm。

本章思考题

1. 什么是地形图？什么是地形图比例尺？什么是地形图比例尺精度？

2. 地形图上的地物符号有哪些种？

3. 什么叫等高线？等高线有哪些特性？

4. 什么是等高距和等高线平距？它们与地面坡度有什么关系？

5. 测定碎部点平面位置的基本方法有哪几种？

6. 地形图测绘时，碎部点应选在什么地方？

7. 为了确保地形图质量，应采取哪些主要措施？

8. 数字测图主要有哪几种作业方法，分别适合于什么情况下采用？

第8章　地形图的应用与编制

本章导读

　　本章主要介绍地形图的分幅与编号方法、地形图及地形图应用的基本内容、地图编制等内容；其中地形图的分幅与编号、地形图的应用、地图编制是学习的重点与难点；采取课堂讲授、实验操作与课下练习相结合的学习方法，建议 4～6 个学时。

8.1　地形图的分幅与编号

　　我国国土幅员辽阔，所包含的地形图图幅数以万计，因此，为了便于测绘、印刷、保管、检索和使用，所有的地形图均需要按规定的大小进行统一分幅并进行系统的编号。地形图分幅的方法有两种：一种是按经纬线分幅的梯形分幅法；另一种是按坐标格网线分幅的矩形分幅法。

8.1.1　梯形分幅法

　　梯形分幅是按照经纬线分幅，相邻图幅是按经纬线进行划分，每个图幅一般为梯形。我国的基本比例尺地形图（1∶100 万～1∶5000）都采用梯形分幅法，地形图图廓由经纬线构成，它们均以 1∶100 万地形图为基础，按规定的经差和纬差划分图幅，行列数和图幅数成简单的倍数关系。

　　梯形分幅法的主要优点是每个图幅都有明确的地理位置概念，因此适用于很大范围（全国、大洲、全世界）的地图分幅。缺点是不利于图幅拼接，而随着纬度升高，相同经纬差所限定的图幅面积不断缩小，这不利于利用纸张和印刷机版面；另外，梯形分幅法还经常会破坏重要地物（如大城市）的完整性。

　　1.20 世纪 70～80 年代我国基本比例尺地形图的分幅与编号

　　1∶100 万地形图的分幅采用国际 1∶100 万地图分幅标准。1913 年巴黎国际地图会议规定每幅 1∶100 万比例尺地形图的范围是经差 6°、纬差 4°。由于图幅面积随着纬度增高而迅速减小，因此规定纬度在 60°至 76°之间双幅合并，即每幅图经差为 12°，纬差仍为4°；纬度在 76°至 88°之间四幅合并，即每幅图经差为 24°，纬差仍为 4°。我国位于北纬 60°以下，故没有合幅图。

　　1∶100 万地形图的编号采用国际统一的行列式编号，如图 8-1 所示。自赤道向北或向南均按纬差 4°分成一横列，至纬度 88°各分为 22 横列，自赤道向北或向南的 22 横列各

依次用 A、B······V 来表示，而以两极为中心，以纬度 88°为界的圆用 Z 表示。自 180°经线起自西向东（先西半球后东半球）按经差 6°分成一纵行，各行依次用 1、2······60 来表示。一幅 1∶100 万比例尺的地形图，其编号由"横列-纵行"的方法来表示，如我国某地的经度为东经 116°21′34″，纬度为北纬 38°12′45″，其所在 1∶100 万地形图的编号为 J-50。

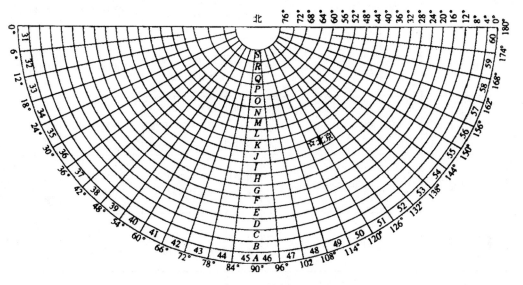

图 8-1   1∶100 万地形图的分幅与编号

比例尺大于 1∶100 万的我国基本比例尺的地形图分幅是在 1∶100 万地形图的分幅基础上划分的，具体划分方法如表 8-1。

表 8-1   按梯形分幅的各比例尺地形图的划分及编号

比例尺	图幅大小		分幅代号	编号方法	图幅编号示例	分幅
	经差	纬差				
1∶100 万	6°	4°	横列依次用大写字母 A、B······V 表示；纵行依次用阿拉伯数字 1、2······60 表示	按分幅法以横列大写字母与纵列阿拉伯数字组合而成	J-48	—
1∶50 万	3°	2°	A、B、C、D	分别以 A、B、C、D 注于 1∶100 万图号后面	J-48-C	一幅 1∶100 万地形图分成 4 幅
1∶20 万	1°	40′	[1]、[2]······[36]	分别以 [1]、[2]···[36] 注于 1∶100 万图号后面	J-48-[3]	一幅 1∶100 万地形图分成 36 幅
1∶10 万	30′	20′	1、2、3······144	分别以 1、2、3···144 注于 1∶100 万图号后面	J-48-21	一幅 1∶100 万地形图分成 144 幅

比例尺	图幅大小 经差	图幅大小 纬差	分幅代号	编号方法	图幅编号示例	分幅
1：5万	15′	10′	A、B、C、D	分别以 A、B、C、D 注于 1：10 万图号后面	J-48-21-A	一幅 1：10 万地形图分成 4 幅
1：2.5万	7′30″	5′	1、2、3、4	分别以 1、2、3、4 注于 1：5 万图号后面	J-48-21-A-3	一幅 1：5 万地形图分成 4 幅
1：1万	3′45″	2′30″	(1)、(2)……(64)	分别以 (1)、(2)…(64) 注于 1：10 万图号后面	J-48-21-(18)	一幅 1：10 万地形图分成 64 幅
1：5000	1′52.5″	1′15″	a、b、c、d	分别以 a、b、c、d 注于 1：1 万图号后面	J-48-21-(18)-b	一幅 1：1 万地形图分成 4 幅
1：2000	37.5″	25″	1、2……9	分别以 1、2……9 注于 1：5000 图号后面	J-48-21-(18)-b-6	一幅 1：5000 地形图分成 9 幅

2. 现行的国家基本比例尺地形图分幅和编号

1992 年，我国颁布了新的《国家基本比例尺地形图分幅和编号》（GB/T 13989—92）国家标准，自 1993 年 7 月开始实施。

新的分幅方法仍以 1：100 万比例尺地形图为基础，1：100 万比例尺的地形图分幅的经、纬差不变，1：50 万～1：5000 的比例尺地形图则均是在 1：100 万的地形图基础上逐次加密划分而成，但由过去的纵行、横列改为横行、纵列，现行的国家基本比例尺地形图分幅方法具体情况见表 8-2。

表 8-2　现行国家基本比例尺地形图分幅方法与数量关系

比例尺		1：100万	1：50万	1：25万	1：10万	1：5万	1：2.5万	1：1万	1：5000
图幅范围	经差	6°	3°	1°30′	30′	15′	7′30″	3′45″	1′52.5″
	纬差	4°	2°	1°	20′	10′	5′	2′30″	1′15″
行列数量关系	行数	1	2	4	12	24	48	96	192
	列数	1	2	4	12	24	48	96	192
图幅数量关系		1	4	16	144	576	2304	9216	36864
			1	4	36	144	576	2304	9216
				1	9	36	144	576	2304
					1	4	16	64	256
						1	4	16	64
							1	4	16
								1	4

与国际分幅编号一致，1：100 万的地形图图号是由其所在的行号（字符码）与列号（数字码）组合而成，中间不加连接符，如：北京所在的 1：100 万地形图的编号为 J50。

1：50～1：5000 的地形图图幅编号均以 1：100 万的地形图为基础图号，首先是某比例尺地形图在 1：100 万地形图中所在的行号（字符码）和列号（数字码），其后是各比例尺的字符代码：1：50 万、1：25 万、1：10 万、1：5 万、1：2.5 万、1：1 万、1：5000 的代码分别为 B、C、D、E、F、G、H，最后是某比例尺地形图图幅在 1：100 万地形图图幅基础上划分得来的行号和列号，具体是将 1：100 万地形图按规定的纬差和经差划分为若干行和若干列，按照横行从上到下、纵列自左向右，以数字 001 开始，用三位阿拉伯数字（不足三位时以"0"补齐）进行编号。现行的地形图编号方法如图 8-2 所示，它是由某比例尺地形图所在的 1：100 万图幅的行号和列号、比例尺代码以及该比例尺地形图图幅所在的 1：100 万图幅中的行号和列号共十位数码组成，图中一个×表示一位。

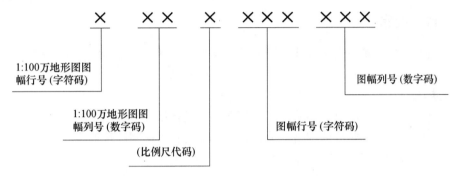

图 8-2　1：50 万～1：5000 地形图图号的构成

8.1.2　矩形分幅法

大比例尺地形图的图幅通常采用矩形分幅，图幅的图廓线为平行于坐标轴的直角坐标格网线。以整千米（或百米）坐标进行分幅。图幅大小可分为 40cm×40cm、40cm×50cm 或 50cm×50cm，图幅大小见表 8-3。

表 8-3　几种大比例尺地形图的图幅大小

比例尺	图幅尺寸（cm²）	实地面积（km²）	4km² 的图幅数
1：5000	40×40	4	1
1：2000	50×50	1	4
1：1000	50×50	0.25	16
1：500	50×50	0.0625	64

矩形分幅的图的编号主要有：按图廓西南角坐标编号、按流水号编号、按行列号编号以及以 1：5000 比例尺图为基础编号。

其中，采用图廓西南角坐标编号时，x 坐标在前，y 坐标在后，中间用短线连接。在 1：500 地形图上取至 0.01km；在 1：1000、1：2000 地形图上取至 0.1km；在 1：5000 地形图上取至 km。例如：某幅 1：2000 比例尺地形图西南角图廓点的坐标为：

$$x=64500\text{m}、y=22500\text{m}，则该图幅编号为 64.5-22.5$$

在测量工作中，地形图的分幅与编号要从实际出发，灵活处理，有时可采用流水编号法，即按测区统一划分的各图幅的顺序号码，从左到右，从上到下，用阿拉伯数字编号；有时也会采用工程代号与数字相结合的方法进行编号。总之，要根据用图单位的要求和意见，结合实际作业进行处理，以达到方便测图、用图、管图的目的。

8.2 地形图的基本内容

地形图内容十分丰富，反映了制图区域内的自然地理条件和社会经济状况，为人们认识、利用和改造客观环境提供了可靠的地理和社会与经济各方面信息。为了能正确地认识和使用地形图，就必需了解地形图的基本内容，地形图的基本内容包括：数学要素、地理要素和辅助要素。

8.2.1 数学要素

地形图的数学要素是指构成地形图的数学基础，包括：坐标格网、测量控制点、图廓等内容。数学要素是在地形图上进行量测和计算的基础。

1. 坐标格网

为测绘和编制地形图时控制精度，方便在图上进行量算坐标、距离方位等需要而绘制在地形图上的具有坐标属性的网格，分为直角坐标网和经纬网两种形式。

2. 测量控制点

测量控制点包括三角点、图根点、水准点等，不同类型的控制点需要在地形图上用不同的符号进行表达，它们是测绘地形图及工程测量施工、放样的主要依据。

3. 图廓

图廓分为内图廓、外图廓和分度带（又叫经纬廓）三部分。

内图廓是一幅图的测图边界线，图内的地物、地貌都测至该边界线为止。梯形图幅的内图廓是由上下两条纬线和左右两条经线构成，而矩形分幅的内图廓是由两条平行于 X 轴的直线和两条平行于 Y 轴的直线构成，对于通过内图廓的重要地物（如道路、河流、境界线）和跨图廓的村庄，都在图廓间注明。

外图廓为图幅的最外边界线，以粗黑线描绘，它是作为装饰美观用的。外图廓线平行于内图廓线。

分度带绘于内、外图廓之间。它画成若干段黑白相间的线，是内图廓线的加密分划，以内图廓的角点经纬度为起点，按经差 $1'$ 和纬差 $1'$ 交替涂成黑白线条。

8.2.2 地理要素

地理要素是地形图所表示内容的主体，反映了地面上自然和社会经济现象的地理位置、分布特点及相互联系。

1. 地物要素

地形图上的居民地、独立地物、道路、河流、管线及垣栅等均属于地物要素，地物要素都是用《地形图图式》规定的符号表示出来的。用图者可根据地形图的地物要素了解居民地的分布及房屋的外部轮廓，河流、道路的分布和走向、公共设施的种类和分布、行政界线以及土质、植被的分布情况等。

2. 地貌要素

地形图的地貌要素主要是指等高线，等高线能精确的表示地面高程和坡度，准确反映山顶、山脊、山谷、鞍部等地貌类型，同时又能表示出不同地区地貌的切割程度以及地貌结构线、特征点的位置和名称注记。地貌按其形态和高度可分为平原、丘陵、山地、高原和盆地五种类型。

3. 注记

除了地物和地貌要素，地形图上对地物和地貌进行注释说明的文字和数字也是重要的地理要素之一，称为地形图的注记，地形图注记分为名称注记（如河流、道路、村庄等的名称）、数字注记（如建筑物层数、控制点高程等）以及说明注记（如路面材料、井盖类型等）。

8.2.3 辅助要素

辅助要素亦称之为整饰要素，是对地形图阅读与使用起到参考作用的说明性和工具性的内容。

1. 图名、图号、接图表

图名是用图幅内最著名的地物地貌的名称来命名的，图号是按统一分幅所得到的地形图图幅的编号，图名和图号注记在北图廓外的正中央。接图表由 9 个小方格组成，中间绘有斜线的一格表示本图幅的位置，四邻分别注明相应的图名，表明该图幅与四邻图幅的相互关系，接图表标注在图廓外的左上角。

2. 比例尺

地形图的比例尺通常用数字比例尺和直线比例尺结合表示，注在南图廓下的正中央。

3. 三北关系

为便于在实地进行定向，在南图廓下方绘出了真子午线、磁子午线及坐标纵线的三北关系示意图。利用三北关系图，可以对图上任一直线的真方位角、磁方位角和坐标方位角进行相互换算。

4. 坡度尺

在南图廓下方左侧绘有坡度尺，它是用来量两条（或六条）等高线间地面倾斜角或坡度的。

5. 其他辅助要素

（1）等高距：便于了解地形图显示地貌的详略程度和判读等高线高程。

（2）单位名：地形图的制图和出版单位。

（3）地形图图式：说明了本图采用的是哪一年的图式版本。

（4）坐标系统：说明本图采用的坐标系统，如：1954 北京坐标系、1980 西安坐标系。

（5）高程系统：说明本图采用的高程基准，如：1956 黄海高程系、1985 国家高程基准。

（6）制图时间：帮助用图者了解本图反映的是何时的现状。

8.3 地形图应用的基本内容

地形图是国家经济建设和国防建设中各部门必不可少的重要资料,在地形图上可以获取多种所需的数据和信息,已广泛应用于工业、农业、建筑、林业、矿业、城市建设、自然灾害预报等领域。

8.3.1 地形图的基本应用

1. 量取图上某点的坐标

欲确定地形图上某点的坐标,可根据格网坐标用图解法求得。图框边线上所注的数字就是坐标格网的坐标值,它们是量取坐标的依据。

如图 8-3 所示,欲在图上量测 A 点的坐标,首先应找到 A 点所在的小方格,用直线连接成正方形 $abcd$,过 P 点分别作平行于 X 轴和 Y 轴的直线 pq 和 fg,并在图上量取直线 af 和 ap 的长度,A 点所在方格西南角 a 点坐标为 $(x_a,\ y_a)$,则 P 点坐标为

$$\begin{cases} x_A=x_a+af\times M \\ y_A=y_a+ap\times M \end{cases} \tag{8-1}$$

式中,M 为地形图比例尺的分母。

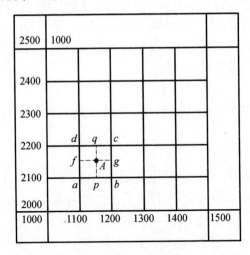

图 8-3 确定点的坐标

图纸作为地形图的载体,具有一定的伸缩性,这对在图上量取点坐标时的精度有一定影响,因此为提高坐标量算的精度,有时需考虑图纸伸缩的影响,即采用加入图纸伸缩改正后的实际长度去量算待求点的坐标。

2. 量测图上两点间的水平距离

量测地形图上两点间的水平距离主要有以下两种方法:

(1)图解法:用比例尺直接在图上量取或利用复式比例尺量取两点间的距离,这种情况适用于量测距离精度要求不高的情况。

(2)解析法:分别量取图上两点的坐标,然后按坐标反算公式计算两点间的距离。这种方法能在一定程度上消除图纸变形的影响,提高量测精度。

3. 量测直线的坐标方位角

同样的，量测直线的坐标方位角也有两种方法：

（1）图解法：过直线两点分别做一条平行于坐标格网纵线的直线，然后用量角器直接量测坐标方位角，注意同一条直线的正、反坐标方位角相差180°。

（2）解析法：当量测精度要求较高时，可分别量取直线两点的坐标，然后根据坐标反算原理去推算待求直线的坐标方位角。

4. 确定地面点高程和两点间坡度

如图8-4所示，p 点在等高线上，则其高程与所在等高线高程相同。

若 p 点不在等高线上，如 q 点，则可过 q 点作一条大致垂直于相邻等高线的线段 mn，量取 mn 的长度 d，再量取 mg 的长度 d_1，q 点高程 H_q 可按比例内插求得，即

$$H_k = H_m + \frac{d_1}{d} \cdot h \tag{8-2}$$

式中，H_m 为 m 点高程，h 为等高距。

在地形图上确定两点间的水平距离 D 和高差 h 后，可计算两点间的坡度。坡度是指直线两端点间高差与其平距之比，用 i 表示，即

$$i = \tan\alpha = \frac{h}{D} = \frac{h}{d \cdot M} \tag{8-3}$$

式中，d 为图上直线的长度，M 为比例尺分母，D 为两点间的实地水平距离，h 为两点间的高差。坡度有正负号，正号（＋）表示上坡，负号（－）表示下坡，常用百分率（％）或千分率（‰）表示。如果两点间距离较长，中间通过数条等高线且等高距不相等，则所求地面坡度是两点间的平均坡度。

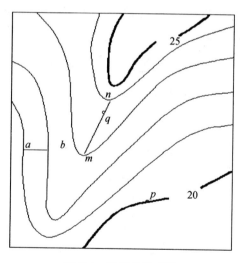

图8-4　确定点的高程

5. 图形面积量算

图形面积量算是地形图应用的重要内容之一，量算面积的方法有：几何图形法、坐标解析法、图解法等。

（1）几何图形法

若待量算面积为规则的几何图形，例如矩形、三角形等，只需测图形相关的几何要

素，用相应的几何面积计算公式计算其面积即可。但很多情况下待量算的图形不是简单的几何图形，可将复杂的多边形分割成若干个简单几何图形进行量算，如图 8-5 所示。

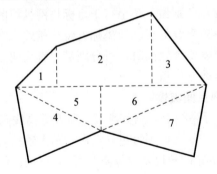

图 8-5　几何图形法

对于复杂图形，一般将其划分为若干个三角形进行量算，且所划分三角形的底高之比最好接近 1∶1，这样可保证量算精度。

（2）坐标解析法

坐标解析法是依据多边形各顶点的坐标计算其面积的方法。如图 8-6 所示，将多边形各顶点按顺时针方向编号为 1、2、3、4，在测量坐标系中，各顶点坐标分别为 (x_1, y_1)、(x_2, y_2)、(x_3, y_3)、(x_4, y_4)，则多边形 1234 的面积等于梯形 $11'4'4$ 与梯形 $44'3'3$ 的面积之和再减去梯形 $11'2'2$ 与梯形 $22'3'3$ 的面积之和，即

$$S = \frac{1}{2} \left[(x_1 + x_4)(y_4 - y_1) + (x_3 + x_4)(y_3 - y_4) \right.$$
$$\left. - (x_1 + x_2)(y_2 - y_1) - (x_2 + x_3)(y_3 - y_2) \right] \tag{8-4}$$

化简并整理得

$$S = \frac{1}{2} \sum_{i=1}^{n} x_i (y_{i+1} - y_{i-1}) \tag{8-5}$$

式中：当 $i=1$ 时，$y_i - 1 = y_n$；当 $i=n$ 时，$y_i + 1 = y_1$

或

$$S = \frac{1}{2} \sum_{i=1}^{n} y_i (x_{i+1} - x_{i-1}) \tag{8-6}$$

式中：当 $i=1$ 时，$x_i - 1 = x_n$；当 $i=n$ 时，$x_i + 1 = x_1$

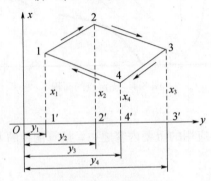

图 8-6　坐标解析法

（3）图解法

图解法是利用绘有顺序排列的某种规则图形的透明模片，蒙在待量面积的地形图上，通过统计待量面积轮廓内的图形个数来计算待量算面积。一般来说，规则图形通常是正方形、六角形等。这种方法量算简单，方法易于掌握，又能保证一定精度，是比较常用的一种方法，但是该方法统计工作量大。

① 方格模片法

如图 8-7 所示，将绘有小方格的透明模片蒙在待测地形图上，小方格边长为 1mm 或者 2mm，统计待测图形轮廓内的整方格数和不整方格数，将不完整的方格数除 2 合并成完整的个数。根据地形图比例尺计算每个方格所占实地面积，以此来计算出待测轮廓线内的实地面积。

② 平行线模片法

如图 8-8 所示，在透明模片上绘制间距 2~5mm 的平行线，把它覆盖在待测面积的图纸上并使平行线与图形的上下边线相切，这样被测图形被平行线分割成若干个近似梯形，量测沿平行线中间线与轮廓线所截长度，则待测图形的面积为

$$S = \sum_{i=1}^{n} d_i \cdot h \qquad (8-7)$$

式中，h 为相邻两平行线的间距，d_i 为每个梯形中平行线中间线与待测图形轮廓线所截的长度。最后 S 要按地形图比例尺换算成实地面积。

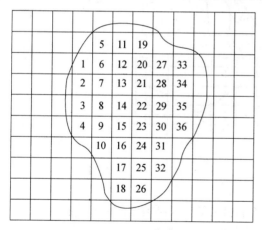

图 8-7 方格模片法

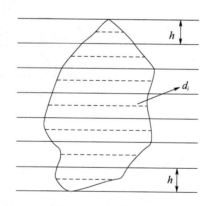

图 8-8 平行线模片法

上述两种方法的精度取决于方格大小与平行线间隔大小。

8.3.2 地形图在工程建设中的应用

地形图是各项工程建设中所必需的基础资料。在各项工程建设的规划、设计阶段，地形图可以提供工程建设地区的地形和环境条件等资料，例如，利用地形图进行工程建筑物的平面、高程布设和量算工作，以便使工程规划、设计符合要求。因此，地形图是制定规划和进行工程建设的重要依据和基础资料。

1. 绘制断面图

在各种线路、管道工程设计中，为了合理确定线路纵坡并进行土方量的估算，都需要

了解沿线路方向的地面起伏情况，因此，常需要利用地形图绘制沿设计线路方向的纵断面图。

如图8-9所示，根据工程设计需要，欲沿AB、BC方向绘制断面图，首先应在图上做直线AB与BC，得到与等高线相交点b、c……l。在绘图纸上绘制水平线AC为坐标系横轴，表示水平距离，再过A点作AC的垂线作为坐标系纵轴，表示高程，在地形图上自A点分别量取至b、c……h的距离，自B点分别量取至i、j……l的距离，按照水平距离比例尺在坐标系横轴上标记出b、c……l点，再在地形图上量出各点高程，并以各点高程作为纵坐标，自横坐标轴AB上各点向上做垂线，得到交点在断面图上的位置，最后用光滑曲线连接这些点，即得AB和BC方向的断面图。

为了明显表示地面的起伏变化，高程比例尺常为水平比例尺的10～20倍。另外，断面过山脊、山顶或者山谷处的高程变化点的高程，可按比例内插法求得。

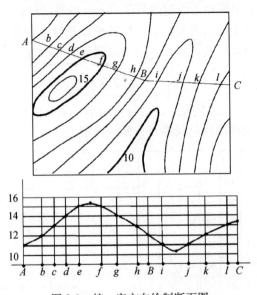

图8-9　按一定方向绘制断面图

2. 按限制坡度选线

在进行工程设计时，有时要求选择一条不超过某一限制坡度的最短路线，此时，可按式（8-8）计算出该路线经过相邻等高线之间的最小水平距离。

$$d = \frac{h}{iM} \tag{8-8}$$

式中，h为等高线的等高距，i为设计限制坡度，M为比例尺分母。

如图8-10所示，以起点A为圆心，以d为半径交54m等高线得到a点，再以a点为圆心，交55m等高线得到b；依此类推，直到B点，便在图上得到符合限制坡度的路线。但这只是A到B的线路之一，同法，还可在地形图上沿另一方向定出第二条线路$A \cdot a' \cdot b' \cdots$ B作为比较方案，同时还应考虑其他因素，如少占农田、建筑费用最少、施工安全等，以便确定路线的最佳方案。

3. 确定汇水面积

在修筑大坝、桥梁、涵洞和排水管道等工程时，需要根据汇集于这一地区的水流量来

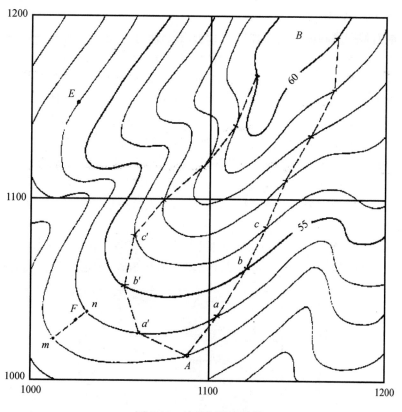

图 8-10　按限制坡度选线

确定桥梁、涵洞孔径大小及水库水坝的设计位置与水库的蓄水量等。汇集水流量的区域面积称为汇水面积。

雨水、雪水以山脊线为界流向两侧，所以汇水面积的边界线是由一系列的山脊线连接而成的。如图 8-11 所示，一条公路修筑时经过山谷，根据地形特点需要在 A 处建造一个涵洞以排泄水流，其孔径大小应根据流经该处的流水量决定，而流水量与汇水面积有关。从图 8-11 中可以看出，由山脊线 BC、CD、DE、EF 与公路上的 BF 线段所围成的面积即汇水面积。各分水线处处都与等高线垂直，且经过一系列的山头和鞍部。

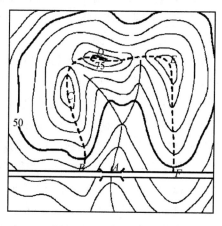

图 8-11　确定汇水面积

4. 根据等高线整理地面

若要把地面整理成倾斜平面，如图 8-12 所示，通过实地三点筑成一倾斜平面，这三点在图上的相应位置为 a、b、c，高程分别为 152.3m、153.6m、150.4m。

倾斜平面上的等高线是等距的平行线。为了确定填挖边界线，需在地形图上求出设计等高线。首先求出 ab、bc、ac 三线中任一线上设计等高线的位置。以图中的 bc 线为例，在 bc 线上用内插法求得高程为 153m、152m 和 151m 的点 d、e、f，同法内插出与 A 点高程相等的点 k，连接 ak，ak 即是倾斜平面上高程为 152.3m 的等高线，然后分别过 d、e、f 作与 ak 平行的直线得到倾斜平面上的设计等高线，如图 8-12 虚线部分所示。设计等高线与地面上原有的同高程等高线的交点即为不填不挖点，依次将这些不填不挖点用平滑曲线相连即得到填挖边界线，图 8-12 中阴影部分表示应填土的地方，其余部分表示应挖土的地方。

每处需要填土的高度和挖土的深度是根据实际地面高程与设计高程之差确定的，如在 M 点，实际高程为 151.2m，而该处的设计高程为 150.6m，因此在 M 点需要挖深 0.6m。

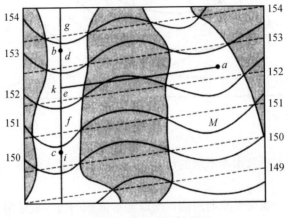

图 8-12　整理成倾斜平面

8.3.3　数字地形图的应用

随着数字化测绘技术以及计算机技术的不断发展，"数字地形图"逐渐取代了传统的纸质地形图并得到广泛应用。数字地形图一般是指采用数字化测量手段采集地物地貌信息并以数字形式存储在计算机存储介质上的地形图。相较于传统的纸质地形图，数字地形图精度高，易于保存、管理和传输，具有明显的优越性和广阔的发展前景。

目前数字地形图已广泛应用于国民经济建设、国防建设、工程建设和科学研究的方方面面，如工程设计、交通导航、土地利用调查等。在纸质地形图上能完成的工作在数字地形图上也能完成，如量取图上某点坐标、量测点与点之间的水平距离、量测直线的方位角、确定点的高差和计算两点间坡度等，而且查询速度快、精度高。

利用数字地形图还可以生成数字高程模型（DEM）。数字高程模型是我国地理信息的基础数据，利用数字高程模型可以绘制不同比例尺的等高线地形图、地形断面图，确定汇水范围和计算面积，确定场地平整的填挖边界和计算土方量。在其他非测绘领域，可用于土木工程、景观建筑与矿山工程的规划与设计，交通路线的规划与大坝的选址以及生成坡度图、坡向图、剖面图，辅助地貌分析，估计侵蚀和径流等。

另外，在遥感和地理信息领域，数字地形图最大的用途是作为基础数据，提供精确的地面空间位置信息，可用于遥感影像校正、土地利用现状分析、合理规划及洪水险情预报等，在军事上可用于导航及导弹制导、作战电子沙盘等。

8.4 地图编制

8.4.1 地图编制的一般过程

制作地图一般先经过外业测量，得到实测的原图（地形图），或根据已成地图和编图资料，通过内业编绘的方法制成编绘原图。然后经清绘、制板和印刷，复制出大量的地图。如图 8-13 所示，地图制作的主要流程有：地图设计、原图编绘、制印准备、地图印刷。

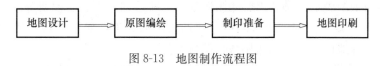

图 8-13 地图制作流程图

1. 地图设计

地图设计又称为编辑准备，它是地图制作的龙头，是保证地图质量的首要环节。地图设计包括确定地图的基本规格、内容及详细程度、表示方法和编图工艺。地图的用途和要求是地图设计的主要依据。地图设计通常包括地图设计准备、地图内容设计、编写地图设计书等内容。地图设计阶段的最终成果是完成地图设计书。

（1）地图设计准备

① 编图资料的搜集与整理：地图资料是制作新地图的基础，对编图的质量影响很大。编图资料主要有地图资料、影像资料、各种相关的统计数据资料和研究成果等。编图资料按照利用程度的不同，又分为基本资料、补充资料和参考资料。基本资料是编制地图的主要依据，利用率最高；补充和参考资料主要用来弥补基本资料的不足。

② 编图设计人员：应当根据制图的要求编写资料，搜集目录清单，然后指派专人领取、搜集或购买所需资料并进行分类、编目建档。

③ 编图资料的分析：资料搜集工作完成后，就要对资料进行分析和评价。首先应分析评价制图资料的政治性，即资料反映的观点、立场有无原则性错误；然后对资料的现势性、完备性、可靠性与精确性进行分析研究，并确定出资料利用的程度。

需要注意的是对制图区域和制图对象的分析。地图是表现和传输制图区域特定地理要素的信息模型。由于制图区域和制图对象千变万化，使得制图区域的特点和制图对象的分布规律各不相同。要使地图真实地模拟出客观实际，就必须深入地分析研究制图区域的地理特征和制图对象的分布特点。通过特征研究才能科学地选择信息，恰当地对制图对象进行分类、分级，有效地选择地图概括和表示方法，并最终设计出高质量的地图产品。

（2）地图内容设计

① 地图数学基础设计：包括选择地图投影和确定比例尺等。

投影的选择主要取决于制图区域的地理位置、形状和大小，同时也要顾及到地图的用途。地图投影选定后，还要进一步确定地图上经纬线的密度，并依据地图投影公式计算经纬网交点坐标，或直接在地图投影坐标表中查取。

比例尺的选择不仅要考虑制图区域的形状、大小和地图内容精度的要求，而且还要顾及到地图幅面大小的限制。通常地图比例尺由下式算出：

$$\frac{1}{M} = \left[\frac{d_{\max}}{D_{\max}}\right] \tag{8-9}$$

式中，$D_{\max}$ 表示制图区域南北或东西实地长度的最大值；$d_{\max}$ 表示地图幅面长或宽的最大值；[ ] 表示取整。一般 M 要为 10 的整倍数。

需要注意的是，比例尺确定后，就可以根据地图幅面的长宽选择纸张的规格。图集或插图多选用 64 开至 4 开幅面的纸张；挂图等多选用全开至数倍全开幅面的纸张拼接而成。

② 地图内容和形式的设计：地图内容的设计主要是根据地图的用途和要求，制图对象的特点和成图比例尺，确定地图上表示的内容和形式，即表示哪些内容，用什么方法表示，哪些内容用主图表示，哪些内容用附图表示，哪些内容用文字说明等。

③ 符号设计：地图内容和形式的设计要达到协调完美，除了对表示方法有深刻的了解外，还要能熟练地设计和恰当运用各种符号。

④ 概括指标的设计：地图概括指标的设计，主要是确定各要素的取舍指标和图形简化标准。如图上选取大于 1cm 长的河流；在全国政区图上只选取县级以上的居民点等。图形简化标准就是确定图形简化的原则和尺度，如规定内径小于 0.5cm 的弯曲海岸线进行舍弯取直，但有时为了保持要素的主要特征，对某些小的弯曲往往还要进行扩大表示。

⑤ 图面配置设计：图面配置设计是指把主图、附图、图表、图廓、图名、图例、比例尺及文字说明等，在地图上如何合理安排其位置和大小。配置原则是既要充分地利用地图幅面；又要使图面配置在科学性、艺术性和清晰性方面相互协调。

图面配置设计之后，还要通过试编样图，进一步检查验证设计思想的可行性。样图可选择典型地区按不同的设计方案编图，经综合评估后，选出最佳方案作为正式编图时的参考用图。

⑥ 工艺方案设计：地图设计是一项系统工程，各个环节都紧密关联，要顺利、高效地完成这项工作，就必须安排好地图编制各个环节的程序，完成这项工作就是工艺方案设计。它包括设计编绘原图的方法步骤，出版准备的各道工序等。一般都采用框图形式加以说明。

(3) 编写地图设计书

编写地图设计书（也叫编图大纲）就是把地图设计思想具体化。设计书是地图生产过程中的指导性文件，其主要内容包括：编图目的任务，编图资料的分析、处理及应用，制图区域地理特征，地图幅面，地图内容及其图面表现形式，地图的数学基础，地图概括方法及指标，地图符号系统，地图配置方案，地图生产工艺流程及综合样图等。

2. 原图编绘

编绘原图是原图编绘阶段的最终成果，它集中的体现新编地图的设计思想、主题内容及其表现形式。地图编绘既不是各种资料的拼凑，也不是资料图形的简单重绘，原图编绘是地图编绘最关键的阶段。编绘原图就是根据地图的用途、比例尺和制图区域的特点，将地图资料按编图规范要求，经综合取舍在制图底图上编绘的地图原稿。原图编绘阶段的工作流程如图 8-14 所示。

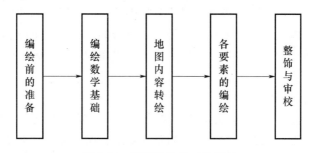

图 8-14　原图编绘的工作流程

（1）编绘前的准备工作

① 熟悉编图规范和编图计划：编图规范和编图设计书（编图大纲）是制作编绘原图的基本依据，在编图前应当熟悉它，其中各要素的综合原则是熟悉的重点，在此基础上深入研究和领会编辑意图。

② 熟悉编图资料：对编图资料进行必要的分析，了解资料图上的分类分级与新编地图要求之间的差别，掌握资料的使用特点等。

③ 熟悉制图区域特点：为了在地图上更好地反映出地面各要素客观存在的规律性，制图者应当熟悉编图区域的地理特征、地理现象的分布规律和相互关系。

④ 编图材料的准备：编图材料主要是指用于绘图或刻图的图板（裱糊好的图板）、聚酯薄膜或供刻图用的专用聚酯薄膜以及绘图和刻图的工具与颜料等。

（2）编绘地图的数学基础

编绘地图的数学基础是原图编绘的重要工序之一。主要工作包括展绘地图图廓点、经纬网、方里网和测量控制点等。常用的展点仪器有坐标展点仪和坐标格网尺。展点时，需依据新设计的地图投影公式计算各图廓点、经纬线交点坐标，然后选择合适的仪器进行展点。展点后，连接相同经度（纬度）点即得经线（纬线），同时，也可绘出方里网和控制点等。

数学基础直接关系地图的精度和质量，因此展好点的图纸应严格进行校核。其精度要求是：内图廓边长误差≤±0.2mm，对角线误差≤±0.3mm，控制点、经纬网及方里网误差≤±0.1mm。

（3）转绘地图内容

将编图基本资料上的地图内容转绘到已展好数学基础的图板上，称为地图内容的转绘。

地图内容的转绘有多种方法，如照像转绘法、网格转绘法、缩放仪转绘法等，其中照像转绘是最常用的方法。这种方法适用于复制编图资料与新编地图投影相同的地图图形。其方法是用复照仪按新编图比例尺对资料图照像、晒蓝图，然后再将蓝图分块拼贴在已展绘好数学基础的图板上，得到编稿蓝图，其他补充资料，除了采用这种方法外，也可采用网格法等进行转绘。

（4）各要素的编绘

当地图内容的转绘完成后，即可按照编图设计书的要求，对各要素进行编绘。编绘的过程，就是对地图内容各要素进行合理的选取和概括，并在图板上对各要素采用能满足复照要求的颜色分别描绘的过程。

编绘原图是制作印刷原图的依据，是决定地图质量的关键，因此应满足以下要求：

地图内容要符合编图设计书的规定和要求；符号的形状和大小应符合图式规定，位置要精确；注记的字体、大小要规范，位置要恰当；线条描绘应清晰，图面要清洁；图面配置和图外整饰要合理。

（5）常见的几种传统编图方法

① 编稿法：就是按照规范和地图设计书的要求，在经过展点、拼贴、照像、晒蓝的底图上，用与印刷相近的颜色，对地图内容各要素进行制图综合，逐要素描绘制成编绘原图。再以此为依据，经过清绘制成出版原图。

② 连编带绘法：这种方法是将制作编绘原图和清绘出版原图两个工序合并成一个工序完成。这种方法的优点是简化了工序，缩短了成图时间，提高了成图的精度，降低了制图成本。但作业员必须具备编图和清绘两方面的能力。

③ 连编带刻法：刻图法与连编带绘法基本相似，主要差别在于刻图法是应用各种刻图工具在涂有刻图膜（化学遮光涂料）的聚酯薄膜片基上刻绘出各要素。刻图法不仅减少了制印工序，加快了成图速度，而且刻绘出的线划特别精细，提高了地图成图质量。

3. 制印准备

制印准备阶段的最终成果是完成出版原图——清绘（或刻绘）原图。出版原图（印刷原图）就是根据编图大纲和图式规范的要求，采用清绘或刻绘方法制成的复制地图的原图。制印准备是为大量复制地图而进行的一项过渡性工作。一般编绘原图的线划和符号质量达不到印刷出版要求，故需要将它清绘或刻绘制成出版原图，才能进行制版印刷。

出版原图的制作，一般是先把编绘原图或实测原图照像制成底片，然后将底片上的图形晒蓝于裱好的图板、聚酯片基或刻图膜上，经过清绘或刻图，并剪贴符号与注记，制成出版原图。

为了提高线划质量，减少绘图误差，便于地图清绘，对于内容复杂和难度较大的图幅，通常按成图比例尺放大清绘。制印时，再用照像方法缩至成图尺寸。

出版原图可用一版清绘或分版清绘。单色图和内容简单的多色地图，通常采用一版清绘，即将地图全部内容绘制在一个版面上；内容复杂的多色地图常采用分版清绘，即将地图内容各要素，根据印刷颜色及各要素的相互关系，分别绘于几块版面上（如水系蓝版，等高线棕版，居民地、注记黑板等），制成几块分要素出版原图。

一版清绘在制版印刷时需将出版原图复照的底片翻制几张相同的底片，再在每张底片上进行分色分涂（涂去不需要的要素，留下需要的要素），得到分色底片。然后根据分色底片分别制版套印，这种方法多用于内容简单的多色地图。

分版清绘，主要目的是为了减少制印时分涂的工作量，这种方法常用于内容复杂的多色地图。制印多色地图时，还需要制作分色参考图，作为分版分涂的依据。分色参考图分为线划分色参考图和普染色分色参考图，通常是用出版原图按成图比例尺晒印的蓝图或复印图来制作。

4. 地图印刷

地图印刷是利用出版原图进行制版印刷，以获得大量的印刷地图。目前制印地图多采用平版印刷。其制印过程包括照像、翻版、分涂、制版、打样等过程，详细内容见本文的8.4.4部分。

8.4.2　普通地图设计

普通地图是以同等详细程度表示地面各种自然要素和社会经济要素的地图，主要表示水系、地貌、土质植被、居民地、交通线、境界线和独立地物等地理要素。普通地图在经济建设、国防和科学文化教育等方面，发挥着重要的作用。普通地图按其比例尺和表示内容的详细程度分为地形图和地理图两类。

1. 国家基本比例尺地形图的设计

我国基本比例尺地形图是具有统一规格，按照国家颁发的统一测制规范制成的。它具有固定的比例尺系列和相应的图式图例，地图图式是由国家测绘主管部门颁布的，关于制作地图的符号图形、尺寸、颜色及其涵义和注记、图廓整饰等技术规定。

客观地反映制图区域的地理特点，是编绘地图内容的根本原则。而地形图的不同用途则是确定反映地理特点详细程度的主要依据。国家基本地形图比例尺系列，就是依据国家经济建设、国防军事和科学文化教育等方面的不同需要而确定的。

随着现代地形图系列化、标准化的加强，地形图在数学基础、几何精度、表示内容及其详尽程度等方面，国家统一颁发了相应比例尺地形图的《规范》和《图式》规定。因此，各部门在设计和测制地形图时，都要遵循地形图的《规范》和《图式》规定，它是制作地形图的主要依据。

地形图在各个国家都是最基本、最重要的地图资料，都已在各自国家内部系列化、标准化，并在世界范围内趋向统一。目前，我国的地形图包括1∶5000、1∶1万、1∶2.5万、1∶5万、1∶10万、1∶25万、1∶50万、1∶100万等8种基本比例尺系列，局部地区还有1∶2000、1∶1000和1∶500的大比例尺地方实测地形图。其中，1∶5000到1∶5万的较大比例尺地形图一般采用实测或航测法成图，其他比例尺地形图则用较大比例尺地形图作为基本资料经室内编绘而成。

国家基本比例尺地形图分别采用两种地图投影。大于或等于1∶50万比例尺地形图采用高斯-克吕格投影，1∶100万比例尺地形图采用双标准纬线等角圆锥投影。

2. 普通地理图的设计

地理图是侧重反映制图区域地理现象主要特征的普通地图。虽然地理图上描绘的内容与地形图相同，但地理图对内容和图形的概括综合程度比地形图大得多。地理图没有统一的地图投影和分幅编号系统，其图幅范围是依照实际制图区域来决定的。如按行政单元绘制的国家、省（区）、市、县地图；或按自然区划，如长江流域、青藏高原、华北平原等编制的地图。由于制图区域大小不同，因此地理图的比例尺和图幅面积大小不一，没有统一的规定。

（1）普通地理图的设计特点

普通地理图一般区域范围广，比例尺较小，对地理内容往往进行了大量的取舍和概括，所以地理图反映的是制图区域内地理事物的宏观特征，地理图的设计强调的是地理适应性和区域概括性。

由于地理图应用范围广，对地图的要求也不相同，因此，在符号和表示方法设计方面具有各自的相对独立性。即每一种图都有自己的符号系统、投影系统、分幅和比例尺及不同的图面配置。具有灵活多样的设计风格。由于地理图制图区域范围大、涉及资料多、精度各异、现势性不一，因此，设计时应精选制图资料，并确定其使用程度。

（2）普通地理图的设计准备

在地理图设计之前，首先要深入领会和了解地图的用途和要求；分析和评价国内外同类优秀地图，吸取有益的经验；在此基础上对制图资料进行分析研究，确定出底图资料、补充资料和参考资料，并在研究制图区域地理特征的基础上，确定出内容要素表示的深度和广度以及内容的表示方法等。

（3）普通地理图的内容设计

在设计准备完成之后，就要具体地设计地图的开幅、比例尺、分幅；选择和设计地图投影；确定各要素取舍的指标；设计图式、图例；确定图面配置；制定成图工艺，进行样图试验，最后编写出普通地理图设计大纲。

（4）普通地理图的编绘

地图编绘前，编辑人员应了解制图目的、用途，熟悉编图资料，领会地图设计大纲精神。编绘时，首先在裱好图纸的图板上展绘地图的数学基础（图廓点、经纬线交点、坐标网等）；然后按成图比例尺把底图资料照像、晒蓝，并将蓝图拼贴到展绘好数学基础的裱板上。完成蓝图拼贴后，遵照地图设计大纲要求，对地图内容各要素按地图概括标准进行编绘。编图可采用编绘法或连编带绘、连编带刻法。为了处理好各要素之间的相互关系，保证成图质量，编绘作业的程序是先编水系，然后依次为居民点、交通线、境界线、等高线、土质植被和名称注记等。同一要素编绘时，应从主要的开始，按其重要性逐级编绘。普通地理图的编绘过程如图 8-15 所示。

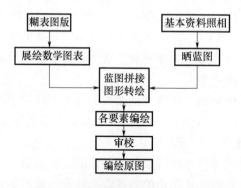

图 8-15　普通地理图原图编绘过程

由于编绘法制作的原图线划质量和整饰很难达到出版印刷的要求，因此，还需要对其进行清绘处理制成印刷原图，才能用于制版印刷。而连编带绘法和连编带刻法制作的编绘原图则可直接用于制版印刷。

8.4.3　专题地图设计

1. 专题地图设计的一般过程

专题地图的设计过程与普通地理图相似，包括地图设计、原图编绘和出版前准备三个阶段。

（1）编辑准备与地图设计

专题地图的种类繁多，形式各异，与普通地图相比，它的用途和使用对象有更强的针对性，要求更具体。因此，对编辑准备工作来说，首先应研究与所编地图有关的文件；明确编图目的、地图主题和读者对象。

在明确编制专题地图的任务后，首先拟订一个大体设计方案，并绘制图面配置略图，经审批同意后，即可正式着手工作。

在广泛收集编图所需要的各种资料的基础上，进行深入地分析、评价和处理。通过详细研究制图资料和地图内容特点，进行必要的试验，并对开始的设计方案进行补充、修改，制定出详细的编图大纲，用以指导具体的地图编绘工作。

编图设计大纲的主要内容有：

① 编图的目的、范围、用途和使用对象。

② 地图名称、图幅大小及图面配置。

③ 地理底图和成图的比例尺、地图投影和经纬网格大小。

④ 制图资料及使用说明。

⑤ 制图区域的地理特点及要素的分布特征。

⑥ 地图内容的表示方法、图例符号设计和地图概括原则。

⑦ 地图编绘程序、作业方法和制印工艺。

（2）原图编绘

在编绘专题内容之前，必须准备有地理基础内容的底图，然后将专题内容编绘于地理底图上。由于专题图内容的专业性很强，一般情况下专题地图还需要专业人员提供作者原图。这点是与普通地图编制不同的地方。制图编辑人员将专题内容编绘于地理基础底图上，或者将作者原图上内容按照制图要求，转绘到基础底图上，这就是专题地图的编绘原图。

（3）出版准备

常规专题地图编制工作中的出版准备与普通地理图的方法基本相同。主要是将编绘原图经清绘或刻绘工序，制成符合印刷要求的出版原图。同时还应提交供制版印刷用的分色参考样图。

2. 专题地图的资料类型及处理方法

（1）专题地图的资料类型

专题地图的内容十分广泛，所以编绘专题地图的资料繁多，但概括起来，主要有地图资料、遥感图像资料、统计与实测数据、文字资料等。

① 地图资料：普通地图、专题地图都可以作为新编专题地图的资料。普通地图常作为编绘专题地图的地理底图，普通地图上的某些要素也可以作为编制相关专题地图的基础资料。地图资料的比例尺一般应稍大或等于新编专题地图的比例尺，且新编地图的地图投影和地理底图的地图投影尽可能一致或相似。对于内容相同的专题地图，同类较大比例尺的专题地图可作为较小比例尺新编地图的基本资料，如中小比例尺地貌图、土壤图、植被图等可作为编制内容相同的较小比例尺相应地图的基本资料，或综合性较强的区划图的基本资料。

② 遥感图像资料：各种单色、彩色、多波段、多时相、高分辨率的航片、卫片都是

编制专题地图的重要资料。随着现代科技的发展，卫星遥感影像的分辨率越来越高（目前民用卫片的地面精度可达到 0.3m），现势性也是其他资料所无法比拟的，因此，遥感资料是一种很有发展前途的信息源。

③ 统计与实测数据：各种经济统计资料，如产量、产值、人口统计数据等；各种调查和外业测绘资料；各种长期的观测资料，如气象台站、水文台站、地震观测台站等都是专题制图不可缺少的数据源。

④ 文字资料：包括科研论文、研究报告、调查报告、相关论著、历史文献、政策法规等，是编制专题地图的重要参考文献。

（2）专题地图资料的加工处理

① 资料的分析和评价：对搜集到的资料进行认真分析和评价，确定出资料的使用价值和程度，并从资料的现势性、完备性、精确性、可靠性、是否便于使用和定位等方面进行全面系统地分析评价，使编辑人员对资料的使用做到心中有数。

② 资料的加工处理：编制专题地图的资料来源十分广泛，其分级分类指标、度量单位、统计口径等都有很大的差异性，需要把这些数据进行转换，变成新编地图所需要的数据格式称之为资料的加工处理。资料处理通常有以下几种方式：

① 由一种量度单位转换成另一种量度单位，如把"亩"换成"公顷"。

② 数量指标的改变，如把总产值改为人均产值，把月产量改为年产量等。

③ 改变分类标准，如水浇地、旱地合成为耕地。

④ 改变数量分级指标，如居民点按人口数分级的变化。

⑤ 把各种数据资料换算成统一的度量系统，如长度、面积、重量、浓度、统一时间等。

⑥ 计算制图对象数量的绝对指标或相对指标，如按行政单元计算人口总数或人口密度等。

3. 专题地图的地理基础

地理基础，即专题地图的地理底图，它是专题地图的骨架，用来表示专题内容分布的地理位置及其与周围自然和社会经济现象之间的关系，也是转绘专题内容的控制和依据。

地理底图上各种地理要素的选取和表示程度，主要取决于专题地图的主题、用途、比例尺和制图区域的特点。如气候与道路网无关，因此，每天新闻联播后的天气预报图上，就不需要把道路网表示出来；平原地区的土地利用现状图，无需把地势表示出来；随着地图比例尺的缩小，地理底图内容也会相应的概括减少。

普通地图上的海岸线、主要的河流和湖泊、重要的居民点等，几乎是所有专题地图上都要保留的地理基础要素。

专题地图的底图一般分为两种，即工作底图和出版底图。工作底图的内容应当精确详细，能够满足专题内容的转绘和定位，相应比例尺的地形图或地理图都可以作为工作底图。出版底图是在工作底图的基础上编绘而成的，出版底图上的内容比较简略，主要保留与专题内容关系密切，便于确定其地理位置的一些要素。

地理底图内容主要起控制和陪衬作用，并反映专题要素和底图要素的关系。通常底图要素用浅淡颜色或单色表示，并置于地图的"底层"平面上。

4. 专题地图内容的设计

（1）表示方法的选择

专题地图的内容十分复杂，几乎所有的自然和社会经济现象都能编绘成专题地图。专题地图既能表示有形的事物，又能表示无形的现象；既能表示现在的各种事物，又能表示过去和将来的事物；既能表示出事物现象的数量、质量和空间分布特征，又能展现出事物内在的结构和动态变化规律。由于地图内容千变万化，专题地图在展现专题内容时，就要采用各种不同的表示方法。由此，形成了每幅专题地图都有自己独特的表现形式和符号系统。

表示方法的选择受到多方面因素的影响，如专题内容的形态和空间分布规律，制图资料和数据的详细程度，地图的比例尺和用途，以及制图区域的特点等都会对表示方法选择产生影响。但其中最主要的因素是专题内容的形态和空间分布规律。

（2）图例符号设计

在地图上，各种地理事物的信息特征都是用符号表达的，它是对客观世界综合简化了的抽象信息模型。地图符号中所包含的各种信息，只有通过图例才能解译出来，被人们所理解。通过地图来了解客观世界，就必须先掌握地图图例的内涵。所以，地图图例是人们在地图上探索客观世界的一把钥匙。

图例是编图的依据和用图的参考，所以在设计图例符号时，应满足以下要求：

① 图例必须完备，要包括地图上采用的全部符号系统，且符号先后顺序要有逻辑连贯性。

② 图例中符号的形状、尺寸、颜色应与其所代表的相应地图内容一致。其中，普染色面状符号在图例中常用小矩形色斑表示。

③图例符号的设计要体现出艺术性、系统性、易读性，并且容易制作。

（3）作者原图设计

由于专题地图内容非常广泛，所以其编制离不开专业人员的参与。当制图人员完成地图设计大纲后，专业人员依据地图设计大纲的要求，将专题内容编绘到工作底图上，这种编稿图称为作者原图。专业人员编绘的作者原图一般绘制质量不高，还需要制图人员进行加工处理，将作者原图的内容转绘到编绘原图上，最后完成编绘原图工作。

对作者原图的主要要求有如下几点：

① 作者原图使用的地理底图、内容、比例尺、投影、区域范围等应与编绘原图相适应。

② 编绘专题内容的制图资料应翔实可靠。

③ 作者原图上的符号图形和规格应与编绘原图相一致，但符号可简化。

④ 作者原图的色彩整饰尽可能与编绘原图一致。

⑤ 符号定位要尽量精确。

（4）图面配置设计

一幅地图的平面构成包括：主图、附图、附表、图名、图例及各种文字说明等。在有限的图面内，合理恰当地安排地图平面构成的内容位置和大小称为地图图面配置设计。

国家基本比例尺地形图的图面配置与整饰都有统一的规范要求，而专题地图的图面配置与整饰则没有固定模式，因图而异，往往由编制者自行设计。

图面配置合理，就能充分利用地图幅面，丰富地图的内容，增强地图的信息量和表现力。反之，就会影响地图的主要功能，降低地图的清晰性和易读性。因此，编辑人员应当高度重视地图图面的设计。

图面配置设计应考虑以下几个方面的问题：

① 主图与四邻的关系：一幅地图除了突出显示制图区域外，还应当反映出该区域与四邻之间的联系。如河北省地图，除了利用色彩突出表示主题内容外，还以浅淡的颜色显示了北京、天津、辽宁、内蒙古、山西、河南、山东和渤海等部分区域。这对于了解河北省的空间位置，进一步理解地图内容是很有帮助的。

② 主图的方向：地图主图的方向一般是上北下南，但如果遇到制图区域的形状斜向延伸过长时，考虑到地图幅面的限制，主图的方向可作适当偏离，但必须在图中绘制明确的指北方向线。移图和破图廓：为了节约纸张，扩大主图的比例尺和充分利用地图版面，对一些形状特殊的制图区域，可采用将主图的边缘局部区域移至图幅空白处（图 8-16），或使局部轮廓破图框（图 8-17）。移图部分的比例尺、地图投影等应与原图一致，且二者之间的位置关系要十分明晰。另外，破图廓的地方也不易过多。

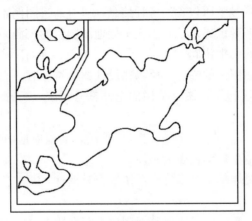

图 8-16　移图的处理

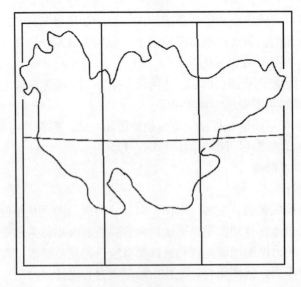

图 8-17　破图廓的处理

③ 图名：图名能反映一幅地图的中心内容，应放在醒目的位置上，如图幅上中位置常在北图廓线上方，亦可在其下方，或位于图廓内的左上方或右上方。

④ 图例、比例尺：图例一般安排在图幅的左下方或右下方；比例尺大多采用数字比例尺和直线比例尺两种形式表达，一般安排在图名或图例的下方。

⑤ 附图、附表：附图和附表用以补充主题内容，或扩大显示主图中的某些重要部分。附图和附表的位置安排要合理，与主图的配合要协调，往往配设在面积较大的非制图区处，但不能影响制图区内容的表达。

（5）地图的色彩与网纹设计

色彩对提高地图的表现力、清晰度和层次结构具有明显的作用，在地图上利用色彩很容易区别出事物的质量和数量特征，也有利于事物的分类分级，并能增强地图的美感和艺术性。网纹在地图中也得到了广泛的应用，特别是在黑白地图中，网纹的功能更大，它能代替颜色的许多基本功能。网纹与色彩相结合，可以大大提高彩色地图的表现能力，所以色彩和网纹的设计也是专题地图的重要内容之一。

地图的设色与绘画不同，它与专题内容的表示方法有关。如呈面状分布的现象，在每一个面域内颜色都被视为是一致的、均匀布满的。因此，在此范围内所设计的颜色都应是均匀一致的。

专题地图上要素的类别是通过色相来区分的。每一类别设一主导色，如土地利用现状图中的耕地用黄色表示，林地用绿色表示，果园用粉红色表示等；而耕地中的水地用黄色表示，旱地用浅黄色表示等。

表示专题要素的数量变化时，对于连续渐变的数量分布可用同一色相亮度的变化来表示，如利用分层设色表示地势的变化；对相对不连续或是突变的数量分布，可用色相的变化来表示，如农作物亩产分布图、人口密度分布图等。

色彩的感觉和象征性是人们长期生活习惯的产物。利用色彩的感觉和象征性对专题内容进行设色，会收到很好的设计效果。

总之，为使专题地图设色达到协调、美观、经济实用的目的，编辑设计人员对色彩运用应有深入的理解、敏锐的感觉和丰富的想象力，能针对不同的专题内容和用图对象，选择合适的色彩，以提高地图的表现力。

8.4.4 地图的制版印刷

地图的制版印刷是地图制图过程的最后一个环节，也是大量复制地图的最主要的方法。

根据印刷版上印刷要素的（图形部分）和空白要素（非图形部分）相互位置而划分为凸版印刷、凹版印刷和平版印刷三类。根据印版与承印物的关系，前两种印刷方法因印版与承印物直接接触而称为"直接印刷"；平版印刷在印刷时，先将印版上的印刷要素压印到一个有弹性的表面（如橡皮辊），然后再将图形转印到承印物上，称之为"间接印刷"，也称"胶印"。

从制印角度划分地图可分为单色图和多色图两类。从制印特点看，地图内容的显示方式主要为线划色、普染色和晕渲色（连续调要素），称为地图制印内容的三要素。

地图制印主要采用平版胶印印刷，其主要过程是：原图验收→工艺设计→复照→翻版

→修版分涂→胶片套拷→晒版打样→打样→审校修改→晒印刷版→印刷→分级包装。从原图验收到印刷成图，其过程复杂，且每一工序的方法也呈多样。

1. 对印刷原图及分色参考样图的要求

印刷原图是地图制印的原始依据，其质量的好坏直接影响到大批成图的质量，而且还对生产的周期和成本有一定的影响，所以对印刷原图的质量必须严格要求。

（1）对原图材料的要求

清绘原图所用的绘图纸应洁白平整。裱糊的图板，纸面应无疙瘩、砂粒和霉点。聚酯片基其厚度应均匀一致，且尺寸稳定性符合误差要求。所晒蓝图线划应清晰。刻图膜层应有足够的挡光性能，密度较好，而刻出的线划与符号应光洁通透。

（2）对绘制各种规矩线的质量要求

规矩线包括用于检查图廓尺寸的角线、用于套晒和打样套印的十字线、用于拼接图幅的拼接线以及丁字线、色标线、境界色带和其他的红线等。各种规矩线不能跑线，要严格按蓝图或铅笔底线居中绘出，且为直线，不能过粗，不能有弯曲或成双线。

（3）对图幅线划尺寸的精度要求

基本比例尺地形图图廓边长误差不应超过±0.2mm，对角线误差不应超过±0.3mm；分版清绘或刻绘的基本比例尺地形图，各版之间相应边长误差不得超过±0.2mm，相应的对角线误差不得超过±0.3mm；需拼接的地图应保证拼口处相邻图幅的拼接精度。

（4）对线划要素绘制质量的要求

线划要素的设色和分版原则上要尽量为制印提供方便。线划与线划之间应保持一定间距，按成图尺寸，其间距不应小于0.2mm。清绘的线划应光洁实在，墨色浓黑饱满，图面整洁。刻绘的线划、符号应光洁通透，粗细变化自然。

（5）对注记的质量要求

各种注记应字迹浓黑清晰，不发灰、不发黄、不发虚，字体不变形。注记与符号不能相互压叠，且其四周空白不小于0.2mm，便于修涂。拼接图拼口两边3mm内不得排放注记和符号，以免裁切时被切断。

（6）对分色参考样图的要求

分色参考样图是地图分涂修版的依据，它包括线划要素分色样图和普染要素分色样图。参考样图所用颜料要区分明显，以易于判别为宜。普染色分色样图还要求颜料要有足够的透明度，以便能清楚地看见作为设色范围线的线划要素。

2. 地图制印工艺设计

地图制印工艺设计是工艺设计人员根据各种类型地图原图的情况和编辑计划的要求，对原图进行分析研究后制定出具体的工艺设计和作业流程。它是一项指导性很强的技术工作，对地图制印质量和经济效益起着关键作用。

（1）地图制印工艺设计的内容及原则

地图制印工艺设计的内容主要有：制印规格的设计、地图设色表的设计、制印工艺方案框图与技术方法说明、作业量统计等。

地图制印工艺设计应坚持多快好省的原则。设计时应综合考虑以下因素：地图的类型、印刷原图的类型、现有的印刷设备、现有的技术水平、制印所需的材料规格、出版的要求、节约要求，制印中最大的节约就是减少套印次数。

（2）地图制印的规格设计

地图制印规格设计的目的是使图幅位置在印刷纸张上得到合理的安排。应按以下原则进行规格设计。

① 每幅地图的图幅尺寸应在全开或对开规格范围内。

② 纸张在印刷前，要进行光边处理。

③ 预留对开机的咬口尺寸为 12mm，全开机的咬口尺寸为 18mm。

④ 印刷时要有各种规矩线和色标，图集（册）装订时留 3～5mm 的订口。

⑤ 多幅拼版时，要设计出准确的拼版版式。

⑥ 折页装订的图集（册），排版时必须依装订时的折页方法及贴数按次序排版。

（3）制定制印设色表

制定制印设色表，要以色彩学的基本理论为指导，通过实验加以分析比较，选择并制定出符合某一图种色彩要求的制印设色表。制定制印设色表要对各要素的色彩作出具体规定，详细标明每种要素所需叠印的网线线数、比例及角度。

基本比例尺地形图的设色在规范中有明确的规定，不需另行设计。目前我国的地形图均有统一的规范图式规定，采用四色印刷，并有固定的、统一的色标。黑色表示数学要素，社会经济要素及有关的注记和图表；蓝色表示河、海、湖、渠、雪山的符号及注记；棕色表示地貌及其注记、公路内部的套色及有关图表；绿色表示森林、幼林、果园、竹林、灌木林等植被。

目前我国专题地图常采用专色印刷和四色印刷两种制印方案，并多用四色平版胶印机印刷。专色印刷除黄、品红（红）、青（蓝）、黑四色外，其余间色或复色皆用专色油墨印刷，一幅图多采用 4 色、8 色或 12 色制印，每一色有一张印刷版，在四色印刷机上印刷 1 次、2 次或 3 次即可。四色印刷最终只有四块印刷版，除黄、品红、青、黑四色外，其余间色、复色都由三原色和黑色套印得到。如绿色就是由黄色和青色套印得到。四色印刷仅用四种颜色油墨，并只在四色印刷机上印刷一次即成，可得到许多种颜色，较经济，但一些颜色不如专色效果好（如绿色、棕色等）。

（4）作业流程设计

设计作业流程就是具体确定从地图原图开始直制出彩色打样图为止的各个作业过程。作业流程通常用流程表（也叫方框图）表示，同时辅以必要的文字说明。

3. 地图制版

（1）照像

照像的主要任务是利用复照仪，将印刷原图按成图尺寸复照，制成线划处透明的底片（阴版）。为翻版或直接制成印刷版印刷服务。地图的照像方法有湿版照像和干片照像。对连续调原稿或彩色原稿，还需进行网目照相和分色照像。凡是裱版清绘的原图，必须经过照像，为下一步制版提供过渡版。如果原图是采用刻图或聚酯薄膜清绘并剪贴透明注记和符号的，则可省去照相的工序。照像可分为复照准备工作、曝光、显影、定影和水洗等几个过程。

（2）翻版

多色地图的常规印刷每一色相需制一块底版。翻版是将复照的底片或刻绘的原图翻制出若干张大小相同的底版，以供分色分涂用。制印中广泛采用即涂型的明胶翻版法和聚乙

173

烯醇撕膜翻版法以及预制型的重氮感光撕膜翻版法。明胶翻版法采用的感光液主要由明胶、重铬酸铵和水组成。这种铬胶感光层在光的作用下发生"硬化"，未受光的部分被水溶解掉；受光部分不溶解于水，但能吸水膨胀；利用膨胀的胶层吸收染料的性能，就能显出受光部分的图像来。染色液用"直接黑"配置的，用于线划分涂修版。聚乙烯醇撕膜翻版法，所用的感光液主要由聚乙烯醇、重铬酸铵和水组成，其原理和操作与明胶翻版法相同，该工艺方法用于普染色的制作。预制型的重氮感光撕膜翻版法采用的感光层为以重氮盐为感光剂的光分解型感光树脂，这种工艺方法用于普染色的制作，操作简便，质量较好。

（3）分涂修版

分涂就是依分要素彩色样图，用分涂液涂盖掉其他要素，仅留该底版要素。分涂修版包括线划底版分涂和普染色底版制作，这是地图生产不同于其他彩色影像印刷的工艺特点。前者是在一块多要素的阴象底版上，据分色参考样，只保留一种颜色的要素，而用红色氧化铁修版液，将其他颜色的要素涂去。如水系版，仅留水系要素，而将居民地、交通线等要素全部涂掉。后者通常采用撕膜版法，即根据普染要素的分色参考图和工艺设计方案，将所需部位的挡光膜揭下来而变为透明，版面上不需要。

（4）胶片套拷

胶片套拷是指线划色底片的拷贝、普染色底片的加网以及同种色的线划色版与普染色版套合拷贝。普染色底片要衬以网线胶片，使之成为由不同颜色密集而均匀的线条或点组成。

网线胶片的线数、比例、角度往往决定着普染色的效果。网线线数是指单位长度内线条的根数，其长度单位采用厘米或英寸，线数越多，则呈现于图面上的平色效果越好。网线比例是指在布满网线的任意面积内，网线本身所占面积的比例。通常以百分比来表示。

（5）晒打样版

晒版是指将经复照、翻版、分涂、套拷后的底版以及在聚酯薄膜上绘制或在刻图片上刻绘的原图晒制在印版上，用于打样，通常有蛋白版、平凹版和预制感光版（PS版），其中后两者常用。平凹版为阳像制版版材，利用阳像底片、涂布铬聚乙烯醇（或铬树胶）感光层晒制，上覆阳像底片的金属版感光层感光后，非印刷要素感光硬化，而未感光的印刷要素溶于水可去掉，露出的金属部分经酸蚀处理稍凹下，成为印刷要素。该法适合于印数较大的地图。预制感光版为铝版材，其感光层是预制好的，也为阳像制版法采用，该版材操作简便、质量稳定、耐印力高，印刷行业被广泛使用。

（6）打样

打样的目的是为检查制版中的错误和精度；检查制印工艺设计的效果；供领导部门和客户审查；为印刷内容和色彩提供依据。为保证最佳印刷效果，打样时要做到：采用与印刷版相同的版材和晒版工艺；采用与正式印刷相同的纸张、油墨和相同的色序。

4. 地图印刷

（1）晒印刷版

晒印刷版的任务就是把底片上的图形晒制到可供印刷的金属版材（如锌、铅、铝等版材）上，制成印刷用金属版。目前多用平版印刷，即印刷要素和非印刷要素在版材同一平面上。制版时，用化学物理法，使版材上的印刷要素油（墨）排水，而非印刷要素亲水排油（墨）。这样，印刷时水浸在非印刷要素处，油墨浸在印刷要素处，则能印出彩色地图。晒印刷版与晒打样版相同。PS 版一般耐印力在 10 万印张左右。

（2）印刷

地图印刷通常采用平版胶印印刷，胶印机印刷的原理如图 8-18 所示。胶印机一般都有输纸部分、印刷部分、收纸部分、输水部分、输墨部分和传动部分等。

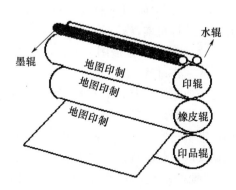

图 8-18 胶印机印刷的原理示意图

（3）成图的检验和分级

地图印刷后，要按照质量标准对印刷成图进行逐张检验。地图印刷产品采用正品、副品二级评定制。在检验时要对检验的成品按照规定的质量等级进行分类。然后按规定的成图尺寸进行裁切。

8.4.5 地图制作新技术

现代科学技术的迅猛发展，完全改变了传统的地图制图系统。从 20 世纪 50 年代航空摄影测量技术的形成和发展，到 20 世纪 90 年代全球定位系统（GPS）的广泛应用，以及我国北斗导航卫星系统（BDS）的快速发展，从根本上改变了人类观察认知地球的模式。遥感技术的进步，使人们已经达到实时获取多维空间信息的水平。GPS（或 GNSS）、RS 和 GIS 的集成，从根本上改变了人们对空间信息认知。随着空间技术、计算机技术和信息网络技术的发展，传统的地图制图技术已经发生了革命性的变革。计算机制图编辑设计与自动制版印刷一体化生产体系，基本上解决了各类地图的自动编绘与快速成图。实现了从传统手工制图到全数字化地图制图的转变，并出现了多媒体电子地图、三维虚拟电子地图与网络地图等新形式。计算机制图技术与地理信息系统的结合，使地图作为空间信息的载体，在图形表达形式，以及信息传输、存储、转换和显示等方面表现出了巨大的优势，已经成为分析评价、预测决策、规划管理的重要手段。

1. 计算机地图制图系统

长期以来，地图都是靠手工方法制作。航空摄影测量的发展，只减轻了野外的测图工作，但是地图的绘制还是靠手工。刻图法虽缩短了成图周期，可是建立图形的方法并没有从根本上改变，依然是手工作业。1958 年，世界上第一台数控绘图机问世，第一次从计算机控制的绘图机笔下绘出了地图，从此计算机地图制图便进入了一个崭新的时代。

176

（1）计算机地图制图的优点

① 地图可以分要素用数码形式存储在磁带和磁盘中，不但节省了大量的存储空间，而且便于随时提取、更新、处理和应用。

② 地图内容转绘、地图投影绘制及转换、比例尺变换等各项编绘技术都能采用数字处理方法。

③ 手工作业很难解决曲线内插、主体图形的表示和许多比较复杂的专题图表，运用数学方法都可方便解决，并能用计算机实现。

④ 可以绘制各类型地图，如立体图、晕渲图、组合符号图、地形图、透视图等。

（2）计算机地图制图系统的制作过程

计算机地图制图系统和传统地图制图相比，在地图制作过程、工艺方案、制图精度、成图周期等方面都产生了巨大的变革。

传统地图制作过程由编辑准备—原图编绘—制印准备—地图制印四个阶段构成；而机助制图系统由编辑准备—数据获取—数据处理—图形输出（地图制印）四个阶段构成。

① 编辑准备：跟传统地图编制的地图设计阶段相似，其最终成果要完成地图编制大纲。

② 数据获取：常以纸质地图、遥感影像资料，实测数字地图和地图数据库等为数据源。纸质地图可通过手扶跟踪数字化仪，对地图线划进行跟踪数字化，得到原始数据；亦可利用扫描仪对纸质地图进行扫描数字化，得到栅格数据；然后在屏幕上再进行数字化，得到原始矢量数据，此方法目前较为常用。遥或影像资料（航空像片、卫星像片等）可通过扫描仪进行扫描获原始数据，再经图像纠正、投影转换、数据格式转换、图像解释等过程，获得矢量数据。实测数字地图是利用全站仪等仪器进行实地测量，获得实地的地图数据，可供计算机地图制图直接使用。国家基础地理信息数据库和GIS数据库也可直接调用，用来进行地图制图。

③ 数据处理和编辑：主要包括原始矢量数据处理和原始像素数据处理。原始矢量数据要进行数据预处理（误差纠正）、投影变换处理、拼接裁剪处理（数学方法的数据拼接与裁剪）和符号化处理（原始矢量数据转换为矢量图形数据）。原始像素数据处理包括数据本身处理和像素数据相互转换处理。本身处理主要指同类数据的处理。像素数据转换处理主要指图像变换和图像识别。前者指一类图像变换为另一类图像的过程。图像识别是指对识别对象属性、位置、相互关系等的分析提取。上述任务皆可通过计算机软件来实现。常用的地图软件有：地图设计软件、图像处理软件、图文编排软件、印前分色软件、彩色管理软件等。

④ 图形输出：包括屏幕显示输出，磁盘、光盘存贮，彩色喷墨打印机样图输出、校样（线划、颜色、注记校对），四色（黄、品红、青、黑）分色胶片输出，彩色喷墨打印机成图输出（当地图用量较少时即为最终地图成品）。

如要获得大量纸质复制地图，则需进行制版印刷。和传统地图制印相比，计算机地图制印工艺省掉了印刷原图制作工序。四色分色胶片即为印刷原图，其可用来在自动制版机上快速制成印刷金属版，然后在四色平版印刷机印刷成品地图。一种计算机直接制版系统，可将计算机编辑处理的地图数据直接输出到印刷版上，省掉了胶片输出过程，精度和效率更高，代表着将来的发展方向之一。

2. 多媒体电子地图制作

多媒体电子地图是基于计算机技术的屏幕地图。与常规地图相比，它具有闪烁、渐变、音频、动画等动态特性。其以数据形式存储和传输信息，为地图编辑和读图提供了良好的交互空间，使制图过程与读图过程交互融为一体。其分要素的多层次数据结构不仅突破了常规纸质地图载负量的局限性，而且通过不同图层空间数据的叠加分析，产生出更有价值的再生信息，大大提高了多媒体电子地图的利用价值。其无级缩放功能也克服了纸质地图固定比例尺的限制，使读者能从宏观到微观，从全局到局部随意浏览。多媒体电子地图的立体化、动态化与多媒体和遥感影像的结合使读者如临其景。多媒体电子地图以其先进的地图语言、图形、图像、图表、文字、音频、动画等综合表现形式，成为地图的一种全新的展示形式。

多媒体电子地图是随着计算机技术的发展而产生的一个新的地图品种。多媒体电子地图的产生，使得地图制图发生了彻底的、革命性的变革。传统的地图编绘、清绘、制版、印刷的生产工艺流程已逐渐被计算机地图编辑设计与制印一体化所取代。从而实现了从传统手工制图到数字化、自动化制图与自动制版印刷的根本性转变。

多媒体电子地图制图系统由相应的硬件和软件两部分组成，如图 8-19 所示，其生产流程一般有编辑准备、数据获取、数据处理和产品输出四个步骤。

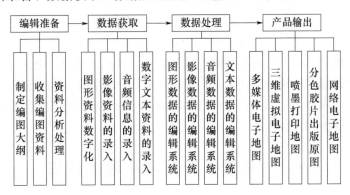

图 8-19 多媒体电子地图制作流程框图

多媒体电子地图亦可输出 4 色分色胶片出版原图，经制版印刷得到文本型彩色地图。

本章思考题

1. 为什么要进行地形图分幅与编号？其方法有几种？各有什么特点？

2. 地形图的基本内容有哪些？其作用分别是什么？

3. 地形图的基本应用主要包括哪些内容？

4. 简述地形图在工程建设方面有哪些应用？

5. 试述数字地形图相比于纸质地形图的优势是什么？

6. 简述传统地图制图和计算机地图制图的制作过程各有哪几个阶段？

第9章 测设的基本工作

本章导读

　　本章主要介绍测设已知水平角、测设已知水平距离、测设已知高程、点的平面位置测设的基本方法、已知坡度的测设方法、圆曲线的测设等内容；其中测设的基本原理、测设的基本方法、测设要素的计算是学习的重点与难点；采取课堂讲授、实验操作与课下练习相结合的学习方法，建议4～6个学时。

9.1 概　　述

　　测设也称放样，是根据已有的控制点或地物点，按照工程设计要求，正确地将各种建筑物的位置在实地标定出来。因此，首先要确定建筑物的特征点与控制点或者原有地物点之间的角度、距离和高差的关系，这样已知距离、已知角度和已知高程就是构成建筑物位置的基本要素，称为测设数据。

9.2 角度、距离和高程的测设

9.2.1 水平角测设

　　测设已知水平角指在地面上根据一个已知方向，确定另一已知方向，使两者之间的水平夹角等于设计的角度值。测设水平角的方法分为一般测设和精密测设。

1. 一般测设方法

　　一般测设方法又叫盘左盘右分中法，或正倒镜分中法，适用于角度测设精度要求不高的情况。如图 9-1 所示，地面上有已知方向 AB，现欲测设另一方向 AC，使两方向之间的水平角为设计值 β。将经纬仪安置在 A 点之后，按以下操作步骤进行测设：

　　（1）以盘左位置照准 B 点，读取水平度盘读数 L_B；松开水平制动螺旋，旋转照准部，当水平度盘读数为 $L_B+\beta$ 时，望远镜视线方向即为 AC 方向，在此方向上丈量一定距离，定出 C_1 点。

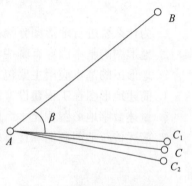

图 9-1　一般方法测设水平角

（2）倒转望远镜，用盘右位置重复上述操作，定出 C_2 点。

（3）由于测量误差的存在，C_1、C_2 两点往往不能重合，取 C_1、C_2 的中点作为 C 的位置，则 $\angle BAC$ 为设计值 β。

测设时，需注意待测设方向之间的相对位置关系，即需弄清楚设计角 β 是顺时针方向还是逆时针方向测设。

2. 精密测设方法

精密测设方法有时又称归化法，适用于角度测设精度要求较高的情况。如图 9-2 所示，先用盘左盘右分中法测设出点 C'，然后用测回法对该角度观测多个测回，取平均值 β'。计算 β' 与设计值的差值

$$\Delta\beta''=\beta-\beta' \qquad (9\text{-}1)$$

$\Delta\beta''$ 是以秒为单位的角差。根据 A 至 C 的水平距离 D，计算 C' 点需要在与 AC 相垂直的方向移动的水平距离 $C'C$

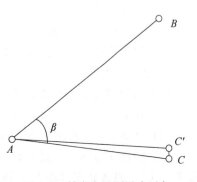

图 9-2　精密方法测设水平角

$$C'C=D\frac{\Delta\beta''}{\rho''} \qquad (9\text{-}2)$$

ρ'' 的值取为 206265。从 C' 点沿与 AC' 垂直的方向移动水平距离 $C'C$，即得到 C 点。需要注意的是，若 $\beta'<\beta$，即 $\Delta\beta''$ 为正值，说明原测设值小于设计值，应往远离 B 点的方向移动；反之，若 $\beta'>\beta$，即 $\Delta\beta''$ 为负值，原测设值大于设计值，则应往靠近 B 点的方向移动。

当测设出 AC 方向后应检查其与 AB 方向构成的水平角与设计值的差值，若其大于允许误差，则注意修正，使其达到要求。

9.2.2　水平距离测设

测设已知水平距离是指从给定的起点开始，沿指定方向测设已知的水平距离。测设水平距离的工具可以是钢尺、测距仪或全站仪。

1. 钢尺测设

用钢尺测设水平距离，适合于地势平坦且测设的长度小于一个钢尺整长的情况。用钢尺测设水平距离也分为一般测设和精密测设，一般测设的方法适用于测设精度要求为 1/2000 左右，若距离测设精度要求较高时，则需用精密方法测设。

（1）一般测设的方法

如图 9-3 所示，从已知点 A 开始，沿指定方向用钢尺量出设计的水平距离 D，定出待测设点。为进行检核和提高测设精度，可以先测设出一点 P'，再在起点处改变钢尺的读数 $10\sim20\text{cm}$，用同

图 9-3　用钢尺测设水平距离

样的方法定出 P''，若 $P'P''$ 的长度小于待测设距离的两千分之一，则取 $P'P''$ 的中点 P 作为最终位置。若 $P'P''$ 的长度大于待测设距离的两千分之一，则需要重新测设。

（2）精密测设方法

精密测设水平距离需要使用经过检定的钢尺进行测设。步骤如下：

① 在已知起点沿已知方向用一般方法测设出一点，用水准仪测量起点和该点的高差 h，并根据高差 h 和设计距离 D 计算"平距化斜距"的改正数 Δl_h（其值为 $\dfrac{h^2}{2D}$，恒为正）。

② 用温度计测定钢尺温度，按尺长方程式计算尺长改正 Δl_d 和温度改正 Δl_t。

③ 放样的倾斜距离为 $L = D - \Delta l_d - \Delta l_t + \Delta l_h$。

④ 沿已知方向测设斜距 L，得到最后的放样点。

测设时，需用弹簧秤对钢尺施加标准拉力。

2. 全站仪测设

用全站仪测设水平距离的方法如图 9-4 所示，其步骤为：

（1）在起点 A 安置仪器，并测定温度和气压。

（2）开机，将温度和气压值输入仪器，进入测距模式。

（3）沿已知方向在与待测设点大致接近的前后位置各钉一木桩，并分别在桩顶做出标记 C' 和 C''，将棱镜安置在 C'，精确测量，计算出 AC' 的水平距离，并计算出其与设计值的差值 $\Delta = AC' - D$。

（4）当 Δ 大于零时，用钢尺由 C' 点向 C'' 点方向测量水平距离 Δ，定出 C 点。

（5）当 Δ 小于零时，用钢尺在 $C'C'$ 方向测量水平距离 Δ，定出 C 点，在 C 点打下木桩，桩顶用铅笔标出 C 点。

（6）在 C 点架设反光棱镜，再次测量水平距离，当 Δ 小于规定要求时，在桩顶钉上小钉，为了确保精度，应再次测量 A、C 点间的水平距离，使 Δ 在允许范围之内。

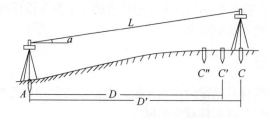

图 9-4　测距仪测设水平距离

9.2.3　高程测设

测设已知点的高程就是根据一个已知水准点，测设出给定点的高程。测设高程时通常采用水准测量方法（视线高法）。

如图 9-5 所示，已知点 A 的高程为 H_A，B 点平面位置已经确定并已钉设木桩，其设计高程为 H_B，需要标定出 B 的高低位置。将水准仪架设在 A、B 两点的中间位置，在 A 点竖立水准尺。水准管气泡居中后，A 尺读数为 a，则水准仪的视距线高为

$$H_i = H_A + a \qquad (9-3)$$

在 B 点竖立水准尺，则 B 尺的读数应为

$$b = H_i - H_B \qquad (9-4)$$

B 尺沿木桩的一侧上下移动，直至 B 尺读数为 b 时，水准尺的尺底即为设定的高程位置，沿尺底在木桩上画出标高线，该线的高程即为 H_B。

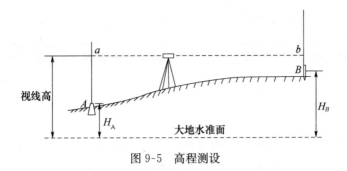

图 9-5　高程测设

9.3　点的平面位置的测设

根据施工控制网的形式、控制点的分布、使用的仪器工具以及现场具体情况的不同，测设点的平面位置可以选择不同的方法。传统的测设点位的方法主要有直角坐标法、极坐标法、角度交会法以及距离交会法等。随着测量仪器的不断改进与发展，目前全站仪、GPS-RTK 一般都可测设点的位置。

9.3.1　直角坐标法

直角坐标法适用于测区已经建立互相垂直的方网格主轴线或建筑物基线的情况。

如图 9-6 所示，施测区域已有建筑方网格点 A、B、C、D（坐标已知），a、b、c、d 为待建建筑物的主轴线点，ab、cd 与方格边 AB、CD 平行，ad、bc 与方格边 AD、BC 平行。用直角坐标法进行点位放样的过程如下：

（1）计算待测设点与坐标方格网点之间的坐标差 $\Delta X = X_a - X_A = 20.000\text{m}$；$\Delta Y = Y_a - Y_A = 30.000\text{m}$。

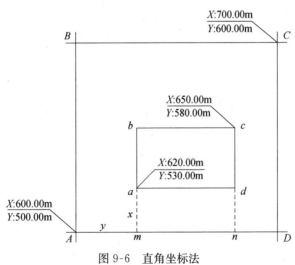

图 9-6　直角坐标法

（2）在 A 点安置仪器，照准 D 点，沿视线方向量取距离 ΔY，得到过渡点 m。

（3）把仪器搬至 m 点，仍然照准 D 点，逆时针测设 90°，沿视线方向量取距离 ΔX，得到 a 点。

（4）同样将其他各点测设到地面上。

所有放样点测设完毕后，应进行检查，检查内容包括：建筑物轴线的交角是否为 $90°$、边长是否与设计值相等。若误差在允许范围内，测设工作结束；若超限，则应重新测设不合格点。用直角坐标法进行放样，计算简便，施测简单，在土木工程建设中应用较为广泛。

9.3.2 极坐标法

极坐标法是根据一个角度和一段距离测设点的平面位置。一般先利用角度放样得到测站点至待放样点的方向，然后利用距离放样来确定测设点的位置。

在图 9-7 中，A、B 两点是测区已知的控制点，$PQRS$ 为待测建筑物的定位点，其坐标已经在设计图上给出。用极坐标法测设点位的过程如下：

（1）计算测设数据（水平角 β 和水平距离 D）：

$$\beta = \alpha_{AB} - \alpha_{AP}$$
$$D_{AP} = \sqrt{\Delta x_{AP}^2 + \Delta y_{AP}^2} \tag{9-5}$$

（2）在 A 点安置仪器，照准 B 点，逆时针测设 β 角，得到 AP 的方向线，沿此方向测设水平距离 D，即得到 P 点。

（3）同法测设其他各点

测设完成后，应对各点放样点进行角度及边长检核，看是否小于限差要求。不满足要求时，应重新测设不合格点。

用极坐标法测设点的平面位置时，需注意角度的测设方向。该法架设仪器的次数少，且在使用全站仪放样时距离可长可短，因而得到广泛应用。

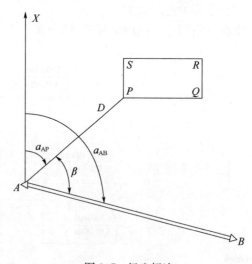

图 9-7 极坐标法

9.3.3 角度交会法

角度交会法适用于待测设点距离控制点较远或不便量距的情况，是通过测设两个或多个已知角度，交会出待定点的平面位置。角度交会法也称为方向交会法。

如图 9-8（a）所示，A、B、C 三点为测区的控制点，P 为待测设点，用角度交会法

测设 P 点的过程如下：

（1）根据三个控制点的已知坐标和 P 点的设计坐标，计算测设数据（各方向之间的夹角 β_1、β_2、β_3、β_4）。

（2）分别在 A、B、C 安置经纬仪，测设 β_1、β_2（或 β_3）、β_4，得到 AP、BP、CP 的方向线。沿每一条方向线在 P 点附近各打下两个木桩，桩顶上钉上小钉，两两小钉的连线代表各自的方向线。在两个小钉间各拉一条细线，三线相交即可得到 P 点的位置。

由于测量误差的存在，三线往往不能交于一点，而是出现一个小三角形，称为误差三角形，如图 9-8（b）所示。当误差三角形的边长在允许范围内时，取三角形的重心作为 P 点的位置。如果超限，则应重新测设。

用角度交会法测设点位时，也可以用两个控制点，但交会角须为 $30°\sim150°$。利用两个控制点时，没有检核条件，一般较少使用。

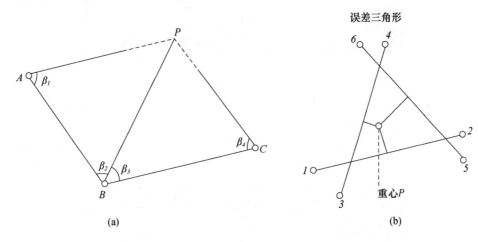

图 9-8 角度交会法

9.3.4 距离交会法

距离交会法是由两个控制点测设两段已知距离，交会出点的平面位置的方法，适用于待测设点至控制点不远、地势比较平坦、量距比较方便的情况。如图 9-9 所示，A、B 为两已知点，P 为待测设点，距离交会法测设点位的过程如下：

（1）根据控制点的已知坐标和待测设点的设计坐标，计算待测点与控制点之间的水平距离 D_1、D_2。

（2）使用两把钢尺进行交会。用两把钢尺分别从 A 点和 B 点测设已知距离 D_1 和 D_2，交点即为待测设点。

理论上讲，用距离交会法放样点位时，满足条件的地面点有两个，对称与已知边。因此，放样时须根据设计图纸上的相对位置关系判断放样点的方位。另外，与角度交会法一样，交会角 γ 最好在 $30°\sim150°$ 之间，以保证测设点的精度。距离交会法所使用的工具简单，多用于施工中距离较近的细部点放样。

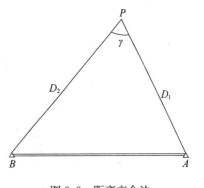

图 9-9 距离交会法

9.3.5　全站仪测设方法

全站仪型号不同，其测设操作的方法与过程也会有所不同。下面以南方测绘 NTS-340 为例，介绍全站仪测设点位的过程。

（1）建立坐标文件，将测站点、后视点和待测设点的坐标输入到仪器中，也可以文件的形式导入到仪器中，如图 9-10 所示。首先新建一个项目，然后将坐标数据文件导入到该项目下。

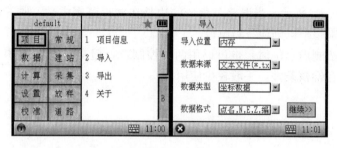

图 9-10　文件导入

（2）进入放样程序前，需进行建站工作，如图 9-11 所示。在测站点上安置仪器，整平对中后，量取仪器高。从坐标数据文件中选择测站点和后视点，并输入仪器高和棱镜高。照准后视点，按设置，如果前面的输入不满足计算或设置要求，将会给出提示，否则，设站成功。

图 9-11　建站工作

（3）点位放样。在放样的主界面选择点放样，进入点放样界面，如图 9-12 所示。首先在坐标数据文件中找到欲放样点，输入棱镜高。棱镜高输入之后，将显示计算的结果（包括放样点的水平角度、水平距离和高程）；根据仪器界面上的左转、右转，移近、移远，向右、向左，挖方、填方，观测员指挥一名执棱镜者，将棱镜移至准确的点位上。

图 9-12　点位放样

放样点位后，可对该点进行测量并存储。仪器也可显示放样点、测站点、测量点的图形关系。当放样点满足放样的限差要求后，即可进行下一点位的放样。

9.3.6　GPS-RTK 测设法

利用 GPS-RTK 技术可直接进行点的放样，且方便快捷。GPS-RTK 技术放样时仍需要设置基准站和流动站，具体设置方法见第 7 章。

基准站和流动站设置好后，在测量手簿工程之星中点击测量→放样，进入放样屏幕，如图 9-13 所示。

点击目标按钮，打开放样点坐标库，如图 9-14 所示。

图 9-13　点放样界面　　　　图 9-14　坐标管理库中选待放样点的坐标

在放样点坐标库中点击"文件"按钮，导入需要放样的点坐标文件并选择放样点（如果坐标管理库中没有显示出坐标，点击"过滤"按钮看是否需要的点类型没有勾选上）或点击"增加"直接输入放样点坐标，确定后进入放样指示界面，如图 9-15 所示。

放样界面显示了当前点与放样点之间的距离为 1.857m，向北 1.773m，向东 0.551m，根据提示进行移动放样。在放样过程中，当前点移动到离目标点 1m 以内时（提示范围的距离可以点击"选项"按钮进入点放样选项里面对相关参数进行设置），软件会进入局部精确放样界面，同时软件会给控制器发出声音提示指令，控制器会有"嘟"的一声长鸣音提示。

点位放样时，选择与当前点相连的点放样，可以不用进入放样点库，点击"上点"或"下点"根据提示选择即可。放样结束后，可以将移动站置于放样点上，按手簿上的 A 键采集该点的坐标。若该点的坐标与已知坐标的差值在限差内，则接受该放样点；若差值不在限差内，则重新放样该点。

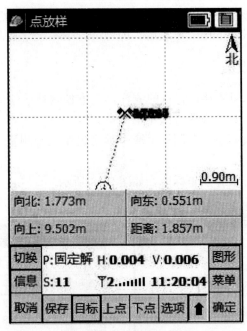

图 9-15　点放样指示界面

需要说明的是，点的平面位置测设主要采用直角坐标法、极坐标法、角度交会法、距离交会法以及利用全站仪和 GPS-RTK 测设点位的方法。使用这些方法时均要事先计算测设数据，然后进行待定点位置的实地测设。这些测设方法实际上是以距离和角度测设为基础的。例如，直角坐标法是两段距离的测设；极坐标法是一个角度和一段距离的测设；角度交会法是两个以上角度的测设；距离交会法则是两段距离的测设；而 GPS-RTK 技术是直接测设出点的坐标，并不需要测设距离和角度。不论使用何种方法测设点位，待测设完毕后，应进行测设后点位的测量，并与计算的点位坐标比较，或与其他已知点进行校核。

9.4　坡度线和圆曲线的测设

9.4.1　坡度线的测设

在道路、给水排水工程中，经常会遇到设计的线路必须满足一定坡度的情况。在这种情况下，需要测设坡度线。测设坡度线通常采用水平视线法和倾斜视线法。在这里，简要介绍倾斜视线法的测设原理。

如图 9-16 所示，A 点为地面控制点，其高程 H_A 已知，现要求沿 AB 方向测设一条水平距离为 D、坡度为 m 的坡度线。具体测设过程如下：

（1）根据 A 点的高程、设计坡度以及水平距离，计算终点 B 的高程为

$$H_B = H_A + m \times D \qquad (9\text{-}6)$$

（2）按前述测设高程的方法，用水准仪将 B 点的高程测设到地面，并标定之。

（3）在 A 点安置水准仪，使水准仪的两个角螺旋与坡度线方向垂直，另一角螺旋通过坡度线方向，并量取仪器高 i。

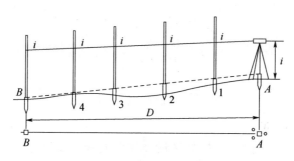

图 9-16 测设坡度线

（4）在 B 点竖立水准尺，旋转位于坡度线方向的脚螺旋，使 B 点水准尺的读数为水准仪的仪器高 i，则水准仪视线的坡度与设计的坡度相同，即水准视线与待测设的坡度线平行。

（5）在 AB 方向上每隔一定的距离打一个木桩，贴靠木桩的一侧竖立水准标尺。上下移动水准尺，使仪器在标尺上的读数为 i，则尺底的位置便是坡度线的位置，在木桩上划线标定，即得到一个坡度线点。

坡度较大时，宜用经纬仪或全站仪配合水准尺进行坡度线的测设。方法与使用水准仪测设大致相同。不同之处在于：用经纬仪测设时须将坡度换算成坡度角，再转换成竖盘读数；用全站仪测设时直接利用仪器的坡度显示功能找出望远镜的倾斜方向。

9.4.2 圆曲线的测设

建筑工程中一些构造物由曲线组成，如道路工程、体育场、大型公园等。建筑物的平面线型是由直线和曲线组成的，直线的方向改变为另一方向时必须用曲线连接。其中，圆曲线是最常用的曲线形式，它是由一定半径的圆弧所构成的曲线。根据半径的大小、精度要求和不同的建筑工程分类使用不同的测设方法。

1. 圆曲线的要素计算

图 9-17 中，圆曲线包括三个主点和一个交点。其中，ZY 为直圆点，即直线与圆曲线的分界点；QZ 为曲中点，即圆曲线的中点；YZ 为圆直点，即圆曲线与直线的分界点；JD 为两条直线的交点，该点不在圆曲线上。圆曲线的三个主点和一个交点称为圆曲线的控制点。

除了三个主点外，圆曲线还有一些重要的要素。切线长 T 是交点至直圆点或圆直点的直线长度；曲线长 L 是圆曲线的长度；外矢距 E 是交点 JD 至曲中点 QZ 的水平距离；转向角 α 是路线由一个方向转向另一个方向时，偏转后的方向与原方向之间的夹角；R 为圆曲线的半径。

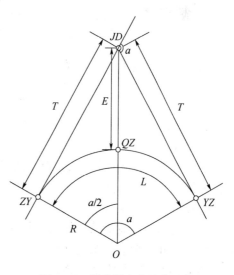

图 9-17 圆曲线主点及其要素

α、R 称为圆曲线的设计要素；T、L、E 为圆曲线的计算要素，是根据 α、R 计算出来的。圆曲线的计算要素与设计要素之间的几何关系为：

$$T = R \cdot \tan \frac{\alpha}{2}$$

$$L = R \cdot \alpha \cdot \frac{\pi}{180°} \quad\quad\quad (9\text{-}7)$$

$$E = R \left(\sec \frac{\alpha}{2} - 1 \right)$$

2. 圆曲线主点的测设

测设圆曲线的主点，首先，JD 处架设经纬仪或全站仪照准后一方向线的交点或转点，在视线方向上量取切线长 T，确定出曲线起点 ZY，在该点处放置测量标志。其次，将望远镜照准前一方向线的交点或转点，在视线方向上量取切线长 T，确定出曲线的终点 YZ。最后，转动照准部，采用分中法测设水平角（$180° - \alpha$）/2，确定内分角线方向，在该方向上量取距离 E 确定曲中点 QZ。

3. 圆曲线的详细测设

圆曲线的主点测设只标出了起点、中点、终点三个主点，显然，仅这三个点还不能详细地表达曲线的形状和位置。所以，在圆曲线的主点设置后，还需按规定桩距进行圆曲线的细部点位置的测设，这项工作称为细部点测设或详细测设。除圆曲线主点外，其他曲线点的里程一般要求为一定长度的倍数，在地形复杂处可适当减小倍数。圆曲线详细测设的方法主要有偏角法、切线支距法、极坐标法和 GPS-RTK 等方法。

（1）偏角法

偏角法是以曲线起点 ZY 或终点 YZ 至曲线上待测设点 P 的弦线与切线之间的偏角（即弦切角）和弦长来确定待测设点的位置。

① 测设数据的计算

根据几何原理，偏角 Δ 等于相应弧长所对的圆心角的一半。若两曲线点间弧长为 l，其对应的圆心角为

$$\varphi = \frac{l}{R} \cdot \frac{180°}{\pi} \quad\quad\quad (9\text{-}8)$$

那么，偏角 Δ 和弦长 d 为

$$\Delta = \frac{\varphi}{2} = \frac{l}{2R} \cdot \frac{180°}{\pi} \quad\quad\quad (9\text{-}9)$$

$$d = 2R\sin\Delta$$

② 测设方法

测设起点 ZY 至曲中点 QZ 间的曲线点时，在起点 ZY 处安置仪器；测设至终点 YZ 间的曲线点时，在终点 YZ 处安置仪器。下面以测设 ZY—YZ 间的曲线点为例，介绍偏角法的测设方法，如图 9-18 所示。

首先将经纬仪或全站仪架设于起点 ZY 处，后视 JD 点，配置度盘读数为 $0°00'00''$。

其次松开照准部，顺时针转动照准部，当水平度盘读数为 Δ_1 时，在视线方向上量取弦长 $c_1 m$，并在该点处插入测量标志，定出曲线点 P_1。

再次松开照准部，顺时针转动，使水平度盘读数为 Δ_2，在视线方向上量取弦长 c_2，并在该点处插入测量标志，定出曲线点 P_2。

最后以与测设 P_2 点相同的方法继续定出其他曲线点，直至测设出终点 YZ'。若 YZ'

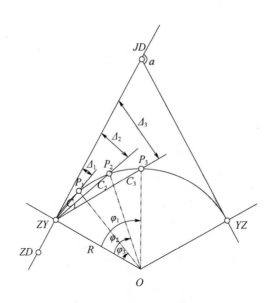

图 9-18　偏角法测设圆曲线

与终点 YZ 重合或闭合差满足限差要求，则定出终点 YZ；若闭合差超限，则应查找出原因重新测设曲线点。

（2）切线支距法

切线支距法又称直角坐标法。它是分别以曲线的起点、终点为坐标原点，以切线为 x 轴，过原点的半径为 y 轴建立起直角坐标系，利用曲线上各细部点的坐标 x（横距）、y（纵距）来设置各桩点，测设时分别从曲线的起点和终点向曲线中点施测。

① 测设数据的计算

如图 9-19 所示，设 l_i 为细部点 P_i 至原点间的弧长，φ_i 为对应的圆心角，R 为曲线半径。当由 P_i 向切向作垂线，得各垂足 N_i，由图可知，细部点在坐标系中的直角坐标为

$$x_i = R\sin\varphi_i$$
$$y_i = R\,(1-\cos\varphi_i) \tag{9-10}$$

其中，$\varphi_i = \dfrac{l_i}{R} \cdot \dfrac{180°}{\pi}$，$i=1,2,3\cdots\cdots$。实际测设计算时，$x$、$y$ 值可根据弧长 l_i、半径 R 按式（9-10）逐点计算。

② 细部点的测设方法

若采用经纬仪进行细部点的测设，可在 ZY 点或 YZ 点安置仪器，瞄准 JD 点，在视线方向用钢尺测设水平距离，其长度分别为各曲线点的 x 坐标值，得各曲线点在 x 坐标轴上的垂足；再分别在各垂足上安置仪器，后视 JD 点，测设 $90°$ 角，在相应的视线方向上用钢尺测设曲线点的 y 坐标值，得各曲线点。

若采用全站仪进行细部点的测设，先将 ZY（YZ）、JD 及曲线点的点号和坐标按作业文件输入仪器内存储；测设时将全站仪安置在 ZY 或 YZ 点上，后视 JD 点，调用放样菜单，选择坐标放样，当测站设置完毕后调出作业文件，仪器自动计算出测设数据，还可显示棱镜的实际位置与理论位置的差值，观测者可指挥棱镜移动来测设出曲线点。曲线点测设中要对主点再次测设，以便进行检核。

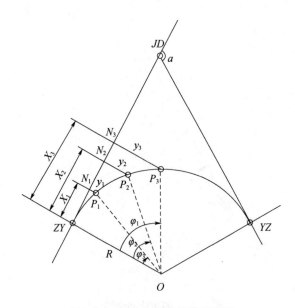

图 9-19　切线支距法测设圆曲线

（3）极坐标法

极坐标法详细测设圆曲线是利用极坐标法测设平面点的原理，在极点上安置仪器，后视极方向，测设极角得曲线点方向，在该方向上测设极距得曲线点。通常有仪器安置在曲线主点和曲线外任意点上两种方法。

① 仪器安置在 ZY 点或 YZ 点，后视 JD 点，测设偏角 Δ，得测站到曲线点方向，在该方向上测设弦长 C（测站到曲线点的水平距离），从而得到曲线点。

② 仪器安置在曲线外任意点，后视曲线主点或导线点。测设时首先要测算出测站的坐标，同时计算出各曲线点的切线坐标；然后将它们的坐标变换成某一坐标系下的坐标；最后，根据测站点、后视点和各曲线点换算后的坐标，计算出相应曲线点的水平角和水平距离。其测设法与用极坐标法测设点的平面位置方法相同。

（4）GPS-RTK 法

利用 GPS-RTK 技术测设圆曲线，首先将它们的切线坐标换算为测量坐标，或者在数字地形图上查询圆曲线主点和曲线点在测量坐标系下的坐标，并存储到 GPS 手簿中。测设时，先设置好基准站，然后利用移动站进行曲线点的测设，与测设其他位置点的方法是一样的。

本章思考题

1. 测设包括哪些基本工作？
2. 测设点的平面位置有哪些基本方法？各有什么特点？
3. 水平距离和水平角测设的一般方法和精密方法的步骤有哪些？各在什么情况下采用？
4. 全站仪或光电测距仪测设水平距离有哪些步骤？
5. 试简述倾斜视线法测设坡度线的流程。
6. 测设圆曲线的方法有哪些？

第 10 章 建筑工程施工测量

本章导读

　　本章主要介绍建筑场地施工控制测量、民用建筑施工测量、工业厂房施工测量、高层建筑施工测量、竣工总平面图的编绘等内容；其中各类建筑物放样数据的解算、各类建筑物施工测量的放样方法是学习的重点与难点；采取课堂讲授、实验操作与课下练习相结合的学习方法，建议 8～10 个学时。

10.1 施工测量概述

　　施工测量的目的是将图纸设计的建筑物、构建物的平面位置和高程，按照设计要求，以一定的精度测设到实地上，作为施工的依据，并在施工的过程中进行一系列的测量工作。施工测量的主要工作是测设点位，又称施工放样。

　　施工测量贯穿整个建筑物、构建物的施工过程中。从场地平整、建筑物定位、基础施工、室内外管线施工到建筑物、构建物的构件安装等，都需要进行施工测量。工业或大型民用建设项目竣工后，为便于管理、维修和扩建，还应编绘竣工总平面图。有些高层建筑物和特殊构筑物，在施工期间和建成后，还应进行变形测量，以便积累资料，掌握变形规律，为今后建筑物、构筑物的维护和使用提供资料。

10.1.1 施工测量的内容

　　1. 施工前建立与工程相适应的施工控制网。

　　2. 建（构）筑物的放样及构件与设备安装的测量工作。

　　3. 检查和验收工作。每道工序完成后，都要通过测量检查工程各部位的实际位置和高程是否符合要求，根据实测验收的记录，编绘竣工图和资料，作为验收时鉴定工程质量和工程交付后管理、维修、扩建、改建的依据。

　　4. 变形观测工作。随着施工的进展，测量建（构）筑物的位移和沉降，作为鉴定工程质量和验证工程设计、施工是否合理的依据。

10.1.2 施工测量的原则

　　1. 为了保证各个建（构）筑物的平面位置和高程都符合设计要求，施工测量也应遵循"从整体到局部，先控制后碎部（细部）"的原则。在施工现场先建立统一的平面控制网和高程控制网，然后根据控制点的点位，测设各个建（构）筑物的位置。

2. 施工测量的检核工作也很重要，因此，必须加强外业和内业的检核工作。

10.1.3　施工测量的特点

1. 施工测量是直接为工程施工服务的，因此它必须与施工组织计划相协调。测量人员必须了解设计的内容、性质及其对测量工作的精度要求，开工前要建立场地平面控制网和高程控制网。控制网点在整个施工期间能准确、牢固地保留至工程竣工，并能移交给建设单位继续使用。随时掌握工程进度及现场变动，使测设精度和速度满足施工的需要。

2. 施工测量的精度主要取决于建（构）筑物的大小、性质、用途、材料、施工方法等因素。一般高层建筑施工测量精度应高于低层建筑，装配式建筑施工测量精度应高于非装配式，钢结构建筑施工测量精度应高于钢筋混凝土结构建筑。往往局部精度高于整体定位精度。

3. 施工测量受施工干扰大。由于施工现场各工序交叉作业、材料堆放、运输频繁、场地变动及施工机械的振动，使测量标志易遭破坏，因此，测量标志从形式、选点到埋设均应考虑便于使用、保管和检查，如有破坏，应及时恢复。

4. 施工测量要与设计、监理等各方面密切配合，事先充分作好准备，制定切实可行的与施工同步的测量方案。测量人员要严格遵守施工放样的工作准则，每步都检验与校对。

10.1.4　施工测量精度的基本要求

施工测量的精度取决于建筑物或构筑物的大小、材料、用途和施工方法等因素。一般情况下，高层建筑物的测设精度应高于低层建筑物，钢结构厂房的测设精度高于钢筋混凝土结构厂房，装配式建筑物的测设精度高于非装配式建筑物。

另外，建筑物、构筑物施工期间和建成后的变形测量，关系到施工安全，建筑物、构筑物的质量和建成后的使用维护，所以，变形测量一般需要有较高的精度，并应及时提供变形数据，以便做出变形分析和预报。

10.1.5　准备工作

施工测量应建立健全测量组织、操作规程和检查制度。在施工测量之前，应先做好以下工作：

1. 仔细核对设计图纸，检查总尺寸和分尺寸是否一致，总平面图和大样详图尺寸是否一致，不符之处应及时向设计单位提出，进行修正。

2. 实地踏勘施工现场，根据实际情况编制测设详图，计算测设数据。

3. 检验和校正施工测量所用的仪器和工具。

10.2　建筑场地施工控制测量

10.2.1　施工控制测量概述

由于在勘测设计阶段所建立的控制网是为测图而建立的，有时并未考虑施工的需要，所以控制点的分布、密度和精度，都难以满足施工测量的要求。另外，在平整场地时，大多控制点被破坏。因此施工之前，在建筑场地应重新建立专门的施工控制网。

1. 施工控制网的分类

施工控制网分为平面控制网和高程控制网两种。

（1）施工平面控制网

施工平面控制网可以布设成 GPS 网、导线网、建筑方格网和建筑基线四种形式。

（2）施工高程控制网

施工高程控制网采用水准测量的方法建立，有时也会采用三角高程测量的方法。

2. 施工控制网的特点

与测图控制网相比，施工控制网具有控制范围小、控制点密度大、精度要求高及使用频繁等特点。

10.2.2　施工场地的平面控制测量

1. 施工坐标系的建立

施工坐标系亦称建筑坐标系，其坐标轴与主要建筑物主轴线平行或垂直，以便用直角坐标法进行建筑物的放样。

施工控制测量的建筑基线和建筑方格网一般采用施工坐标系，是一种独立坐标系，与测量坐标系往往不一致，因此，施工测量前常常需要进行施工坐标系与测量坐标系的坐标换算。

如图 10-1 所示，设 xOy 为测量坐标系，$AO'B$ 为施工坐标系，x_0、y_0 为施工坐标系的原点 O' 在测量坐标系中的坐标，α 为施工坐标系的纵轴 $O'A$ 在测量坐标系中的坐标方位角。

如已知施工坐标，则可得 P 点的测量坐标：

$$\begin{cases} x_P = x_0 + A_P\cos\alpha - B_P\sin\alpha \\ y_P = y_0 + A_P\sin\alpha + B_P\cos\alpha \end{cases} \tag{10-1}$$

若已知 P 的测量坐标，则参照式（10-1）可得 P 点的施工坐标：

$$\begin{cases} A_P = (x_P - x_0)\cos\alpha + (y_P - y_0)\sin\alpha \\ B_P = -(x_P - x_0)\sin\alpha + (y_P - y_0)\cos\alpha \end{cases} \tag{10-2}$$

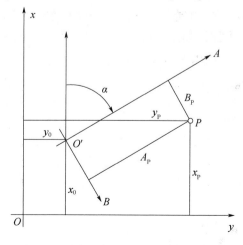

图 10-1　施工坐标系与测量坐标系的换算

2. 建筑基线

建筑基线是建筑场地的施工控制基准线，即在建筑场地布置一条或几条轴线。它适用于建筑设计总平面图布置比较简单的小型建筑场地。

（1）建筑基线的布设形式

建筑基线的布设形式，应根据建筑物的分布、施工场地地形等因素来确定。常用的布设形式有"一"字形、"L"形、"十"字形和"T"形，如图 10-2 所示。

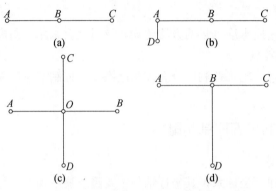

图 10-2　建筑基线的布设形式

（a）"一"字形；（b）"L"形；（c）"十"字形；（d）"T"形

（2）建筑基线的布设要求

① 建筑基线应尽可能靠近拟建的主要建筑物，并与其主要轴线平行，以便使用比较简单的直角坐标法进行建筑物的定位。

② 建筑基线上的基线点应不少于三个，以便相互检核。

③ 建筑基线应尽可能与施工场地的建筑红线相联系。

④ 基线点位应选在通视良好和不易被破坏的地方，为能长期保存，要埋设永久性的混凝土桩。

（3）建筑基线的测设方法

① 根据建筑红线测设建筑基线

由城市测绘部门测量的建筑用地界定基准线，称为建筑红线。在城市建设区，建筑红线可作为建筑基线测设的依据。如图 10-3 所示，AB、AC 为建筑红线，1、2、3 为建筑基线点，利用建筑红线测设建筑基线法如下：

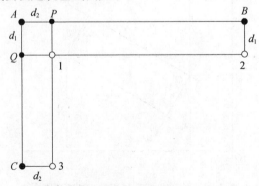

图 10-3　根据建筑红线测设建筑基线

首先，从 A 点沿 AB 方向量取 d_2 定出 P 点，沿 AC 方向量取 d_1 定出 Q 点。

然后，过 B 点作 AB 的垂线，沿垂线量取 d_1 定出 2 点，作出标志；过 C 点作 AC 的垂线，沿垂线量取 d_2 定出 3 点，作出标志；用细线拉出直线 $P3$ 和 $Q2$，两条直线的交点即为 1 点，作出标志。

最后，在 1 点安置经纬仪，精确观测 $\angle 213$，其与 $90°$ 的差值应不超过 $\pm 20''$。

② 根据附近已有控制点测设建筑基线

在新建筑区，可以利用建筑基线的设计坐标和附近已有控制点的坐标，用极坐标法测设建筑基线。如图 10-4 所示，A、B 为附近已有控制点，1、2、3 为选定的建筑基线点，测设方法如下。

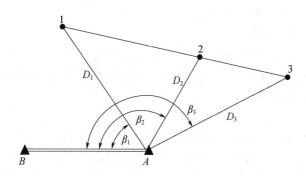

图 10-4　根据控制点测设建筑基线

首先，根据已知控制点和建筑基线点的坐标，由坐标反算计算出测设数据 β_1、D_1、β_2、D_2、β_3、D_3。然后，用极坐标法测设 1、2、3 点。

由于存在测量误差，测设的基线点往往不在同一直线上，且点与点之间的距离与设计值也不完全相符，因此，需要精确测出已测设直线的折角 β' 和距离 D'，并与设计值相比较。如图 10-5 所示。

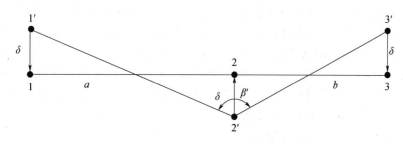

图 10-5　基线点的调整

如果 $\Delta\beta = \beta' - 180°$ 超过 $\pm 15''$，则应对点 $1'$、$2'$、$3'$ 在与基线垂直的方向上进行等量调整，调整量为：

$$\delta = \frac{ab}{a+b} \cdot \frac{\Delta\beta}{2\rho} \tag{10-3}$$

式中，δ 为各点的调整值（m）；a、b 分别为点 1 至点 2、点 2 至点 3 的长度（m）。

如果测设距离超限，如 $\dfrac{\Delta D}{D} = \dfrac{|D' - D|}{D} > \dfrac{1}{10000}$，则以 $2'$ 点为准，按设计长度沿基线方向调整 $1'$、$3'$ 点。

3. 建筑方格网

由正方形或矩形组成的施工平面控制网，称为建筑方格网，或称矩形网，如图 10-6 所示。建筑方格网适用于按矩形布置的建筑群或大型建筑场地。

（1）建筑方格网的布置和主轴线的选择

建筑方格网的布置，可根据建筑设计总平面图和现场地形拟定。一般先选定主轴线，再布置方格网。厂区面积较大时，可分两级：首级采用"十"字形、"口"字形、"田"字形，然后再加密。方格网的主轴线应布设在厂区中部，并与主要建筑物的基本轴线平行。如图 10-6 所示。

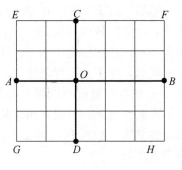

图 10-6　建筑方格网

（2）确定主点的施工坐标

如图 10-6 所示，主轴线上的定位点 A、O、B 以及 C、D 称为主点。主点的施工坐标一般由施工单位给出，也可在总平面图上图解一点的坐标后，推算其他主点的坐标。

（3）建筑方格网的测设

① 主轴线测设

主轴线测设与建筑基线测设方法相似。首先，准备测设数据；然后，测设两条相互垂直的主轴线 AOB 和 COD，如图 10-6 所示（主轴线实质上是由 5 个主点 A、B、O、C 和 D 组成）；最后，精确检测主轴线点的相对位置关系，并与设计值相比较，如果超限，则应进行调整。

② 方格点的测设

如图 10-6 所示，主轴线测设后，分别在主点 A、B 和 C、D 安置经纬仪，后视主点 O，向左右测设 90°水平角，即可交汇出"田"字形方格网点。随后再作检核，测量相邻两点间的距离，看是否与设计值相等，测量其角度是否为 90°，误差均应在容许范围内，并埋设永久性标志。

建筑方格网轴线与建筑物轴线平行或垂直，因此，可用直角坐标法进行建筑物的定位，直角坐标法计算简单，测设比较方便，而且精度较高。建筑方格网的缺点是必须按照总平面图布置，其点位容易被破坏，而且测设工作量也比较大。

在全站仪和 GPS 接收机已经十分普及的今天，建筑方格网由于其图形比较死板，点位不便于长期保存，已逐渐被淘汰。相比之下，导线网、GPS 控制网有很大的灵活性，在选点时，完全可以根据场地情况和需要设定点位。有了全站仪，在一定范围内只要视线通视，都能很容易地放样出各细部点。

4. 导线网和 GPS 网

首级控制网不一定要具有方格的形状，完全可以用导线网或 GPS 网等灵活的形式建立。这样首级网中点数不多，点位可以比较自由地选择在便于保存并便于使用的地点。随着施工的进展，用首级网逐步放样出主要建筑轴线，然后从主要建筑轴线出发建立所需精度的建筑矩形控制网或其他形式的控制网。

10.2.3　施工场地的高程控制测量

1. 施工场地高程控制网的建立

建筑施工场地的高程控制测量一般采用水准测量方法，应根据施工场地附近的国家或城市已知水准点，测量施工场地水准点的高程，以便纳入统一的高程系统。

在施工场地上，水准点的密度，应尽可能满足安置一次仪器即可测设出所需的高程。而测图时布设的水准点往往是不够的，因此，还需增设一些水准点。在一般情况下，建筑基线点、建筑方格网点以及导线点也可兼作高程点，只要在平面控制点桩面上中心旁边设置一个突出的半球状标志即可。

为了便于检核和提高测量精度，施工场地高程控制网应布设成闭合或附合路线。高程控制网可分为首级网和加密网，相应的水准点称为基本水准点和施工水准点。

2. 基本水准点

基本水准点应布设在土质坚实、不受施工影响、无震动和便于实测的地方，并埋设永久性标志。一般情况下，按四等水准测量的方法测量其高程，而对于为连续性生产车间或地下管道测设所建立的基本水准点，则需按三等水准测量的方法测量其高程。

3. 施工水准点

施工水准点是用来直接测设建筑物高程的。为了测设方便和减少误差，施工水准点应靠近建筑物。

此外，由于涉及建筑物常以底层室内地坪高±0.000标高为高程起算面，为了施工引测方便，常在建筑物内部或附近测设±0.000水准点。±0.000水准点的位置，一般选在稳定的建筑物墙、柱的侧面，用红油漆绘成顶为水平线的"▼"形，其顶端表示±0.000位置。

10.3　民用建筑施工测量

民用建筑是指住宅、办公楼、食堂、俱乐部、医院和学校等建筑物。民用建筑施工测量的主要任务是建筑物的定位和放线、基础工程施工测量、墙体工程施工测量及建筑物的轴线投测等。

10.3.1　施工测量前的准备工作

在施工测量之前，应先检校所使用的测量仪器设备。根据施工测量需要，还须做好以下准备工作。

1. 熟悉设计图纸

设计图纸是施工测量的主要依据，测量人员应了解工程全貌和对测量的要求，熟悉与放样有关的建筑总平面图、建筑施工图和结构施工图，并检查总的尺寸是否与各部分尺寸之和相符，总平面图的大样详图尺寸是否一致。

2. 校核定位平面控制点和水准点

对建筑场地上的平面控制点，使用前必须检查、校核点位是否正确，实地检测水准点高程。

3. 制定测设方案

考虑设计要求、控制点分布、现场和施工方案等因素选择测设方法，制定测设方案。

4. 准备测设数据

从总平面图上可以查取或计算设计建筑物与原有建筑区或控制点之间的平面尺寸和高

差，作为测设建筑物总体位置的依据。如图 10-7 所示。

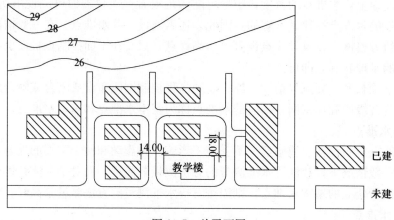

图 10-7　总平面图

从建筑平面图中可以查取建筑物的总尺寸，以及内部各定位轴线之间的关系尺寸，这是施工测设的基本资料。

从基础平面图上可以查取基础边线与定位轴线的平面尺寸，这是测设基础轴线的必要数据。

从基础详图中可以查取基础立面尺寸和设计标高，这是基础高程测设的依据。

从建筑物的立面图和剖面图中，可以查取基础、地坪、门窗、楼板、屋架和屋面等设计高程，这是高程测设的主要依据。

5. 绘制测设略图

根据设计总平面图和基础平面图绘制测设略图。如图 10-8 所示，图上要标定拟建建筑物的定位轴线间的尺寸和定位轴线控制桩。

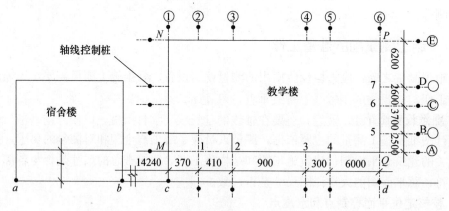

图 10-8　建筑物的定位和放线

10.3.2　民用建筑物的定位与放线

1. 建筑物的定位

一般建筑物的轴线是指墙基础或柱基础沿纵轴方向布置的中心线。我们把控制建筑物整体形状的纵横轴或起定位作用的轴线称为建筑物的主轴线，多指建筑物外墙轴线。外墙轴线的交点称为角桩，即图 10-8 中的 M、N、P、Q。所谓定位就是把建筑物的主轴线交点标定在地面上，并以此作为建筑物放线的依据。由于设计条件不同，定位方法也不同，可分为以下几种。

（1）根据已有建筑物测设拟建建筑物

① 如图 10-9 所示，用钢尺沿宿舍楼的东、西墙，延长出一小段距离 l 得 a、b 两点，作出标志。

② 在 a 点安置经纬仪，瞄准 b 点，并从 b 沿 ab 方向量取 14.240m（因为教学楼的外墙厚 370mm，轴线偏里，离外墙皮 240mm），定出 c 点，作出标志；再继续沿 ab 方向从 c 点起量取 25.800m，定出 d 点，作出标志，cd 线就是测设教学楼平面位置的建筑基线。

③ 分别在 c、d 两点安置经纬仪，瞄准 a 点，顺时针方向测设 90°，沿此视线方向量取距离 l+0.240m，定出 M、Q 两点，作出标志；再继续量取 15.000m，定出 N、P 两点，作出标志。M、N、P、Q 四点即为教学楼外廓定位轴线的交点。

④ 检查 NP 的距离是否等于 25.800m，∠N 和 ∠P 是否等于 90°。用钢尺检测各角桩之间距离时，其值与设计长度相对误差不应超过 1/2000；如房屋规模较大，则不应超过 1/5000；在四个交点上架设经纬仪，检测各个直角与 90°之差不应超过 ±40″，否则应进行调整。

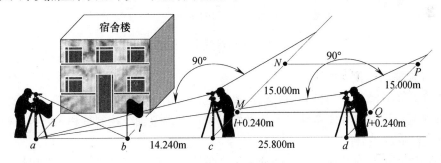

图 10-9 建筑物的定位

（2）根据建筑红线放样主轴线

在城镇建造房屋时，要按统一规划进行。建设用地边界或建筑物轴线位置由规划部门的拨地单位于现场直接测量。拨地单位直接测设的建筑用地边界点称为"建筑红线"桩，若建筑红线与建筑物的主轴线平行或垂直，可利用直角坐标法放样主轴线，并检核各纵横轴线间的关系及垂直性。然后，还要在轴线的延长线上加打引桩，以便开挖基槽后作为恢复轴线的依据。

（3）根据建筑方格网放样主轴线

通过施工控制测量建立了建筑方格网或建筑基线后，根据方格网和建筑物坐标，利用直角坐标法就可以定出建筑物的主轴线，最后检核各顶点边、角关系及对角线长。一般角度误差不超过 ±20″，边长误差根据放样精度要求来决定，一般不低于 1/5000。此方法测设的各轴线均设在基础中间，在挖基础时大多数要被挖掉。因此在建筑物定位时，要在建筑物边线外侧定一排控制桩。

（4）根据控制点放样主轴线

在山区或建筑场地障碍物较多的地方，一般采用布设导线点或 GPS 控制点作为放样的控制点。可根据现场情况，利用极坐标法或 GPS-RTK 直接放样法放样建筑物轴线。

2. 建筑物的放线

建筑物的放线，是指根据已定位的外墙轴线交点桩（角桩），详细测设出建筑物各轴线的交点桩（或称中心桩），然后，根据交点桩用白灰撒出基槽开挖边界线，放线方法如下。

（1）在外墙轴线周边上测设中心桩位置

如图 10-10 所示，在 M 点安置经纬仪，瞄准 Q 点，用钢尺沿 MQ 方向量出相邻两轴线间的距离，定出 1、2、3……各点，同理可定出 5、6、7 各点，量距精度应达到设计精度要求。量测各轴线之间距离时，钢尺零点要始终对在同一点上。

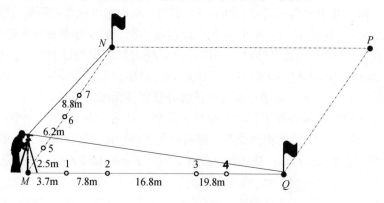

图 10-10　外墙轴线中心桩测设

（2）恢复轴线位置的方法

由于在开挖基槽时，角桩和中心桩都要被挖掉，为了便于在施工中恢复各轴线位置，应把各轴线延长到基槽外安全地点，并做好标识，有设置轴线控制桩和龙门板两种形式。

① 设置轴线控制桩

轴线控制桩设置在基槽外，基础轴线的延长线上，作为开槽后各施工阶段恢复轴线的依据，如图 10-11 所示。轴线控制桩一般设置在基槽外 2～4m 处，打下木桩，桩顶钉上小钉，准确标出轴线位置，并用混凝土包裹木桩，如图 10-12 所示。如附近有建筑物，亦可把轴线投测到建筑物上，用红漆作出标志，以代替轴线控制桩。

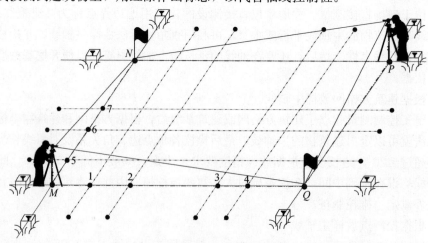

图 10-11　轴线控制桩测设

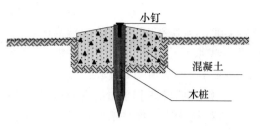

图 10-12　轴线控制桩

② 设置龙门板

在小型民用建筑施工中，常将各轴线引测到基槽外的水平木板上。水平木板称为龙门板，固定龙门板的木桩称为龙门桩，如图 10-13 所示。设置龙门板的步骤如下。

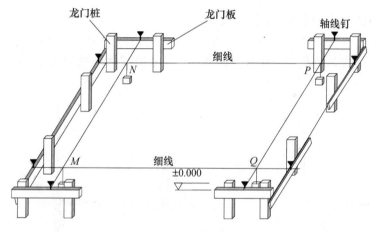

图 10-13　龙门板

在建筑物四角与隔墙两端，基槽开挖边界线以外 1.5～2m 处，设置龙门桩。龙门桩要钉得竖直、牢固，龙门桩的外侧面应与基槽平行。

根据施工场地的水准点，用水准仪在每个龙门桩外侧，测设出该建筑物室内地坪设计高程线（即±0.000 标高线），并作出标志。

沿龙门桩上±0.000 标高线钉设龙门板，这样龙门板顶面的高程就同在±0.000 的水平面上。然后，用水准仪校核龙门板的高程，如有差错应及时纠正，其容许误差为±5mm。

在 N 点安置经纬仪，瞄准 P 点，沿视线方向在龙门板上定出一点，用小钉作标志，纵转望远镜在 N 点的龙门板上也钉一个小钉。用同样的方法将各轴线引测到龙门板上，所钉小钉称为轴线钉。轴线钉定位误差应不超过±5mm。

最后，用钢尺沿龙门板的顶面检查轴线钉的间距，其误差不超过 1/2000。检查合格后，以轴线钉为准，将墙边线、基础边线、基础开挖边线等标定在龙门板上。

10.3.3　基础工程施工测量

1. 基槽抄平

建筑施工中的高程测设，又称抄平。

（1）设置水平桩

为了控制基槽的开挖深度，当快挖到槽底设计标高时，应用水准仪根据地面上±0.000m点，在槽壁上测设一些水平小木桩（称为水平桩），使木桩的上表面离槽底的设计标高为一固定值（如0.500m）。如图10-14所示。

为了施工时使用方便，一般在槽壁各拐角处、深度变化处和基槽壁上每隔3～4m测设一个水平桩。水平桩可作为挖槽深度、修平槽底和打基础垫层的依据。

（2）水平桩的测设方法

槽底设计标高为−1.700m，欲测设比槽底设计标高高0.500m的水平桩，测设方法如下。

① 在地面适当地方安置水准仪，在±0.000标高线位置上立水准尺，读取后视读数为1.318m。

② 计算测设水平桩的应读前视读数 b。

$$b=a-h=1.318\text{m}-（-1.700+0.500）\text{m}=2.518\text{m}$$

③ 在槽内一侧立水准尺，并上下移动，直至水准仪视线读数为2.518m时，沿水准尺尺底在槽壁打入一个小木桩。

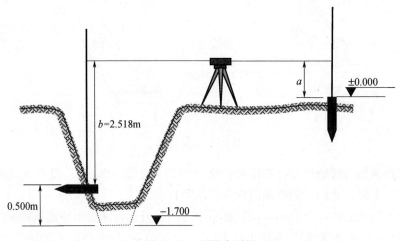

图10-14　测设水平桩

2. 垫层中线的投测

基础垫层打好后，根据轴线控制桩或龙门板上的轴线钉，用经纬仪或用拉绳挂垂球的方法，把轴线投测到垫层上，并用墨线弹出墙中心线和基础边线，作为砌筑基础的依据，如图10-15所示。

由于整个墙身砌筑均以此线为准，这是确定建筑物位置的关键环节，所以要严格校核后方可进行砌筑施工。

3. 基础墙标高的控制

房屋基础墙是指±0.000m以下的砖墙，它的高度是用基础皮数杆来控制的（图10-16）。

（1）基础皮数杆是一根木制的杆子，在杆上事先按照设计尺寸，将砖、灰缝厚度画出线条，并标明±0.000m和防潮层的标高位置。

（2）立皮数杆时，先在立杆处打一木桩，用水准仪在木桩侧面定出一条高于垫层某一

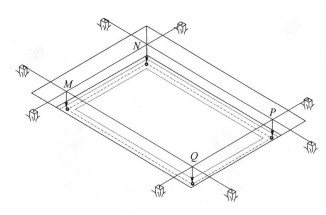

图 10-15 垫层中线的投测

1—轴线控制桩；2—细线；3—垫层；4—基础边线；5—墙中线；6—拉绳垂球

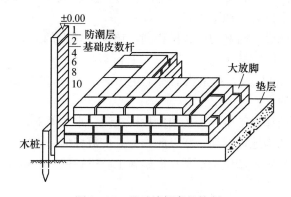

图 10-16 基础墙标高的控制

数值（如 100mm）的水平线，然后将皮数杆上标高相同的一条线与木桩上的水平线对齐，并用大铁钉把皮数杆与木桩钉在一起，作为基础墙的标高依据。

4. 基础面标高的检查

基础施工结束后，应检查基础面的标高是否符合设计要求（也可检查防潮层）。可用水准仪测出基础面上若干点的高程和设计高程比较，允许误差为±10mm。

10.3.4 墙体施工测量

1. 墙体定位

（1）利用轴线控制桩或龙门板上的轴线和墙边线标志，用经纬仪或拉细绳挂垂球的方法将轴线投测到基础面上或防潮层上。

（2）用墨线弹出墙中线和墙边线。

（3）把墙轴线延伸并画在外墙基础上，作为向上投测轴线的依据。如图 10-17 所示。

（4）检查外墙轴线交角是否等于 90°。

（5）把门、窗和其他洞口的边线，也在外墙基础上标定出来。

2. 墙体各部位标高控制

在墙体施工中，墙身各部位标高通常也用皮数杆控制。

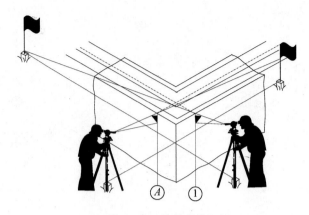

图 10-17　墙体定位

　　(1) 在墙身皮数杆上，根据设计尺寸，按砖、灰缝的厚度画出线条，并标明±0.000m、门、窗、楼板等的标高位置。如图 10-18 所示。

　　(2) 墙身皮数杆的设立与基础皮数杆相同，使皮数杆上的±0.000m 标高与房屋的室内地坪标高相吻合。在墙的转角处，每隔 10～15m 设置一根皮数杆。

　　(3) 在墙身砌起 1m 以后，在室内墙身上定出+0.500m 的标高线，作为该层地面施工和室内装修用基准线。

　　(4) 第二层以上墙体施工中，为了使皮数杆在同一水平面上，要用水准仪测出楼板四角的标高，取平均值作为地坪标高，并以此作为立皮数杆的标志。

　　框架结构的民用建筑，墙体砌筑是在框架施工后进行的，故可在柱面上画线，代替皮数杆。

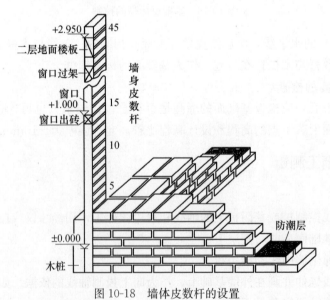

图 10-18　墙体皮数杆的设置

10.3.5　建筑物的轴线投测

　　在多层建筑墙身砌筑过程中，为了保证建筑物轴线位置正确，可用吊垂球或经纬仪将轴线投测到各层楼板边缘或柱顶上。

1. 吊垂球法

将较重的垂球悬吊在楼板或柱顶边缘，当垂球尖对准基础墙面上的轴线标志时，线在楼板或柱顶边缘的位置即为楼层轴线端点位置，并画出标志线。各轴线的端点投测完后，用钢尺检核各轴线的间距，符合要求后，继续施工，并把轴线逐层自下向上传递，如图10-19所示。

吊垂球法简便易行，不受施工场地限制，一般能保证施工质量。但当有风或建筑物较高时，投测误差较大，应采用经纬仪投测法。

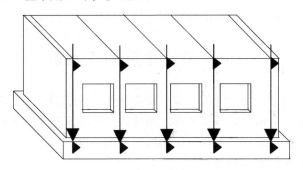

图 10-19　吊垂球法

2. 经纬仪投测法

在轴线控制桩上安置经纬仪，严格整平后，瞄准基础墙面上的轴线标志，用盘左、盘右分中投点法，将轴线投测到楼层边缘或柱顶上。如图10-20所示。将所有端点投测到楼板上之后，用钢尺检核其间距，相对误差不得大于 1/2000。检查合格后，才能在楼板分间弹线，继续施工。

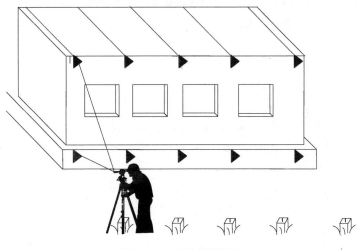

图 10-20　经纬仪投测法

10.3.6　建筑物的高程传递

在多层建筑施工中，要由下层向上层传递高程，以便楼板、门窗口等的标高符合设计要求，高程传递的方法有以下几种。

1. 利用皮数杆传递高程

一般建筑物可用墙体皮数杆传递高程。

2. 利用钢尺直接丈量

对于高程传递精度要求较高的建筑物，通常用钢尺直接丈量来传递高程。对于二层以上的各层，每砌高一层，就从楼梯间用钢尺从下层的"＋0.500m"标高线，向上量出层高，测出上一层的"＋0.500m"标高线。这样用钢尺逐层向上引测。

3. 吊钢尺法

用悬挂钢尺代替水准尺，用水准仪读数，从下向上传递高程。

10.4 工业建筑施工测量

工业建筑中以厂房为主体，一般工业厂房多采用预制构件，在现场装配的方法施工。厂房的预制构件有柱子、吊车梁和屋架等。因此，工业建筑施工测量的工作主要是保证这些预制构件安装到位。具体任务为：厂房矩形控制网测设、厂房柱列轴线放样、杯形基础施工测量及厂房预制构件安装测量等。

10.4.1 厂房矩形控制网测设

工业厂房一般都应建立厂房矩形控制网，作为厂房施工测设的依据。下面介绍根据建筑方格网，采用直角坐标法测设厂房矩形控制网的方法。

如图 10-21 所示，H、I、J、K 四点是厂房的房角点，从设计图中已知 H、J 两点的坐标。S、P、Q、R 为布置在基础开挖边线以外的厂房矩形控制网的四个角点，称为厂房控制桩。厂房矩形控制网的边线到厂房轴线的距离为 4m，厂房控制桩 S、P、Q、R 的坐标，可按厂房角点的设计坐标，加减 4m 算得，测设方法如下。

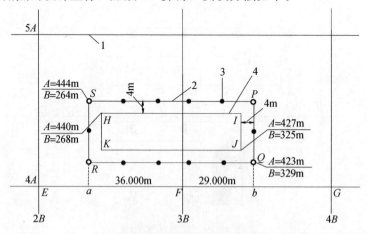

图 10-21　厂房矩形控制网的测设

1—建筑方格网；2—厂房矩形控制网；3—距离指标桩；4—厂房轴线

1. 计算测设数据

根据厂房控制桩 S、P、Q、R 的坐标，计算利用直角坐标法进行测设时，所需测设数据。

2. 厂房控制点的测设

（1）从 F 点起沿 FE 方向量取 36m，定出 a 点；沿 FG 方向量取 29m，定出 b 点。

（2）在 a 与 b 上安置经纬仪，分别瞄准 E 与 F 点，顺时针方向测设 90°，得两条视线方向，沿视线方向量取 23m，定出 R、Q 点。再向前量取 21m，定出 S、P 点。

（3）为了便于进行细部测设，在测设厂房矩形控制网的同时，还应沿控制网测设距离指标桩，距离指标桩的间距一般等于柱子间距的整倍数。

3. 检查

（1）检查 $\angle S$、$\angle P$ 是否等于 90°，其误差不得超过 ±10″。

（2）检查 SP 是否等于设计长度，其误差不得超过 1/10000。

以上这种方法适用于中小型厂房的测设。对于大型或设备复杂的厂房，应先测设厂房控制网的主轴线，再根据主轴线测设厂房矩形控制网。

10.4.2　厂房柱列轴线与柱基施工测量

1. 厂房柱列轴线测设

根据厂房平面图上所注的柱间距和跨距尺寸，用钢尺沿矩形控制网各边量出各柱列轴线控制桩的位置，如图 10-22 中的 1′、2′ 等，并打入大木桩，桩顶用小钉标出点位，作为柱基测设和施工安装的依据。丈量时应以相邻的两个距离指标桩为起点分别进行，以便检核。

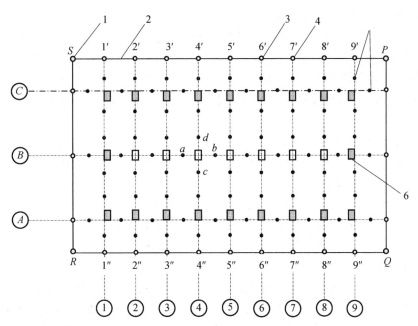

图 10-22　厂房矩形控制网的测设

1—厂房控制桩；2—厂房矩形控制网；3—柱列轴线控制桩；4—距离指标桩；5—定位小木桩；6—柱基础

2. 柱基定位和放线

（1）安置两台经纬仪，在两条互相垂直的柱列轴线控制桩上，沿轴线方向交汇出各柱基的位置（即柱列轴线的交点），此项工作称为柱基定位。

（2）在柱基的四周轴线上，打入四个定位小木桩 *a*、*b*、*c*、*d*，其桩位应在基础开挖边线以外，比基础深度大 1.5 倍的地方，作为修坑和立模的依据。

（3）按照基础详图所注尺寸和基坑放坡宽度，用特制角尺，放出基坑开挖边界线，并撒出白灰线以便开挖，此项工作称为基础放线。

（4）在进行柱基测设时，应注意柱列轴线不一定都是柱基的中心线，而一般立模、吊装等习惯用中心线，此时，应将柱列轴线平移，定出柱基中心线。

3. 柱基施工测量

（1）基坑开挖深度的控制

当基坑挖到一定深度时，应在基坑四壁，离基坑底设计标高 0.5m 处，测设水平桩，作为检查基坑底标高和控制垫层的依据。

（2）杯形基础立模测量

① 基础垫层打好后，根据基坑周边定位小木桩，用拉线吊垂球的方法，把柱基定位线投测到垫层上，弹出墨线，用红漆画出标记，作为柱基立模板和布置基础钢筋的依据。

② 立模时，将模板底线对准垫层上的定位线，并用垂球检查模板是否垂直。

③ 将柱基顶面设计标高测设在模板内壁，作为浇灌混凝土的高度依据。

10.4.3　厂房预制构件安装测量

1. 柱子安装测量

（1）柱子安装应满足的基本要求

柱子中心线应与相应的柱列轴线一致，其允许偏差为±5mm。牛腿顶面和柱顶面的实际标高应与设计标高一致，其允许误差为±（5～8mm），柱高大于 5m 时允许误差为±8mm。柱身垂直允许误差为：当柱高≤5m 时，允许误差为±5mm；当柱高为 5～10m 时，允许误差为±10mm；当柱高超过 10m 时，则允许误差为柱高的 1/1000，但不得大于 20mm。

（2）柱子安装前的准备工作

① 在柱基顶面投测柱列轴线

柱基拆模后，用经纬仪根据柱列轴线控制桩，将柱列轴线投测到杯口顶面上，如图 10-23 所示，并弹出墨线，用红漆画出"▶"标志，作为安装柱子时确定轴线的依据。如果柱列轴线不通过柱子的中心线，应在杯形基础顶面上加弹柱中心线。

用水准仪，在杯口内壁，测设一条一般为−0.600m 的标高线（一般杯口顶面的标高为−0.500m），并画出"▼"标志，作为杯底找平的依据。

② 柱身弹线

柱子安装前，应将每根柱子按轴线位置进行编号。如图 10-24 所示，在每根柱子的三个侧面弹出柱中心线，并在每条线的上端和下端近杯口处画出"▶"标志。根据牛腿面的设计标高，从牛腿面向下用钢尺量出−0.600m 的标高线，并画出"▼"标志。

③ 杯底找平

先量出柱子的−0.600m 标高线至柱底面的长度，再在相应的柱基杯口内，量出−0.600m 标高线至杯底的高度，并进行比较，以确定杯底找平厚度。最后用水泥沙浆根据找平厚度，在杯底进行找平，使牛腿面符合设计高程。

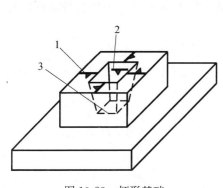

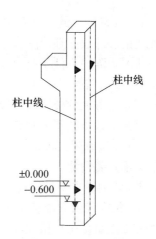

图 10-23 杯形基础

图 10-24 柱身弹线

1—柱中心线；2—60cm 标高线；3—杯底

（3）柱子的安装测量

柱子安装测量的目的是保证柱子平面和高程符合设计要求，柱身铅直。

① 预制的钢筋混凝土柱子插入杯口后，应使柱子三面的中心线与杯口中心线对齐，如图 10-25（a）所示，用木楔或钢楔临时固定。

② 柱子立稳后，立即用水准仪检测柱身上的 ±0.000m 标高线，其允许误差为 ±3mm。

③ 用两台经纬仪，分别安置在柱基纵横轴线上，离柱子的距离不小于柱高的 1.5 倍，先用望远镜瞄准柱底的中心线标志，固定照准部后，再缓慢抬高望远镜观察柱子偏离十字丝竖丝的方向，指挥用钢丝绳拉直柱子，直至从两台经纬仪中观测到的柱子中心线都与十字丝竖丝重合为止。

④ 在杯口与柱子的缝隙中浇入混凝土，以固定柱子的位置。

⑤ 在实际安装时，一般是一次把许多柱子都竖起来，然后进行垂直校正。这时，可把两台经纬仪分别安置在纵横轴线的一侧，一次可校正几根柱子，如图 10-25（b）所示，但仪器偏离轴线的角度，应在 $15°$ 以内。

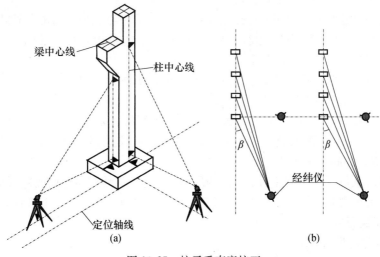

图 10-25 柱子垂直度校正

（4）柱子安装测量的注意事项

① 使用的经纬仪必须严格校正，操作时，应使照准部水准管气泡严格居中。

② 校正时，除注意柱子垂直外，还应随时检查柱子中心线是否对准杯口柱列轴线标志，以防柱子安装就位后，产生水平位移。

③ 在校正变截面的柱子时，经纬仪必须安置在柱列轴线上，以免产生差错。

④ 在日照下校正柱子的垂直度时，应考虑日照使柱顶向阴面弯曲的影响，为避免此种影响，宜在早晨或阴天校正。

2. 吊车梁安装测量

吊车梁安装测量主要是保证吊车梁中线位置和吊车梁的标高满足设计要求。

（1）吊车梁安装前的准备工作

① 在柱面上量出吊车梁顶面标高

根据柱子上的±0.000m 标高线，用钢尺沿柱面向上量出吊车梁顶面设计标高线，作为调整吊车梁面标高的依据。

② 在吊车梁上弹出梁的中心线

在吊车梁的顶面和两端面上，用墨线弹出梁的中心线，作为安装定位的依据。如图10-26 所示。

③ 在牛腿面上弹出梁的中心线

根据厂房中心线，在牛腿面上投测出吊车梁的中心线，投测方法如下：

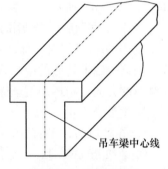

利用厂房中心线 A_1A_1，根据设计轨道间距，在地面上测设出吊车梁中心线（也是吊车轨道中心线）$A'A'$ 和 $B'B'$。在吊车梁中心线的一个端点 A'（或 B'）上安置经纬仪，瞄准另一个端点 A'（或 B'），固定照准部，抬高望远镜，即可将吊车梁中心线投测到每根柱子的牛腿面上，并用墨线弹出梁的中心线，如图 10-27（a）所示。

图 10-26　在吊车梁上弹出梁的中心线

（2）吊车梁的安装测量

安装时，使吊车梁两端的梁中心线与牛腿面梁中心线重合，使吊车梁初步定位。采用平行线法，对吊车梁的中心线进行检测，校正方法如下：

① 在地面上，从吊车梁中心线，向厂房中心线方向量出长度 a（1m），得到平行线 $A''A''$ 和 $B''B''$，如图 10-27（b）所示。

② 在平行线一端点 A''（或 B''）上安置经纬仪，瞄准另一端点 A''（或 B''），固定照准部，抬高望远镜进行测量。

③ 此时，另外一人在梁上移动横放的木尺，当视线正对准尺上 1m 刻划线时，尺的零点应与梁面上的中心线重合。如不重合，可用撬杠移动吊车梁，使吊车梁中心线到 $A''A''$（或 $B''B''$）的间距等于 1m。

吊车梁安装就位后，先按柱面上定出的吊车梁设计标高线对吊车梁面进行调整，然后将水准仪安置在吊车梁上，每隔 3m 测一点高程，并与设计高程比较，误差应在 3mm 以内。

3. 屋架安装测量

（1）屋架安装前的准备工作

屋架吊装前，用经纬仪或其他方法在柱顶面上测设出屋架定位轴线。在屋架两端弹出

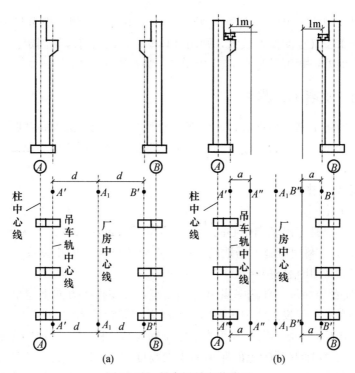

图 10-27　吊车梁的安装测量

屋架中心线，以便进行定位。

（2）屋架的安装测量

屋架吊装就位时，应使屋架的中心线与柱顶面上的定位轴线对准，允许误差为 5mm。屋架的垂直度可用垂球或经纬仪进行检查。用经纬仪检校方法（图 10-28）如下：

① 在屋架上安装三把卡尺，一把卡尺安装在屋架上弦中点附近，另外两把分别安装在屋架的两端。自屋架几何中心沿卡尺向外量出一定距离，一般为 500 mm，作出标志。

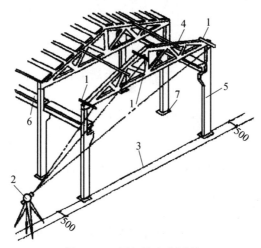

图 10-28　屋架的安装测量

1—卡尺；2—经纬仪；3—定位轴线；4—屋架；5—柱；6—吊车梁；7—柱基

② 在地面上，距屋架中线同样距离处，安置经纬仪，观测三把卡尺的标志是否在同一竖直面内，如果屋架竖向偏差较大，则用机具校正，最后将屋架固定。

垂直度允许偏差：薄腹梁为 5mm；桁架为屋架高的 1/250。

10.4.4 烟囱、水塔施工测量

烟囱和水塔的施工测量相近似，现以烟囱为例加以说明。烟囱是截圆锥形的高耸构筑物，其特点是基础小，主体高。施工测量工作主要是严格控制其中心位置，保证烟囱主体竖直。

1. 烟囱的定位、放线

（1）烟囱的定位

烟囱的定位主要是定出基础中心的位置。定位方法如下：

① 按设计要求，利用与施工场地已有控制点或建筑物的尺寸关系，在地面上测设出烟囱的中心位置 O（即中心桩）。

② 在 O 点安置经纬仪，任选一点 A 作后视点，并在视线方向上定出 a 点，倒转望远镜，通过盘左、盘右分中投点法定出 b 和 B；然后，顺时针测设 90°，定出 d 和 D，倒转望远镜，定出 c 和 C，得到两条互相垂直的定位轴线 AB 和 CD，如图 10-29 所示。

③ A、B、C、D 四点至 O 点的距离为烟囱高度的 1~1.5 倍。a、b、c、d 是施工定位桩，用于修坡和确定基础中心，应设置在尽量靠近烟囱而不影响桩位稳固的地方。

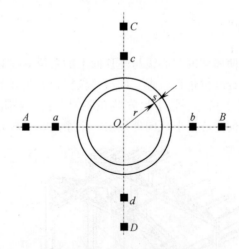

图 10-29 烟囱的定位、放线

（2）烟囱的放线

以 O 点为圆心，以烟囱底部半径 r 加上基坑放坡宽度 s 为半径，在地面上用皮尺画圆，并撒出灰线，作为基础开挖的边线。

2. 烟囱的基础施工测量

（1）当基坑开挖接近设计标高时，在基坑内壁测设水平桩，作为检查基坑底标高和打垫层的依据。

（2）坑底夯实后，从定位桩拉两根细线，用垂球把烟囱中心投测到坑底，钉上木桩，作为垫层的中心控制点。

（3）浇灌混凝土基础时，应在基础中心埋设钢筋作为标志，根据定位轴线，用经纬仪把烟囱中心投测到标志上，并刻上"＋"字，作为施工过程中，控制筒身中心位置的依据。

3. 烟囱筒身施工测量

（1）引测烟囱中心线

在烟囱施工中，应随时将中心点引测到施工的作业面上。

① 在烟囱施工中，一般每砌一步架或每升模板一次，就应引测一次中心线，以检核该施工作业面的中心与基础中心是否在同一铅垂线上。引测方法如下：

在施工作业面上固定一根枋子，在枋子中心处悬挂 $8 \sim 12 kg$ 的垂球，逐渐移动枋子，直到垂球对准基础中心为止。此时，枋子中心就是该作业面的中心位置。

② 另外，烟囱每砌筑完 10m，必须用经纬仪引测一次中心线。引测方法如下：

分别在控制桩 A、B、C、D 上安置经纬仪，瞄准相应的控制点 a、b、c、d，将轴线点投测到作业面上，并作出标记。然后，按标记拉两条细绳，其交点即为烟囱的中心位置，并与垂球引测的中心位置比较，以作校核。烟囱的中心偏差一般不应超过砌筑高度的 $1/1000$。

③ 对于高大的钢筋混凝土烟囱，烟囱模板每滑升一次，就应采用激光垂准仪进行一次烟囱铅直定位。定位方法如下：

在烟囱底部的中心标志上，安置激光垂准仪，在作业面中央安置接收靶。在接收靶上，显示的激光光斑中心，即为烟囱的中心位置。

④ 在检查中心线的同时，以引测的中心位置为圆心，以施工作业面上烟囱的设计半径为半径，用木尺画圆，以检查烟囱壁的位置。如图 10-30 所示。

（2）烟囱外筒壁收坡控制

烟囱筒壁的收坡，是用靠尺板来控制的。靠尺板的形状和靠尺板两侧的斜边应严格按设计的筒壁斜度制作。使用时，把斜边贴靠在筒体外壁上，若垂球线恰好通过下端缺口，说明筒壁的收坡符合设计要求。如图 10-31 所示。

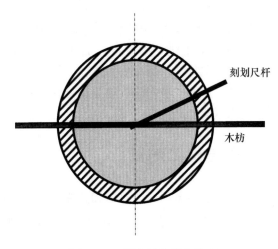

图 10-30 烟囱壁位置的检查

图 10-31 坡度靠尺板

（3）烟囱筒体标高的控制

一般是先用水准仪，在烟囱底部的外壁上，测设出＋0.500m（或任一整分米数）的标高线。以此标高线为准，用钢尺直接向上量取高度。

10.4.5 吊车轨道安装测量

这项工作的目的是保证轨道中心线和轨顶标高符合设计要求。在吊车梁上测设轨道中心线的具体步骤如下：

（1）用平行线法测定轨道中心线

吊车梁在牛腿上安放好后，第一次投在牛腿上的中心线已被吊车梁所掩盖，所以在梁面上再次投测轨道中心线，以便安装吊车轨道。

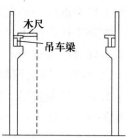

具体做法是：先在地面上沿垂直于柱中心线的方向 AB 和 $A'B'$ 各量一段距离 AE 和 $A'E'$。令 $AE=A'E'=l+1$（l 为柱列中心线到吊车轨道中心线的距离）。EE' 为与吊车轨道中心线相距 1m 的平行线（图 10-32）。然后将经纬仪安置在 E 点，瞄准 E'，抬高望远镜向上投点。这时一人在吊车梁上横放一支 1m 长的木尺，假使木尺一端在视线上，则另一端即为轨道中心线位置，并在梁面上画线表明。同法定出轨道中心其他各点。至于吊车轨道另一条中心线位置，可采用同样方法测设；也可以按照轨道中心线间的间距，根据已定好的一条轨道中心线，用悬空量距的方法定出来。

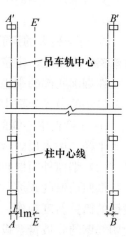

（2）根据吊车梁两端投测的中线点测定轨道中心线

根据地面上柱子中心线控制点或厂房控制网点，测出吊车梁（吊车轨道）中心线点。然后根据此点用经纬仪在厂房两端的吊车梁面上各投一点，两条吊车梁共投四点。投点允许偏差为 ±2mm。再用钢尺丈量两端所投中线点的跨距是否符合设计要求，如超过 ±5mm，则以实量长度为准予以调整。将仪器安

图 10-32　吊车轨道
中心线的测设

置于吊车梁一端中线点上，照准另一端点，在梁面上进行中线投点加密，每隔 18～24m 加密一点。如梁面狭窄，不能安置三脚架，应采用特殊仪器架安置仪器。

轨道中心线最好于屋面安装后测设，否则当屋面安装完毕后应重新检查中心线。在测设吊车梁中心线时，应将其方向引测在墙上或屋架上。

10.5　高层建筑施工测量

随着现代化城市发展，高层和高耸建筑物日益增多。所谓高层和高耸建筑物一般指比较高大的建筑物，如高层建筑物、烟囱、电视塔等。其特点在于：高度大，受场地限制，不便于通常施工方法进行中心控制。

高层建筑物施工测量中的主要问题是控制垂直度，就是将建筑物的基础轴线准确地向高层引测，并保证各层相应轴线位于同一竖直面内，控制竖向偏差，使轴线向上投测的偏

差值不超限。

轴线向上投测时，要求竖向误差在本层内不超过5mm，全楼累计误差值不应超过$2H/10000$（H为建筑物总高度）。住房和城乡建设部2011年10月1日开始实施的《高层建筑混凝土结构技术规程》（JGJ3—2010）中对高层竖向轴线传递的允许偏差均作了规定，见表10-1。

表 10-1 高层竖向轴线传递和高程传递的允许偏差规定

H	每层	$H{\leqslant}30m$	$30m{<}H{\leqslant}60m$	$60m{<}H{\leqslant}90m$	$90m{<}H{\leqslant}120m$	$120m{<}H{\leqslant}150m$	$H{>}150m$
允许偏差	3mm	5mm	10mm	15mm	20mm	25mm	30mm

为保证高层建筑垂直度、几何形状和截面尺寸达到设计要求，必须根据工程实际情况建立较高精度的施工测量控制网。高层建筑物轴线的竖向投测，主要有外控法和内控法两种。

10.5.1 外控法

外控法是在建筑物外部，利用经纬仪，根据建筑物轴线控制桩来进行轴线的竖向投测，也称作"经纬仪引桩投测法"。

1. 在建筑物底部投测中心轴线位置

高层建筑的基础工程完工后，将经纬仪安置在轴线控制桩A_1、A_1'、B_1和B_1'上，把建筑物主轴线精确地投测到建筑物的底部，并设立标志，如图10-33中的a_1、a_1'、b_1和b_1'，以供下一步施工与向上投测之用。

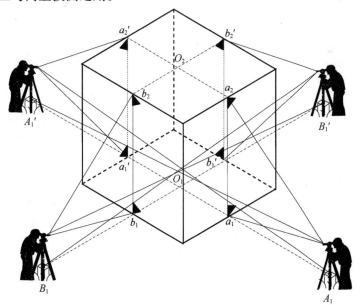

图 10-33 经纬仪投测中心轴线

2. 向上投测中心线

随着建筑物不断升高，要逐层将轴线向上传递。将经纬仪安置在中心轴线控制桩A_1、A_1'、B_1和B_1'上，严格整平仪器，用望远镜瞄准建筑物底部已标出的轴线a_1、a_1'、b_1和b_1'

点。用盘左和盘右分别向上投测到每层楼板上，并取其中点作为该层中心轴线的投影点，如图 10-33 中的 a_2、a_2'、b_2 和 b_2'。

3. 增设轴线引桩

当楼房逐渐增高，而轴线控制桩距建筑物又较近时，望远镜的仰角较大，操作不便，投测精度也会降低。为此，要将原中心轴线控制桩引测到更远的安全地方，或者附近大楼的屋面，具体做法如下。

将经纬仪安置在已经投测上去的较高层（如第十层）楼面轴线 a_{10}、a_{10}' 上。如图 10-34 所示，瞄准地面上原有的轴线控制桩 A_1 和 A_1' 点，用盘左、盘右分中投点法，将轴线延长到远处 A_2 和 A_2' 点，并用标志固定其位置，A_2、A_2' 即为新投测的 A_1、A_1' 轴控制桩。

更高各层的中心轴线，可将经纬仪安置在新的引桩上，按上述方法继续进行投测。

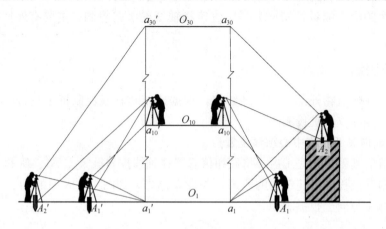

图 10-34　经纬仪引桩投测

10.5.2　内控法

内控法是在建筑物内±0.000 平面设置轴线控制点，并预埋标志。在各层楼板相应位置上预留 200mm×200 mm 的传递孔。根据工程自身的形状和结构，确定最佳的控制线（图 10-53），然后在控制线上选择最合理的控制点位置。控制点位一定要避开钢筋混凝土构件和其他影响通视的不利因素。确保点位之间有良好的通视条件。另外，还要确保点位的垂直上方能够投影在楼板上。

在轴线控制点上直接采用吊线坠法或激光垂准仪法，通过预留孔将其点位垂直投测到任一楼层。

1. 内控法轴线控制点的设置

基础施工完毕后，在±0.000 首层平面上适当位置设置与轴线平行的辅助轴线。辅助轴线距轴线 500~800mm 为宜，并在辅助轴线交点或端点处埋设标志。如图 10-35 所示。

2. 吊线坠法

吊线坠法是利用钢丝悬挂重垂球的方法，进行轴线竖向投测。这种方法一般用于高度在 50~100m 的高层建筑施工中，垂球的重量约为 10~20kg，钢丝的直径约为 0.5~0.8mm，投测方法如下。

在预留孔上面安置十字架，挂上垂球，对准首层预埋标志。当垂球线静止时，固定十字架，并在预留孔四周作出标记，作为以后恢复轴线及放样的依据。此时，十字架中心即为轴线控制点在该楼面上的投测点。如图 10-36 所示。

　　用吊线坠法实测时，要采取一些必要措施，如用铅直的塑料管套着坠线或将垂球沉浸于油中，以减少摆动。

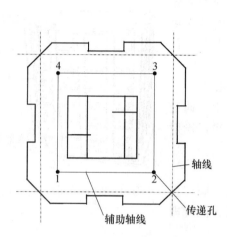

图 10-35　内控法轴线控制点的设置

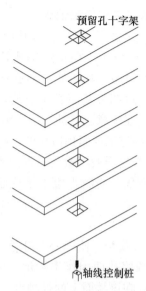

图 10-36　吊线坠法投测轴线

3. 激光垂准仪法

（1）激光垂准仪

激光垂准仪是一种测设铅垂线的专用仪器。适用于高层建筑物、烟囱及高塔架等建筑物的铅直定位测量。如图 10-37 为南方测绘公司的 ML401 型激光垂准仪，它是在光学垂准系统的基础上添加两套半导体激光器，可以分别给出与望远镜视准轴同心、同焦、同轴的上下两束激光铅垂线。当望远镜照准目标时，在目标处就会出现一个红色小激光亮斑，可通过目镜观察到；另一个激光器通过下对点系统发射激光束，利用激光束对准地面点位（对中），快速、直观、准确。

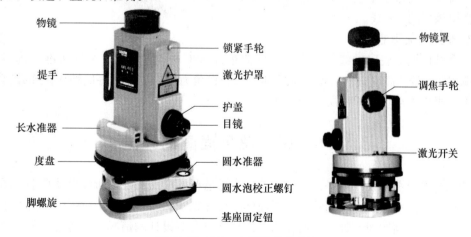

图 10-37　ML401 型激光垂准仪

南方测绘公司的 ML401 型激光垂准仪是利用圆水准器和管水准器整平仪器的，激光的有效射程白天为 150m，夜间 500m，100m 处的光斑直径不大于 5mm，其向上投测一测回垂直测量标准偏差 1/45000，仪器使用 2 节 5 号碱性电池供电。详细内容参考使用说明书。

（2）激光垂准仪投测轴线

① 用激光垂准仪进行高层轴线投测，精度高，受天气的影响较小。

如图 10-38 所示，在首层轴线控制点上安置激光垂准仪，打开电源，利用激光器底端所发射的激光束进行对中，通过调节基座整平螺旋，使管水准器（长水准器）气泡在任意位置都严格居中。

② 在上层施工楼面预留孔处，放置接受靶。

③ 按下激光开关，激光器发射铅直激光束，通过发射望远镜调焦，使激光束汇聚成红色小光斑，投射到接受靶上。

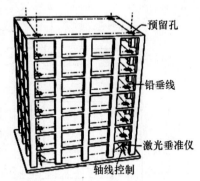

④ 移动接受靶，使靶心与红色光斑重合，固定接受靶，并在预留孔四周作出标记，此时，靶心位置即为轴线控制点在该楼面上的投测点。

图 10-38　激光垂准仪投测轴线

为了提高精度，一般采取对径观测的方法，然后取两次投测点位的中点作为最后的点位。所谓对径观测的方法就是指在某个方向投测点位之后，旋转 180°，再次投测。也可以采用多测回的办法提高精度。

10.5.3　高程传递

高层建筑的高程传递通常可采用悬挂钢尺法和全站仪天顶测距法两种。

1. 悬挂钢尺法

将钢尺零端朝下悬挂于大楼侧面，用水准仪架设在底层，后视底层 1m 线，前视钢尺；然后水准仪搬至楼上某层，后视钢尺，前视水准尺，根据该层的设计标高就可以计算和放样出该层的 1m 线。

2. 全站仪天顶测距法

将全站仪架于底层轴线控制点上，使望远镜水平（竖直角为 0°）向水准尺读得仪器相对地层 1m 线的高度，然后使望远镜朝上（竖直角为 90°），通过各层轴线传递孔直接向上测距，再用水准仪放样该层的 1m 线。

10.6　竣工总平面图的编绘

竣工总平面图是设计总平面图在施工后实际情况的全面反映，所以设计总平面图不能完全代替竣工总平面图。编绘竣工总平面的图目的在于：（1）在施工过程中可能由于设计时没有考虑到的问题而使设计有所变更，这种临时变更设计的情况必须通过测量反映到竣工总平面图上；（2）便于日后进行各种设施的维修工作，特别是地下管道等隐蔽工程的检查和维修工作；（3）为企业的扩建提供了原有各种建筑物、构筑物、地上和地下各种管线及交通线路的坐标、高程等资料。

新建的企业竣工总平面图的编绘，最好是随着工程的陆续竣工相继进行编绘。一面竣工，一面利用竣工测量成果编绘竣工总平面图。如发现地下管线的位置有问题，可及时到现场查对，使竣工图能真实反映实际情况。边竣工边编绘的优点是：当企业全部竣工时，竣工总平面图也大部分编制完成；即可作为交工验收的资料，又可大大减少实测工作量，从而节约了人力和物力。

竣工总平面图的编绘，包括室外实测和室内资料编绘两方面的内容。

10.6.1 竣工测量

在每一个单项工程完成后，必须由施工单位进行竣工测量。提交工程的竣工测量成果。其内容包括以下方面：

1. 工业厂房及一般建筑物

包括房角坐标，各种管线进出口的位置和高程；并附房屋编号、结构层数、面积和竣工时间等资料；对于主要建筑物，应注明室内地坪高程；圆形建（构）筑物，应注明中心坐标及接地处半径。

2. 铁路及公路

包括起止点、转折点、交叉点的坐标，曲线元素，桥涵等构筑物的位置和高程。路面应注明宽度及铺装材料。

3. 地下管网

窨井、转折点的坐标，井盖、井底、沟槽和管顶等的高程；并附注管道及窨井的编号、名称、管径、管材、间距、坡度和流向。

4. 架空管网

包括转折点、结点、交叉点的坐标，支架间距，基础面高程。

5. 其他

竣工测量完成后，应提交完整的资料，包括工程的名称、施工依据、施工效果，作为编绘竣工总平面图的依据。

10.6.2 竣工总平面图的编绘

竣工总图的编绘，应收集下列资料：总平面布置图、施工设计图、设计变更文件、施工检测记录、竣工测量资料、其他相关资料。编绘前，应对所收集的资料进行实地对照检核。不符之处，应实测其位置、高程及尺寸。当平面布置改变超过图上面积1/3时，不宜在原施工图上修改和补充，应重新编制。

竣工总平面图的比例尺，宜选用1：500；坐标系统、高程基准、图幅大小、图上注记、线条规格，应与原设计图一致；竣工总平面图上应包括各类平面控制点、水准点、厂房、辅助设备、生活福利设备、架空及地下管线、铁路等建筑物或构筑物的坐标和高程，以及厂区内空地和未建区的地形；有关建筑物、构筑物的符号应与设计图例相同，有关地形图的图例应使用国家地形图图示符号。

当厂区地上和地下所有建筑物、构筑物绘在一张竣工总平面图上时，如果线条过于密集而不醒目，则可采用分类编图，如综合竣工总平面图、交通运输竣工总平面图和管线竣工总平面图等。

如果施工的单位较多，多次转手，造成竣工测量资料不全，图面不完整或与现场情况不符时，只好进行实地施测。竣工总平面图的实测，一般采用全站仪测图及数字编辑成图的方法。

本章思考题

1. 施工测量的原则与内容是什么？
2. 简述施工控制网的形式及布设特点。
3. 简述民用建筑物的定位与放线方法。
4. 简述厂房柱列轴线与柱基施工测量步骤。
5. 简述柱子吊装安装测量的步骤。
6. 高层建筑轴线竖向投测有哪些方法？
7. 竣工总平面图测绘包括哪些内容？

第 11 章　路线工程测量

本章导读

　　本章主要介绍路线工程测量的踏勘选线、中线测量、曲线测设、路线纵断面测量和横断面测量等内容；其中中线测量的方法、纵横断面测量的方法、绘制纵横断面图是学习的重点与难点；采取课堂讲授、实验操作与课下练习相结合的学习方法，建议4～6个学时。

　　线状工程如公路、铁路、隧道、河道、输电线路、输油管道、供气管道等进行平面和纵、横断面设计与施工时所进行的测量工作称为路线工程测量，简称路线测量。线状工程的中线称为路线，路线工程是长宽比很大的工程，其特点是总体长度呈延伸状态并有方向改变，路线的宽度比长度小，通常宽度有所限制而长度则视需要而定。

　　路线工程测量包括勘测设计测量和路线施工测量；勘测设计测量是指在线路勘测设计阶段所进行的测量工作，其主要任务是为路线设计收集一切必要的资料；路线施工测量是指在线路测量施工建设及竣工阶段所进行的测量工作，它是为路线的工程设计、地面定位、施工与监理等方面服务的。

　　路线工程测量的主要内容包括踏勘选线、中线测量、曲线测设、带状地形图测绘、纵横断面测量、施工放线与土方量计算等。它的任务有两方面：一是为路线工程的设计提供地形图和断面图；二是按设计位置要求将路线（公路等）测设于实地。

11.1　踏勘选线

　　踏勘选线可分为规划选线阶段以及工程勘测设计阶段。

　　规划选线是线路工程的首要工作，首先应根据建设部门提出的某一线路工程建设的基本要求，选用合适的中比例尺地形图，在图上比较、选取路线方案。现实性好的地形图可以提供较多的地形信息，有利于进行路线走向的初始设计，并估算各种方案的路线长度及建设费用。其次，根据图上选线的多种方案，进行野外实地勘察。地形图的现实性往往跟不上经济建设的速度，实际地形与地形图往往存在差异。因此，通过实地勘察可以掌握路线沿途的实际情况，包括相关的测量控制点、工程地质状况、新建建筑物情况等，它是图上选线的重要补充工作。最后，根据图上选线和实地勘察的情况，结合建设单位的意见进行方案论证，经比较后确定规划线路的基本方案。

在进行路线设计时除了需要地形资料以外，还需要考虑路线沿途地区的工程地质、水文以及经济等方面的条件因素，因此，路线工程勘测设计阶段的测量工作通常分为初测、定测两个阶段。

1. 初测阶段

初测是指在规划选线阶段所定的在规划路线上进行的初步勘测、设计工作。初测工作任务主要包括控制测量和带状地形图的测量，它可以为路线工程提供完整的控制基准及详细的地形信息。

控制测量是在实地相应的规划路线上进行的平面控制测量和高程控制测量工作。平面控制测量一般采用导线测量，也可采用 GPS 测量；高程控制测量主要采用水准测量及电磁波测距三角高程测量。

带状地形图测绘是在控制测量的基础上，沿规划中线进行的地形图测绘，其技术要求与一般地形图测绘一致。带状地形图的宽度为 100～300m（一般在山区为 100m，平坦地区为 250m），比例尺为 1：2000～1：5000，具体可参考表 11-1。测绘过程中要特别注意各种道路、管线、桥梁、房屋等建筑物与规划路线的位置关系。规划路线沿线的桥梁、隧道还应加绘大比例尺工点地形图。

有了大比例尺带状地形图，设计人员就可以在图上进行较精密的纸上选线，确定中线直线段及交点位置。带状地形图是纸上定线最重要的基础图件。

2. 定测阶段

定测阶段的主要任务就是在选定路线上进行中线测量、曲线测设、纵横断面测量以及局部地形的测绘（比例尺的选取参照表 11-1）等，为施工图设计（如线路纵坡设计、工程量计算等）提供详细的测量资料。

表 11-1　线路工程测图种类及其比例尺

线路工程类型	带状地形图	工点地形图	纵断面图		横断面图	
			水平	垂直	水平	垂直
铁路	1：1000 1：2000 1：5000	1：200 1：500	1：1000 1：2000 1：10000	1：100 1：200 1：1000	1：100 1：200	1：100 1：200
公路	1：2000 1：5000	1：200 1：500 1：1000	1：2000 1：5000	1：200 1：500	1：100 1：200	1：100 1：200
架空索道	1：2000 1：5000	1：200 1：500	1：2000 1：5000	1：200 1：500	—	—
自流管线	1：1000 1：2000	1：500	1：1000 1：2000	1：100 1：200	—	—
压力管线	1：2000 1：5000	1：500	1：2000 1：5000	1：200 1：500	—	—
架空送电线路	—	1：200 1：500	1：2000 1：5000	1：200 1：500	—	—

11.2 中线测量

中线测量是带状地形图上设计的路线中心线测设到实地。路线中线的平面几何线形由直线和曲线组成，因此中线测量的主要工作有：测设中线上各交点（JD）和转点（ZD）、起点和终点，设置里程桩，测量路线上的转向角、测设曲线等。

11.2.1 交点的测设

路线工程中线的形式如图 11-1 所示。线路方向的转折点称为交点，它是布设路线，详细测设直线和曲线的控制点。对于等级低的线路，常采用一次定测的方法直接在现场选定交点的位置。对于等级高的线路或地形比较复杂的地段，一般需要进行两阶段的勘测设计，首先在带状地形图上进行精密的纸上定线，确定出图上交点位置，然后将其标定到实地。根据路线工程测量精度及现场实际情况，可以选择不同的方法进行交点的测设，如极坐标法、直角坐标法、角度交汇法、距离交汇法等，也可以采用全站仪坐标放样法或 RTK 放样法，具体可参考第 9 章点的平面位置的测设。交点的测设数据一般采用解析法和图解法获得。

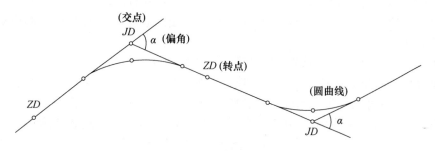

图 11-1　路线中线

图 11-2 为某道路中线交点测设示意图。图中 A、B、k_1、k_2、k_3 为导线点，QD、JD_1 分别是设计路线的起点和交点，且坐标已知。如果要测设 QD、JD_1 两点，我们首先采用解析法计算在 B、K_2 两点测设 QD、JD_1 所需的测设数据 β_1、D_1 和 β_2、D_2，然后以极坐标法测设出 QD、JD_1 两点。

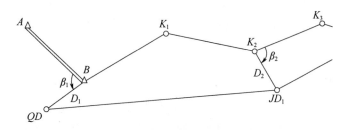

图 11-2　极坐标法测设交点示意图

图 11-3 为某生活污水排水管道，图中Ⅰ、Ⅱ、Ⅲ是设计管道的交点，A、B 是原有管道检查井的位置。如果要在地面测设出三个交点的位置，首先采用图解法根据比例尺量出长度 a、b、c、d、e 和 D，作为测设数据。然后采用直角坐标法在 AB 方向上，从 B 点

量出距离 D，得到 I 点；从右下角房屋房角量取长度 a，并垂直于房边量取 b 得到 II 点，量取长度 e 检核 II 点；采用距离交汇法从右上角房屋的两个房角同时量取长度 c、d，交会得到 III 点。

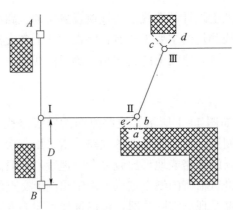

图 11-3　直角坐标、距离交汇法测设交点示意图

　　极坐标法、直角坐标法、角度交汇法、距离交汇法等都是交点放样的传统方法，现在生产实践中常用的交点放样方法为全站仪坐标放样法或 RTK 放样法。这两种方法对工作环境都有一定的要求，全站仪放样法要求导线点与交点通视，RTK 放样法要求测区能够接收到卫星信号。

　　对于图 11-2 中 JD_1 点的测设，如果采用全站仪放样法，首先应将全站仪置于放样模式，往全站仪输入测站点 D 的坐标、后视点 E 的坐标（或 DE 的方位角），再输入待放样点 JD_1 的坐标（这些值可事先用计算机传输到全站仪中），及仪高、镜高以及气象元素等参数。然后用望远镜瞄准棱镜，按相应的功能键，即可立即显示当前棱镜位置与待放样点 JD_1 的位置之差（包括角度，距离差值或坐标差值，以及高程之差）。根据位置之差，移动棱镜位置，直至位置之差为零，这时所对应的位置就是待放样点的位置，然后在地面做出标记。

　　RTK 定位技术基于载波相位观测值的实时动态定位技术，它是利用多台（两台以上）GPS 接收机同时接收卫星信号，其中一台作为基准站（可安放在已知点上，也可以是未知点），另外的接收机作为流动站不要求点之间通视，还需要配置电台，以及坐标转换参数。采用 RTK 技术放样图 11-2 中 JD_1 点时，仅需要把交点 JD_1 的点位坐标输入到电子手簿中，拿着 GPS 接收机，GPS 接收机就会指示观测者走到要放样点的位置，既迅速又方便。

11.2.2　转点的测设

　　当设计路线上直线部分较长或相邻两交点互不通视时，需要在其连线上测设一个或几个转点（用 ZD 表示），以便在交点测量转折角和直线量距时作为照准和定线目标。直线上一般每隔 200～300m 设置一转点，另外，在设计路线与其他路线交叉处，以及路线上需要设置构筑物（如桥、涵等）的位置也要设置转点。其测设方法如下。

1. 两交点间设置转点

　　如图 11-4 中，两相邻交点 JD_5、JD_6 之间由于有一小山丘存在而互不通视，现在要在小山丘上测设一转点 ZD，使其位于两交点的连线上，具体步骤如下：

（1）采用目测的方法在小山丘上利用花杆定出一点 ZD'。

（2）在 ZD' 点安置经纬仪（或全站仪），瞄准 JD_5，水平制动固定照准部，再倒转望远镜，看是否瞄准 JD_6，如有偏差，测出其与 JD_6 点的偏值 f。

（3）采用视距法或用全站仪测出距离 a 和 b，则 ZD' 偏离正确点位 ZD 的距离 e 为：

$$e = af/(a+b) \tag{11-1}$$

（4）将 ZD' 按 e 值移至 ZD，再将经纬仪安置在 ZD 上，按上述方法逐渐趋近，直至偏差值 f 在允许范围内。

2. 两交点延长线上设置转点

如图 11-5 所示，设有相邻交点 JD_8、JD_9，互不通视，现在要在 JD_8、JD_9 延长线上测设出一转点 ZD，具体步骤如下：

（1）采用目测的方法在小山丘上利用花杆定出一点 ZD'。

（2）在 ZD' 点安置经纬仪（或全站仪），瞄准 JD_8，水平制动固定照准部，再倒转望远镜，看是否瞄准 JD_9，如有偏差，测出其与 JD_9 点的偏值 f。

（3）采用视距法或用全站仪测出距离 a 和 b，则 ZD' 偏离正确点位 ZD 的距离 e 为：

$$e = af/(a-b) \tag{11-2}$$

（4）将 ZD' 按 e 值移至 ZD，再将经纬仪安置在 ZD 上，按上述方法逐渐趋近，直至偏差值 f 在允许范围内。

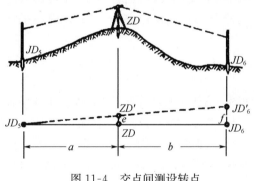

图 11-4 交点间测设转点

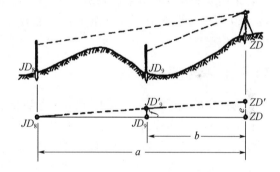

图 11-5 交点延长线上测设转点

11.2.3 测定转向角

在路线转折处，为了测设曲线，需要测定转向角。转向角是指在路线方向发生转变时，转变后的方向与原方向之间的夹角，用 α 表示。如图 11-6 所示，转向角分为左转角和右转角，当转变后的路线方向位于原路线方向的左侧时称为左转角，用 $\alpha_左$ 表示；当转变后的路线方向位于原路线方向的右侧时称为右转角，用 $\alpha_右$ 表示。

路线测量中，交点和转点确定后，就可以测量转向角了，通常习惯通过测量路线交点的右角 β 计算转向角，计算公式为：

$$\left.\begin{array}{l} \alpha_左 = 180° - \beta \\ \alpha_右 = \beta - 180° \end{array}\right\} \tag{11-3}$$

为方便日后测设圆曲线中点 QZ，测量出右角 β 后，定出其分角线方向 C，并打上临时桩标记，如图 11-7 所示。

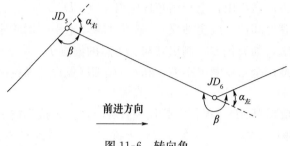

图 11-6　转向角

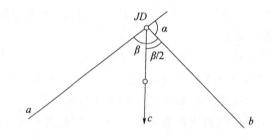

图 11-7　定角分线

根据《公路勘测规范》的要求，高速公路、一级公路应使用精度不低于 $DJ6$ 级经纬仪，采用方向观测法测量右角 $\beta_右$ 一测回。两半测回间应变动度盘位置，角值相差的限差在 $\pm20''$ 以内取平均值，取位至 $1''$；二级及以下公路角值相差的限差在 $\pm60''$ 以内取平均值，取位至 $30''$。

11.2.4　中桩测设

为标定路线中线的位置和长度，测绘纵横断面图，方便土方量计算，需沿路线中线设置里程桩，这项工作称为中桩测设。里程桩也称为中桩，它表示桩点到路线起点的水平距离或里程数。每个桩的桩号称为里程桩号。例如，某桩点距离路线起点的水平距离是 1378.45m，那么其桩号记为 K1＋378.45（＋号前表示公里数），如图 11-8（a）、11-8（b）、11-8（c）所示。

里程桩分为整桩和加桩两类。一般整桩是每隔 20m、30m、50m（曲线上根据半径不同，每隔 20m、10m 或 5m）的整倍数桩号而设置的里程桩，百米桩和公里桩均属于整桩。

相邻整桩之间路线上的重要地物处以及地面坡度变化处都要增设加桩。加桩分为地形加桩、地物加桩、曲线加桩和关系加桩。地形加桩是指于中线地面坡度变化处、中线两侧地形变化较大处以及天然河沟处等设置的里程桩；地物加桩是在中线上有人工建筑的地方加设的里程桩，如桥梁、涵洞、路线于其他交通线、管道等的交叉处等；曲线加桩是指在曲线上设置的主点桩和细部点桩；关系加桩是指在路线转点和交点处设置的里程桩。

中桩测设即设置里程桩，其主要工作是定线、量距和打桩。里程桩的设置是在中线丈量的基础上进行的，一般是边丈量边设置。设置里程桩时一般用经纬仪或全站仪进行定向，距离测量根据路线精度要求，可以用钢尺、测距仪或全站仪，等级较低的公路也可以用皮尺。

打桩时，对于交点桩、转点桩、距起点每隔 500m 处的整桩、重要地物桩以及圆曲线主点桩，都要打下方桩，如图 11-8（d）所示，方桩断面为 5cm×5cm，桩顶露出地面约 2cm，并在顶部钉以中心钉。在其旁边还要钉一指示桩，如图 11-8（e）所示，交点桩的指示桩应设置在圆心和交点连线外距交点 20cm 处，字面朝向交点。圆曲线主点的指示桩字面朝向圆心。其余的里程桩一般使用板桩，露出地面，以便书写桩号，桩号一般用红油漆书写，字面一律背向路线的前进方向。重要的里程桩应设置护桩，并对护桩和里程桩做好点之记。

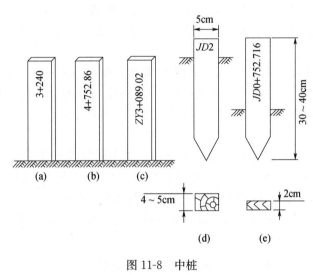

图 11-8 中桩

11.3 曲线测设

当路线由一个方向转向另一个方向时，需用曲线连接。曲线的形式有很多种，如圆曲线、缓和曲线及回头曲线等，其中圆曲线是最基本、最常用的平面曲线。圆曲线半径 R 的选取要参考地形条件和相应的路线工程设计规范要求。圆曲线测设时分两步进行，先计算出主点测设元素，测设曲线主点（ZY，QZ，YZ），再依据主点测设曲线上每隔一定距离的里程桩，以详细标定曲线的位置。具体参见本书 9.4.2。

11.4 路线纵断面测量

在修建公路、河道、管线等工程时，完成中线测量以后，往往还要了解沿路线中线方向上地形变化情况。路线纵断面测量就是通过测定中线上各中桩的地面高程，得到地形变化数据，绘制纵断面图，以此作为管线埋深、路线坡度设计、中桩处的填挖高度计算及施工放样的依据。中桩高程一般采用水准测量的方法测得，因此也称路线纵断面测量为路线水准测量。

在进行纵断面测量时，根据"由整体到局部、先控制后碎部、由高级到低级"的原则，一般分两步进行：首先沿路线方向每隔一定距离设置水准点，建立高程控制，称为基平测量；其次根据基平测量布设的水准点，分段进行水准测量，测定各中桩的地面高程，称为中平测量。

11.4.1 基平测量

水准点是路线水准测量的控制点，在勘测设计、施工以及工程运营阶段都要使用，因此水准路线应沿路线方向布设，水准点选在离路线中线 $30\sim50m$ 左右，地基稳定，使用方便和不易受施工影响的地方。一般每隔 $1\sim2km$ 埋设一个永久水准点，大桥、隧道口等大型构筑物两端应增设水准点，地形复杂的山岭重丘区应根据需要适当加密。在永久水准点之间应每隔 $300\sim500m$ 埋设一个临时水准点，遇桥涵、停车场等构筑物时也应在附近增设临时水准点，作为基平分段水准测量和施工时引测高程的依据。

水准测量时应首先将起始水准点与附近国家水准点进行联测，并尽量构成附合水准路线，以获得绝对高程。在沿线其他水准点测量过程中，也应尽量与附近国家水准点进行联测，作为校核。当联测有困难时，可采用假定高程，即参考地形图选定一个与实地高程接近的假定高程起算点。

对于不同的路线勘测设计、施工，应分别采用不同的技术规范进行水准测量。根据《公路勘测规范》的要求，基平测量应使用不低于 S3 级的水准仪，采用一组往返或两组单程进行测量，各级的公路及构造物的水准测量技术要求见表 11-2。

在无法进行水准测量的山区、沼泽、水域等地区，可以用光电测距三角高程代替四、五等水准测量。

表 11-2　公路及构造物的水准测量技术要求

测量项目	等级	水准路线最大长度（km）	往返较差、附和或环线闭合差（mm）	
			平原微丘区	山岭重丘区
4000m 以上特长隧道、2000m 以上特大桥	三等	50	$\pm12\sqrt{L}$	$\pm15\sqrt{L}$ 或 $\pm3.5\sqrt{n}$
高速公路、一级公路、2000～4000m 长隧道、1000～2000m 特大桥	四等	16	$\pm20\sqrt{L}$	$\pm25\sqrt{L}$ 或 $\pm6\sqrt{n}$
二级及二级以下公路、1000m 以下桥梁、2000m 以下隧道	五等	10	$\pm30\sqrt{L}$	$\pm45\sqrt{L}$

11.4.2 中平测量

中平测量又称中桩水准测量，以两个相邻水准点为一测段，从一个水准点出发，用视线高法逐点测定各中桩的地面高程，直至附合到下一个水准点上，以便检核。其高差闭合差的容许值：高速公路及一级公路为 $\pm30\sqrt{L}\,mm$，二级及以下公路为 $\pm50\sqrt{L}\,mm$。中桩高程的检测限差：高速公路及一级公路为 $\pm5cm$，二级及以下公路为 $\pm10cm$，需要特殊控制的构筑物等的顶部标高检测限差为 2cm。如果中桩点高差较大，无法采用水准测量，则可用三角高程测量方法代替。

中桩水准测量中，在每一测站上，首先读取前、后两转点尺上的读数，再读取两转点间所有中桩点尺上的读数，这些中桩点也称为中间点，中间点不传递高程，中间点上的立尺工作由后视点立尺员完成，尺上读数至 cm，要求尺子立在紧靠桩边的地面上。转点起高程传递的作用，为了减弱高程传递的误差，转点标尺应立在尺垫、稳固的桩顶或竖石上，尺上读数读至 mm，视线长度不能超过150m。

如图11-9所示，水准仪置于第 I 测站，后视水准点 BM_1，前视转点 ZD_1，将观测结果分别记入表11-3中"后视"和"前视"栏内；然后将后视点 BM_1 上的水准尺依次立在 0＋000、……、0＋080 等各中桩地面上，观测各中桩点上水准尺读数，并将读数分别记录在"中视"栏内，至此第 I 测站工作完成。将仪器搬到第 II 测站，后视 ZD_1，前视 ZD_2，然后依次观测 ZD_1 与 ZD_2 之间的各中桩点上水准尺读数。用同样的方法继续向前观测，直至附合到下一个水准点 BM_2，完成该测段观测。每个测站观测记录完成后，应立即进行高程计算，各项高程的计算公式为：

$$视线高程＝后视点高程＋后视读数$$
$$转点高程＝视线高程－前视读数$$
$$中桩高程＝视线高程－中视读数$$

一测段各点高程计算完成后，还要计算该测段高差闭合差 f_h，如果在容许范围内，则观测成果合格，不需要进行高差闭合差的调整，而是以原计算中的各中桩点的高程作为绘制纵断面图的数据。

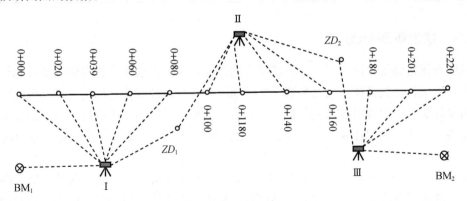

图 11-9　中平测量

表 11-3　中平测量记录手簿

测站	点号	水准尺读数（m）			视线高程（m）	高程（m）	备注
		后视	中视	前视			
I	BM_1	1.981			51.993	50.012	
	0＋000		1.48			50.51	
	0＋020		1.65			50.34	
	0＋039		1.24			50.75	$H_{BM1}＝50.012m$
	0＋060		0.93			51.06	
	0＋080		1.18			50.81	
	ZD_1			1.013		50.980	

测站	点号	水准尺读数（m）			视线高程	高程（m）	备注
		后视	中视	前视	（m）		
II	ZD_1	1.667			52.647	50.980	
	0+100		0.92			51.73	
	0+118		0.80			51.85	
	0+140		1.05			51.60	
	0+160		1.31			51.34	
	BM_2			0.501		52.146	
III	ZD_1	0.988			53.134	52.146	
	0+180		0.50			52.63	
	0+201		1.28			51.854	$H_{BM2}=51.311m$
	0+220		0.63			52.50	
	BM_2			1.811		51.323	
检核	$\sum a - \sum b = 1.311m$, $H'_{BM_2} - H_{BM_1} = 51.323 - 50.012 = 1.311m$, $f_h = H'_{BM_2} - H_{BM_2} = 51.323 - 51.311 = 12mm$, $f_{h容} = \pm 50\sqrt{0.22} = 23mm$, $|f_h| < |f_{h容}|$，则测量成果合格。						

11.4.3 绘制纵断面图

纵断面图是路线设计与施工中非常重要的图件，既可以表示中线方向的地面起伏，又可以在其上进行纵坡设计，直观的展示中线地面起伏与设计标高之间的关系。纵断面图采用直角坐标法，以中桩里程为横坐标、高程为纵坐标进行绘制。里程比例尺与路线带状地形图比例尺一致，高程比例尺通常取里程比例尺的 10～20 倍，以明显反映地面的起伏状态。

如图 11-10 所示为某一路线纵断面图，图的上半部分从左至右绘有两条贯穿全图的折线：细折线表示路线中线方向的实际地面线，是根据中平测量的中桩地面高程绘制的；粗折线表示纵坡设计线，是根据中桩设计高程绘制的，反映建成以后道路地面的起伏状态。此外，图的上部还注有水准点的编号、位置和高程，竖曲线示意图及其曲线元素等，其他相关说明信息也可标注在图的上部，如涵洞的类型、孔径、里程桩号，与其他交通路线交叉点的位置、里程桩号等。

图的下半部分是有关测量及纵坡设计计算的有关资料，它包括：

1. 直线与曲线

按里程把路线直线部分和曲线部分反映出来。曲线部分用折线表示，上凸表示右偏，下凹表示路线左偏，并标注曲线元素值，其 ZY、YZ 点对应于其里程桩处，用直角折线表示。对于不设曲线的交点位置，用锐角折线表示。

2. 里程桩号

按规定的比例尺从左至右标注各里程桩桩号，本例只是示例图，由于比例尺较小，故只标注至百米桩。

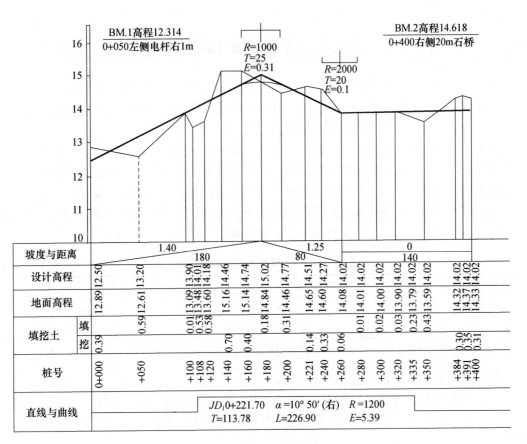

图 11-10　路线纵断面图示例

3. 地面高程

根据中平测量成果依次填写对应于各里程桩号的地面高程。

4. 设计高程

设计高程＝起点高程＋设计坡度×起点至该点的平距

根据设计坡度和相应的平距推算出各里程桩的设计高程后，对应于各里程桩号依次标注。

例如，假设 0＋000 桩号设计高程为 65.10m，设计坡度为 1%，则桩号为 0＋100 的设计高程为：$H＝65.1＋1\% \times 100＝66.1m$

5. 填挖高度

$$填挖高度＝地面高程－设计高程$$

按照上式依次求出各里程桩的填挖高度，正值表示挖土深度，负值表示填土高度。地面线与设计线的相交点即为不填不挖的"零点"，零点桩号的里程可由图上直接量得。

6. 坡度与距离

分别用斜线和水平线表示设计路线坡度的方向：斜线代表斜坡；水平线代表平坡。不同坡段间用竖线分开，线上方标注坡段的坡度，以百分比表示，线下方标注坡长。

11.5 路线横断面测量

垂直于路线中心线方向的断面为横断面。横断面测量是以各里程桩为依据，测定各里程处横断面上地面坡度变化点的相对位置和高程，绘制成横断面图，作为路基横断面设计、土石方量计算和施工时确定路基填挖边界的依据。

横断面测量的宽度应根据路基设计宽度、边坡大小以及地形情况而定，一般要求在中线两侧各测 15～50m。横断面图测绘的密度，除各中桩外，在大、中桥头、隧道洞口、挡土墙等中点工程地段，可根据需要适当加密。由于横断面图一般用于路基的断面设计和确定路基的填挖边界，因此在测量地面点的距离和高差时，一般读数只需取位至 0.1m，且多采用简易的测量工具和方法以提高工效，其检测限差见表 11-4。

表 11-4 横断面检测限差

路线	距离（m）	高程（m）
高速公路、一级公路	$\pm(L/100+0.1)$	$\pm(h/100+L/200+0.1)$
二级及以下公路	$\pm(L/50+0.1)$	$\pm(h/50+L/100+0.1)$

注：L 是指测点至里程桩的水平距离，单位 m；h 是指测点至里程桩的高差，单位 m。

横断面测量的基本工作包括：

（1）在路线中线的每一个里程桩处确定与中线垂直的方向（即横向）。

（2）沿垂直方向测量地面坡度变化点（即变坡点）距其里程桩的水平距离及相对地面高差。

（3）根据所测量的水平距离和高差展绘横断面图。

11.5.1 横断面方向的确定

路线分为直线部分和曲线部分，横断面的方向，在直线部分应与中线垂直，在曲线部分应在法线方向上。横断面的方向一般采用方向架测设，其结构如图 11-11（a）所示，照准杆 AA'、BB' 相互垂直构成十字架，CC' 为可旋转的活动定向杆，中间加有固定螺旋，支撑十字架的竖杆高约 1.2m。

1. 直线部分

直线部分横断面的方向测量时，可将方向架置于里程桩上，使其中一个照准杆方向 AA' 与路线中线重合，则方向架的另一照准杆方向 BB' 即为该桩点的横断面方向，如图 11-11（b）所示。

2. 曲线部分

曲线部分横断面的方向测量时，如图 11-12（a）所示，首先将方向架置于曲线起点 ZY 点，使 AA' 方向瞄准交点，这时 BB' 方向通过圆心，接着转动活动定向杆 CC'，使其瞄准曲线上的一个细部点①点，拧紧固定螺旋，然后将方向架置于①点，将 BB' 方向瞄准曲线起点 ZY 点，则活动定向杆 CC' 所指方向即为①点通过圆心的横断面方向。

如图 11-12（b）所示，欲求曲线细部点②的横断面方向，可在①点的横断面方向上设临时标志 M，将方向架置于①点，再以 BB' 方向瞄准 M 点，松开固定螺旋，转动活动定向杆，瞄准②点，拧紧固定螺旋。然后将方向架移置②点，使方向架上 BB' 方向瞄准①点木桩，这时，CC' 方向即为细部点②的横断面方向。

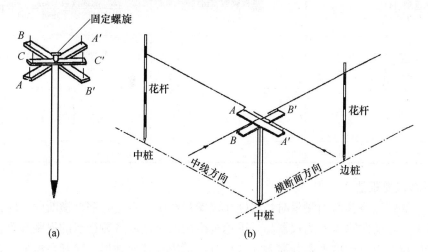

(a)　　　　　　　　　(b)

图 11-11　用十字架在直线上确定横断面方向

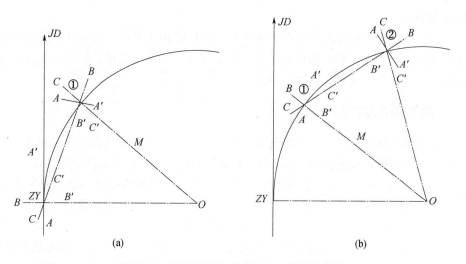

(a)　　　　　　　　　(b)

图 11-12　用十字架在曲线上确定横断面方向

11.5.2　横断面测量方法

横断面测量主要是测定横断面上各地形特征点相对于中桩的平距和高差，其常用的测量方法有水准仪皮尺法、经纬仪视距法以及全站仪法等。

1. 水准仪皮尺法

水准仪皮尺法适用于施测横断面较宽的平坦区域。水准仪安置好后，以中桩地面高程为后视，中桩两侧横断面方向地形特征点为前视，分别测量各地形特征点高程，水准尺读数至 cm 位。用皮尺分别测出地形特征点至中桩的水平距离，读数至 dm 位。观测时可安置一次仪器观测相邻几个断面。数据记录时按路线前进方向分左、右两侧分别记录，并以分数形式表示各测段的前视读数和水平距离，具体格式见表 11-5。

表 11-5　横断面测量记录

$\dfrac{\text{后视读数（m）}}{\text{距中桩的水平距离（m）}}$（左侧）				$\dfrac{\text{后视读数（m）}}{\text{中桩号}}$	$\dfrac{\text{前视读数（m）}}{\text{距中桩的水平距离（m）}}$（右侧）			
$\dfrac{1.51}{20.4}$	$\dfrac{1.32}{16.5}$	$\dfrac{2.10}{13.8}$	$\dfrac{1.75}{9.4}$	$\dfrac{1.59}{0+020}$	$\dfrac{1.40}{5.8}$	$\dfrac{1.12}{11.8}$	$\dfrac{1.51}{15.4}$	$\dfrac{1.80}{19.3}$
$\dfrac{1.71}{21.9}$	$\dfrac{1.45}{18.0}$	$\dfrac{0.99}{11.2}$	$\dfrac{1.32}{8.5}$	$\dfrac{1.73}{0+040}$	$\dfrac{1.28}{9.7}$	$\dfrac{1.55}{14.5}$	$\dfrac{0.97}{19.1}$	$\dfrac{1.56}{20.6}$
…				…	…			

2. 经纬仪视距法

利用经纬仪进行横断面测量时，将经纬仪安置在中桩点上，照准横断面方向，量出仪器横轴至中桩地面的高度作为仪器高，采用视距法通过读取各特征点的视距和垂直角，计算出各特征点与中桩间的平距和高差。这种方法适用于任何地形，尤其是地形复杂、起伏较大的山区。

3. 全站仪法

采用全站仪进行横断面测量的操作方法与经纬仪视距法类似，区别在于使用光电测距测量地形特征点与中桩的平距和高差。结合中桩测设、纵断面测量，利用全站仪同时进行横断面测量，会大大提高作业速度与精度。

11.5.3　绘制横断面图

横断面图的绘制方法基本上与纵断面图相同。为了进行横断面面积计算和确定路基的填挖边界，横断面图上水平距离和高差采用相同的比例尺，常用的比例尺为 1∶100 或 1∶200。横断面图上应标明中桩点的位置和里程，并逐一将地面特征点展绘到图上，再将相邻点进行连接，即得到横断面图的地面线。横断面图的比例尺应根据断面宽度、地面点高程灵活选择。如图 11-13 为 0+050 桩处的横断面图。

横断面图绘制完成后，还应将路基断面设计线绘制在横断面图上，称为路基断面图，如图 11-14 所示。根据路基断面图可以计算出横断面的填、挖面积，再由相邻中桩的水平距离，就可以计算出施工中的填、挖土石方量。

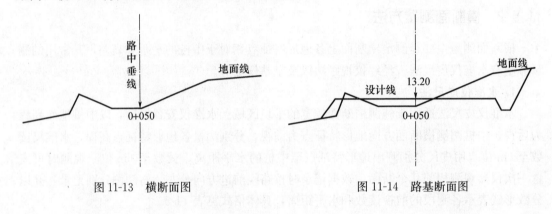

图 11-13　横断面图　　　　　　　　图 11-14　路基断面图

本章思考题

1. 路线中线测量有哪些内容?

2. 用 $6''$ 级经纬仪测得交点 JD_5 的右角为 $\beta_5 = 115°34'25''$,交点 JD_6 的右角 $\beta_6 = 231°11'58''$,试计算 JD_5、JD_6 的路线转角,并说明是左转角还是右转角。

3. 某里程桩号为 K18+700,试说明该桩号的意义。

4. 什么叫路线交点? 交点如何测设?

5. 在路线测量中转点有什么作用? 如何测设?

6. 什么叫路线纵断面测量? 路线纵断面图应表达什么内容?

7. 横断面方向如何确定? 横断面测量的方法有哪几种?

第 12 章　道路和桥隧施工测量

本章导读

　　本章主要介绍桥梁施工测量、竖曲线测设、路基边桩与边坡的放样、隧道施工测量等内容；其中桥梁的施工放样方法、竖曲线的详细测设、隧道施工中的控制测量及放样方法是学习的重点与难点；采取课堂讲授、实验操作与课下练习相结合的学习方法，建议 6～8 个学时。

12.1　公路、铁路线路测量概述

　　公路、铁路线路测量是指公路、铁路在勘测、设计和施工等阶段进行的各种测量工作。主要包括新线初测、新线定测、施工测量、竣工测量以及既有线路测量。新线初测是为选择和设计线路中线位置提供大比例尺地形图。新线定测是把图纸上设计好的线路中线测设标定于实地，测绘纵、横断面图为施工图设计提供依据。施工测量是为路基桥梁、隧道、站场施工而进行的测量工作。竣工测量主要是测绘竣工图，为以后的修建、扩建提供资料。既有线路测量是为已有线路的改造、维修提供的各种测量工作。

　　公路、铁路线路测量的目的就是为线路设计收集所需地形、地质、水文、气象、地震等方面的资料，经过研究、分析和对比，按照经济上合理、技术上可行、能满足国民经济发展和国防建设要求等原则确定线路位置。本章将主要介绍道路施工测量中竖曲线的测设及路基边桩与边坡的测设等内容，道路测量的基本内容可参见第 11 章。

　　一座桥梁的建设，在勘测设计、建筑施工和运营管理期间都需要进行大量的测量工作，其中包括勘测选址、地形测量、施工测量、竣工测量，在施工过程中及竣工通车后，还要进行变形观测。桥梁施工测量的内容和方法，随桥长及其类型、施工方法、地形复杂情况等因素的不同而有所差别，概括起来主要有桥轴线长度测量、桥梁控制测量、墩台定位及轴线测设、墩台细部放样及梁部放样等。另外，还要按规范要求等级进行水准测量。对于小型桥一般不进行控制测量。现代的施工方法日益走向工厂化和拼装化，尤其对于铁路桥梁，梁部构件一般都在工厂制造，在现场进行拼接和安装，这对测量工作提出了十分严格的要求。

　　随着经济建设的发展，地下隧道工程日益增多，特别是在铁路、公路、水利等工程领域，应用更加普遍。隧道工程施工测量的主要内容包括洞外控制测量、进洞测量、洞内控制测量、隧道施工测量及竣工测量等。隧道测量的主要目的，是保证隧道相向开挖时，能按规定的精度正确贯通，并使各建筑物的位置和尺寸符合设计规定，不得侵入建筑限界，以确保运营安全。

12.2 桥梁施工测量

12.2.1 桥梁平面和高程控制测量

1. 桥梁平面控制测量

桥梁平面控制测量的目的是测定桥轴线长度并据以进行墩、台位置的放样；同时，也可用于施工过程中的变形监测。

根据桥梁跨越的河宽及地形条件，平面控制网多布设成如图 12-1 所示的形式。

选择控制点时，应尽可能使桥的轴线作为三角网的一条边，以利于提高桥轴线的精度。若不可能，也应将桥轴线的两个端点纳入网内，以便间接求算桥轴线长度，如图 12-1（d）所示。

对于控制点的要求，除了图形简单、图形强度良好外，还要求地质条件最稳定、视野开阔，便于交会墩位，其交会角不致太大或太小。基线应与桥梁中线近似垂直，其长度宜为桥轴线的 0.7 倍，困难时也不应小于其 0.5 倍。在控制点上要埋设标石及刻有"＋"字的金属中心标志。如果兼作高程控制点用，则中心标志宜做成顶部为半球状。

控制网可采用测角网、测边网或边角网。采用测角网时宜测定两条基线，如图 12-1 中加粗线，测边网是测量所有的边长而不测角度，边角网则是边长和角度都测。一般来说，在边、角精度互相匹配的条件下，边角网的精度较高。

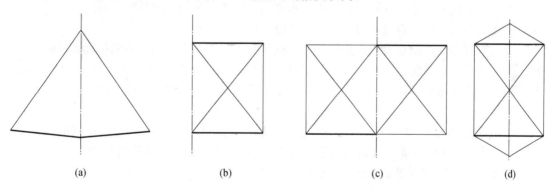

图 12-1 桥梁平面控制网

桥梁控制网分为五个等级，它们对测边和测角精度的规定见表 12-1。

表 12-1 测边和测角的精度规定

三角网等级	桥轴线相对中误差	测角中误差（″）	最弱边相对中误差	基线相对中误差
一	1/175000	±0.7	1/150000	1/400000
二	1/125000	±1.0	1/100000	1/300000
三	1/75000	±1.8	1/60000	1/200000
四	1/50000	±2.5	1/40000	1/100000
五	1/30000	±4.0	1/25000	1/75000

上述规定是对测角网而言，由于桥轴线长度及各个边长都是根据基线及角度推算的，为保证轴线有可靠的精度，极限精度要高于桥轴线精度2～3倍。如果采用测边网或测角网，由于边长是直接测定的，所以不受或少受测角误差的影响，测边的精度与桥轴线要求的精度相当即可。

由于桥梁三角网一般采用独立坐标系统，它所采用的坐标系，一般是以桥轴线作为x轴，桥轴线始端控制点的里程作为改点的x值。这样，桥梁墩台的设计里程即为改点的x坐标值，便于以后施工放样的数据计算。

在施工时，如果因机具、材料等遮挡视线，无法利用主网的点进行放样，可以根据主网两个以上的点将控制点加密，这些加密点称为插点。插点的观测方法与主网相同，但在平差计算时，主网上点的坐标不得变更。

此外，随着GPS应用技术的发展，在桥梁控制网建立中使用GPS方法日益增多，尤其在特长桥梁控制网中，其优势更为明显。具体方法可参考GPS测量有关内容。

2. 桥梁高程控制测量

在桥梁的施工阶段，应建立高程控制网，作为放样的高程依据。即在河流两岸建立若干个水准基点，这些水准基点除用于施工外，也可作为以后变形观测的高程基准点。

水准基点布设的数量视河宽及桥的大小而异。一般小桥可只布设一个；在200m以内的大、中桥，宜在两岸各设一个；当桥长超过200m时，由于两岸连测不便，为了在高程变化时易于检查，则两岸至少各布设两个。水准基点是永久性的，必须十分稳固。除了它的位置要求便于保护外，根据地质条件，可采用混凝土标石、钢管标石、管柱标石或钻孔标石，在标石上方嵌一凸出半球状的铜质或不锈钢标志。

为了方便施工，也可在附近设立施工水准点，由于其使用时间较短，在结构上可以简化，但要求使用方便，也要相对稳定，且在施工时不致破坏。

桥梁水准点与线路水准点应采用同一高程系统。与线路水准点连测的精度根据设计和施工要求确定，如当包括引桥在内的桥长小于500m时，可用四等水准连测，大于500m时可用三等水准进行测量。但桥梁本身的施工水准网，则宜用较高精度，因为它直接影响桥梁各部放样精度。

当跨河距离大于200m时，宜采用过河水准法连测两岸的水准点。跨河点间的距离小于800m时，可采用三等水准进行测量，大于800m时则采用二等水准进行测量。

桥梁施工控制网等级的选择，应根据桥梁的结构和设计要求合理确定，并符合表12-2的规定。

表 12-2　桥梁施工控制网等级的选择

桥长 L（m）	跨越的宽度 l（m）	平面控制网的等级	高程控制网的等级
L＞5000	l＞1000	二等或三等	二等
2000≤L≤5000	500≤L≤1000	三等或四等	三等
500＜L＜2000	200＜L＜1000	四等或一级	四等
L≤500	l≤200	一级	四等或五等

12.2.2 桥梁墩、台中心的测设

在桥梁施工过程中，最主要的工作是测设出墩、台的中心位置和它的纵横轴线。其测

设数据由控制点坐标和墩、台中心的设计位置计算确定，若是曲线桥还需桥梁偏角、偏距及墩距等原始资料。测设方法则视河宽、水深及墩位的情况，可采用直接测设或角度交会等方法。墩、台中心位置定出以后，还要测设出墩、台的纵横轴线，以固定墩、台方向，同时它也是墩台施工中细部放样的依据。

1. 直线桥的墩、台中心定位

直线桥的墩、台中心都位于桥轴线的方向上。墩、台中心的设计里程及桥轴线起点的里程是已知的，如图 12-2 所示，相邻两点的里程相减即可求得它们之间的距离。根据地形条件，可采用直接测距法或角度交会法测设出墩、台中心的位置。

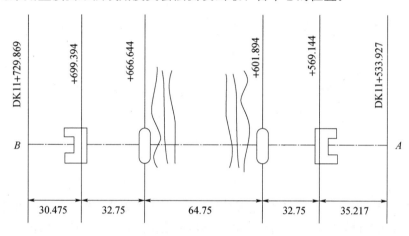

图 12-2　直线桥墩台

（1）直接测距法

直接测距法适用于无水或浅水河道。根据计算出的距离，从桥轴线的一个端点开始，用检定过的钢尺测设出墩、台中心，并附合于桥轴线的另一个端点上。若在限差范围之内，则依各端距离的长短按比例调整已测设出的距离。在调整好的位置上钉一小钉，即为测设的点位。

若用光电测距仪测设，则在桥轴线起点或终点架设仪器，并照准另一个端点。在桥轴线方向上设置反光镜，并前后移动，直至测出的距离与设计距离相符，则该点即为要测设的墩、台中心位置。为了减少移动反光镜的次数，在测出的距离与设计距离相差不多时，可用小钢尺测出其差数，以定出墩、台中心的位置。

（2）角度交会法

当桥墩位于水中，无法直接丈量距离及安置反光镜时，则采用角度交会法。如图 12-3 所示，C、A、D 为控制网的三角点，且 A 为桥轴线的端点，E 为桥墩中心的设计位置。C、A、D 三个控制点的坐标已知，若墩心 E 的坐标与之不在同一坐标系，可将其进行改算至统一坐标系中。利用坐标反算即可推导出交会角 α、β。

在 C、D 点上安置仪器，分别自 CA 及 DA 方向测设交会角 α、β，则两方向的交点即为墩心 E 点的位置。为检核精度及避免错误，可利用桥轴线 AB 方向，用三个方向交会出 E 点。

由于测量误差的影响，三个方向一般不交于一点，而形成如图 12-3 所示的三角形，该三角形称为示误三角形。示误三角形的最大边长，在建筑墩台下部时不应大于 25mm，上部时不应大于 15mm。如果在限差范围内，则将交会点 E' 投影至桥轴线上，作为桥墩

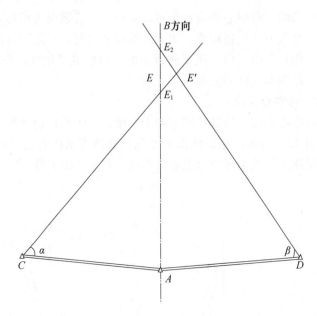

图 12-3　角度交会法

中心 E 的点位。

随着工程的进展，需要经常进行交会定位。为了工作方便，提高效率，通常都是在交会方向的延长线上设置标志，以后交会时可不再测设角度，而直接瞄准该标志即可。当桥墩筑出水面以后，即可在墩上架设反光镜，利用全站仪，以直接瞄准该标志。

2. 曲线桥的墩、台中心定位

位于直线桥上的桥梁，由于线路中线是直的，梁的中心线与线路中线完全重合，只要沿线路中线测出墩距，即可定出墩、台中心位置。但在曲线桥上则不然，曲线桥的线路中线是曲线，而每跨梁本身却是直的，两者不能完全吻合，如图 12-4 所示。梁在曲线上的布置，是使各梁的中线连接起来，成为与线路中线基本吻合的折线，这条折线称为桥梁工作线。墩、台中心一般位于桥梁工作线转折角的顶点上，所谓墩台定位，就是测设这些转折角顶点的位置。

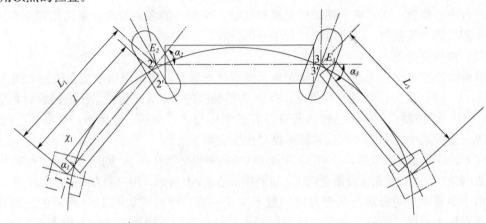

图 12-4　曲线桥墩台

在桥梁设计时，为使车辆运行时梁的两侧受力均匀，桥梁工作线应尽量接近线路中线，所以梁的布置应使工作线的转折点向线路中线外移动一段距离 E，这段距离称为桥墩偏距，如图 12-4 所示，其中 $11'$、$22'$ 和 $33'$ 分别为桥墩台的偏距 E_1、E_2 和 E_3。偏心距 E 一般是以梁长为弦线的中矢值的一半，这是铁路桥梁的常用布置方法，称为平分矢布置。相邻梁跨工作线构成的偏角 α 称为桥梁偏角。每段折线的长度 L 称为桥墩中心距。E、α、L 在设计图中都已经给出，结合这些资料即可测设墩位。

综上所述，可以看出，若直线桥的墩、台定位，主要是测设距离，其所产生的误差，也主要是距离误差的影响；而在曲线桥上，距离和角度的误差都会影响到墩、台点位的测设精度，所以它对测量工作的要求比直线桥要高，工作也比较复杂，在测设过程中一定要多方检验。

在曲线上的桥梁是线路组成的一部分，故要使桥梁与曲线正确的连接在一起，必须以高于线路测量的精度进行测设。曲线要素要重新以较高精度取得。为此需对线路进行复测，重新测定曲线转折角，重新计算曲线要素，而不能利用原来线路测量的数据。

曲线桥上测设墩位的方法与直线桥类似，也要在桥轴线的两端测设出两个控制点，以作为墩、台测设和检核的依据。两个控制点测设精度同样要满足估算出的精度要求。在测设之前，首先要从线路平面图上弄清桥梁在曲线上的位置及墩台的里程。位于曲线上的桥轴线控制柱，要根据切线方向用直角坐标法进行测设。这就要求切线的测设精度要高于桥轴线的精度。至于哪些距离需要高精度复测，则要看桥梁在曲线上的位置。

将桥轴线上的控制柱测设出来后，可根据控制柱及给出的设计资料进行墩、台的定位。根据条件，可采用极坐标法法或交会法。

（1）极坐标法

当在墩、台中心处可以架设仪器时，宜采用这种方法。由于墩中心距 L 及桥梁偏距 α 是已知的，可以从控制点开始，逐个测设出角度及距离，即直接定出各墩、台中心的位置，最后再附合到另外一个控制点上，以检验测设精度。这种方法称为极坐标法。

利用全站仪测设时，为了避免误差的积累，可采用极坐标法（也称长弦偏角法）。因为控制点及各墩、台中心点在切线坐标内的坐标是可以求得的，故可据以算出控制点至墩、台中心的距离及其与切线方向间的夹角 δ_i。架设器于控制点，自切线方向开始拨出 δ_i，再在此方向上测设出 D_i，如图 12-5 所示，即得墩、台中心的位置。该方法特点是独立测设，各点不受前一点测设误差的影响，但在某一点上发生错误或有粗差也难以发现。所以一定要对各个墩、台中心距进行检核测量，可检核相邻墩、台中心间距，若误差在 2cm 以内，则认为成果是可靠的。

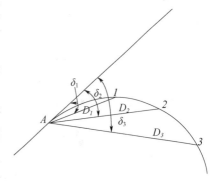

图 12-5 极坐标法测设墩、台

（2）角度交会法

当桥墩位于水中，无法架设仪器及反光镜时，宜采用交会法。

与直线桥上采用交会法定位不同的是，由于曲线桥的墩、台心未在线路中线上，故无法利用桥轴线方向作为交会方向之一；另外，在三方向交会时，当示误三角形的边长在容许范围内时，取其中心作为墩中心位置。

由于这种方法是利用控制网点交会墩位，所以墩位坐标系与控制网的坐标系必须一致，才能进行交会数据的计算。如两者不一致，则须先进行坐标转换。交会数据的计算与直线桥类似，根据控制点及墩位的坐标，通过坐标反算出相关方向的坐标方位角，再依此求出相应的交会角度。

12.2.3 墩台轴线测设

为了进行墩、台施工的细部放样，需要测设其纵、横轴线。纵轴线是指过墩、台中心平行于线路方向的轴线；横轴线是指过墩、台中心垂直于线路方向的轴线；桥台的横轴线是指桥台的胸墙线。直线桥墩、台的纵轴线于线路的中线方向重合，在墩、台中心架设仪器，自线路中线方向测设 90°角，即为横轴线的方向，如图 12-6 所示。

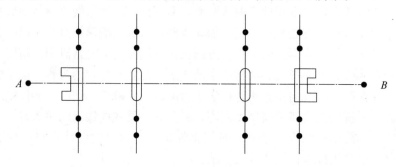

图 12-6　直线桥纵横轴线

曲线桥的墩、台纵轴线位于桥梁偏角的分角线上，在墩、台中心架设仪器，照准相邻的墩、台中心，测设 $\alpha/2$ 角，即为纵轴线的方向。自纵轴线方向测设 90°角，即为横轴线方向，如图 12-7 所示。

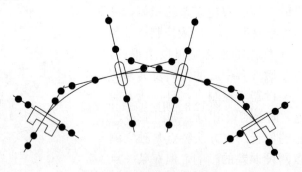

图 12-7　曲线桥纵横轴线

墩、台中心的定位桩在基础施工过程中要被挖掉，实际上，随着工程的进行，原定位桩常被覆盖或破坏，但又经常需要恢复以便于指导施工。因而需在施工范围以外钉设护桩，以方便恢复墩台中心的位置。

所谓护桩，即指在墩、台的纵、横轴线上，于两侧各钉设至少两个木桩，因为有两个桩点才可恢复轴线的方向。为防止破坏，可以多设几个。在曲线桥上相近墩、台的护桩纵横交错，使用时极易弄错，所以在桩上一定注意注明墩、台的编号。

12.2.4 桥梁细部施工测设

所有的测设工作遵循一个共同原则，即先测设轴线，再依轴线测设细部。就一座桥梁而言，应先测设桥轴线，再依桥轴线测设墩、台位置；就每一个墩、台而言，则应先测设墩、台本身的轴线，再根据墩、台轴线测设各个细部。其他各个细部也是如此。这就是所谓"先整体，后局部"的测量基本原则。

在桥梁的施工过程中，随着工程的进展，随时都要进行测设工作，细部测设的项目繁多，桥梁的结构及施工方法千差万别，所以测设的内容及方法也各不相同。总的来说，主要包括基础测设，墩、台细部测设及架梁时的测设工作。现择其主要方面简单说明。

中小型桥梁的基础，最常用的是明挖基础和桩基础。明挖基础的构造如图 12-8（a）所示。它是在墩、台位置处挖出一个基坑，将坑底平整后，再灌注基础及墩身。根据已经测设出的墩中心位置和纵、横轴线及基坑的长度和宽度，测设出基坑的边界线。在开挖基坑时，根据基础周围地质条件，坑壁需放有一定的坡度，可根据基坑深度及坑壁坡度测设出开挖边界线。边坡柱至墩、台轴线的距离 D 按式（12-1）计算

$$D=\frac{b}{2}+h \cdot m+l \tag{12-1}$$

式中，b 为基础底边的长度或宽度；h 为坑底与地面的高差；m 为坑壁坡度系数的分母；l 为基底每侧加宽度。

桩基础的构造如图 12-8（b）所示，它是在基础的下部打入桩基，在桩群的上部灌注承台，使桩和承台连成一体，再在承台以上灌注墩身。

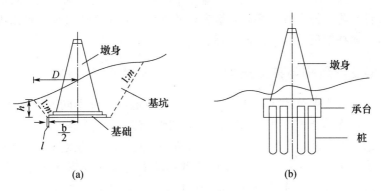

(a)   (b)

图 12-8 明挖基础和桩基础

（a）明挖基础；（b）桩基础

基桩位置的测设如图 12-9 所示，它是以墩、台的纵、横轴线为坐标轴，按设计位置用直角坐标法测设；或根据基桩的坐标依极坐标的方法置仪器于任一控制点进行测设。后者更适合于斜交桥的情况。在基桩施工完成以后，承台修筑以前，应再次测定其位置，作为竣工资料。

明挖基础的基础部分、桩基的承台以及墩身的施工测设，都是先根据护桩测设出墩、台的纵、横轴线，再根据轴线设立模板。即在模板上标出中线位置，使模板中线与桥墩的纵、横轴线对齐，即为其应有的位置。

架梁是建造桥梁的最后一道工序。无论是钢梁还是混凝土梁，无论是预制梁还是现浇梁，同样需要相应的梁部测设工作。

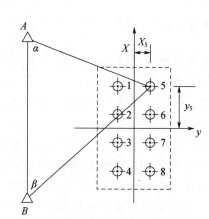

图 12-9　基桩测设

梁的两端是用位于墩顶的支座支撑，支座放在底板上，而底板则用螺栓固定在墩台的支撑垫石上。架梁的测量工作，主要是测设支座底板的位置，测设时也是先设计出它的纵、横中心线的位置。支座底板的纵、横中心线与墩、台的纵、横轴线的位置关系是在设计图上给出的。因而在墩、台顶部的纵、横轴线测设出以后，即可根据它们的相互关系，用钢尺将支座底板的纵、横中心线测设出来。对于现浇梁则其测设工作相对更多些，需要测设模板的位置并根据设计测设和检查模板不同部位的高程等。

另外，在桥梁细部测设过程中，除平面位置的测设外，还有高程测设。墩台施工中的高程测设，通常都是在墩台附近设立一个施工水准点，根据这个水准点以及水准测量方法测设各部的设计高程。但在基础底部及墩、台的上部，由于高差过大，难以用水准尺直接传递高程，可用悬挂钢尺的办法传递高程。

12.2.5　桥梁变形观测与竣工测量

在桥梁的建造过程中及建成运营时，由于基础的地质条件不同，受力状态发生改变，结构设计施工、管理不合理，外界环境影响等原因，总会产生变形。

变形观测的任务，就是定期地观测墩、台墩、台及上部结构的垂直位移、倾斜和水平位移（包括上部结构的挠曲），掌握其随时间的推移而发生的变形规律。以便在未危及行车安全时，及时采取补救措施。同时，也为以后的设计提供参考数据。

随着桥梁结构的更新，如箱型无碴无枕梁的采用，对桥梁变形的要求日益严格，因为微小的变形，就会引起桥梁受力状态的重大变化。所以桥梁的变形观测是一项十分重要的工作。至于观测的周期，则应视桥梁的具体情况而定。一般来说，在建造初期应该短些，在变形逐步稳定以后则可以长些。在桥梁遇有特殊情况时，如遇洪水、船只碰撞等，则应及时观测。观测的开始时间应从施工开始时即着手进行，在施工时情况变化很快，观测的周期应短，观测工作应由施工单位执行。在竣工以后，施工单位应将全部观测资料移交给运营部门，在运营期间，则由运营部门继续观测。

1. 墩台的垂直位移观测

（1）水准点及观测点的布设

为进行垂直位移观测，必须要在河流两岸布设作为高程依据的水准点，在桥梁墩、台上还要布设观测点。垂直位移观测对水准点的要求是水准点要十分稳定，因而必须建在基岩上。有时为了选择适宜的埋设地点，不得不远离桥址，但这样工作又不方便，所以通常在桥址附近便于观测的地方布设工作基点。日常的垂直位移观测，即工作基点施测，工作基点要定期与水准基点联测，以检查工作基点的高程变化情况。在计算桥梁墩、台的垂直位移值时，要把工作基点的垂直位移考虑在内，如果条件有利，或桥梁较小，则可不另设水准基点，而将工作基点与水准基点统一起来，即只设一级控制。无论是水准基点还是工作基点，在建立施工控制时就要予以考虑，即在施工以前，就要选择适宜的位置将它们布设好，以求得施工一级运营中的垂直位移观测，保持高程的统一。

观测点应在墩、台顶部的上下游各埋设一个，其顶端做成球形，之所以要在上下游各埋设一个，是为了观测墩、台的不均匀下沉及墩、台的倾斜。

（2）垂直位移观测

垂直位移观测的精度要求甚高，所以一般都采用精密水准测量。但这种要求并非指的绝对高程，而是指水准基点与观测点之间的相对高差。

观测内容包括两部分：一部分是水准基点与工作基点联测，称为基准点观测；另一部分是根据工作基点测定观测点的垂直位移，称为观测点观测。

基准点观测，当桥长在300m以下时，可用三等水准测量的精度施测；在300m以上时，用二等水准的精度施测；当桥长在1000m以上时，则用一等水准测量的精度施测。基准点观测的水准路线必须构成环线。

基准点的观测，每年进行一次或两次，每次观测时间及条件应尽可能相近，以减少外界条件对成果的影响。由于各次观测路线相同，在转折点处也可埋设一些简易的标志，这样可省去每次选点的时间，同时各次的前后视距相同，有利于提高观测的精度。

观测点的观测则是从一岸的工作基点附合到另一岸的工作基点上。由于桥梁构造的特殊条件，只能在桥墩上架设仪器，而且受梁的阻挡，还不能观测同一墩上的两个水准点，所以只能由上下游的观测点分别构成两条水准路线。

基准点闭合线路及观测点附合线路的闭合差，均按测量的测站数多少进行分配，将每次观测求得的各观测点的高程与第一次观测数值相比，即得该次所求得的观测点的垂直位移量。如果高程控制采用两级控制，设置水准基点和工作基点，则计算垂直位移时还应考虑工作基点的下沉量。

为了计算观测精度，需要计算出一个测站上高差的中误差。在桥梁垂直位移观测中，路线比较单一，也比较固定。即从一岸的工作基点到对岸的工作基点，期间安置仪器的次数受墩位的限制都是固定的，也可视为等权观测，根据每条水准路线上往返测高差的较差，依式（12-2）即可算出一个测站上高差的中误差：

$$m_{站} = \pm \sqrt{\frac{[dd]}{4n}} \tag{12-2}$$

式中，d 为每条水准路线上往返测高差的较差，以毫米为单位；n 为水准路线上单程的测站数。

在桥梁中间桥段上的观测点离工作基点最远，因而其观测精度也最低，称之为最弱点。最弱点相对工作基点的高程中误差依式（12-3）计算

$$m_弱 = m_站\sqrt{k}$$

$$k = \frac{k_1 \cdot k_2}{k_1 + k_2}$$
(12-3)

式中，k_1、k_2 分别为自两岸工作基点到最弱点的测站数。

垂直位移量是各次观测高差与第一次观测高差之差，则最弱点垂直位移量的测定中误差见式（12-4）。$m_垂$ 应满足 ±1mm 的精度。

$$m_垂 = \sqrt{2}m_弱$$
(12-4)

（3）垂直位移观测的成果处理

根据历次垂直位移观测的资料，应按日期先后编制成垂直位移观测成果表，格式见表12-3。

表 12-3　垂直位移观测

沉降量 \ 时间	2016.6.24	2016.12.8	2017.6.20	备注
3# 上	4.2	5.4	6.8	—

为了更加直观可见，通常还要根据表12-3，以时间为横坐标，以垂直位移量为纵坐标，对于每个观测点都绘出一条垂直位移过程线（图12-10）。绘制垂直位移过程线时，先依时间及垂直位移量绘出各点，将相邻点相连，构成一条折线，再根据折线修绘成一条圆滑的曲线。从垂直位移过程线上，可以清楚地看出每个点的垂直位移趋势、垂直位移规律和大小，这对于判断变形情况是非常有利的。如果垂直位移过程线的趋势是日渐稳定，则说明桥梁墩台是正常的，而且日后的观测周期可以适当延长，如果这一过程线表现为位移量有明显的变化，且有日益加速的趋势，则应及时采取工程补救措施。如果每个桥墩的上下游观测点垂直位移不同，则说明桥墩发生倾斜。

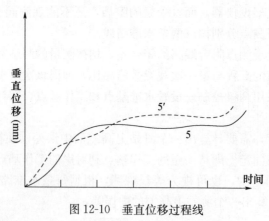

图 12-10　垂直位移过程线

2. 墩台的水平位移观测

（1）平面控制网的布设

为测定桥梁墩台的水平位移，首先要布设平面控制网。对于平面控制网的设计，如果在桥梁附近找到长期稳定的地层来埋设控制点，可以采用一级布点，即只埋设基准点，如果必须远离桥梁才能找到稳定的地层，则需采用两级布点，即在靠近桥梁的适宜位置布设工作基点，用于直接测定墩台位移，而再在地层稳定的地方布设基准点，作为平面的首级控制。根据基准点定期检查工作基点的点位，以求出桥梁上各观测点的绝对位移值。

（2）墩台位移的观测方法

墩台位移主要产生于水流方向，这是因为墩台经常受水流的冲击，但由于车辆运行的冲击，也会产生顺桥轴线方向的位移，所以墩台位移的观测，主要就是测定在这两个互相垂直的方向上的位移量。

由于位移观测的精度要求很高，通常都需要达到毫米级，为了减少观测时的对点误差，在埋设标志时，一般都安置强制对中设备。

对于墩台沿桥轴线方向的位移，通常都是观测各墩中心之间的距离。采用这种方法时，各墩上的观测点最好布设成一条直线，而工作基点也应位于这条直线上。有些墩台的中心连线方向上有附属设备的阻挡，此时，可在各墩的上游一侧或下游一侧埋设观测点，而测定这些观测点之间的距离。每次观测所得观测点至工作基点的距离与第一次观测距离之差，即为墩台沿轴线方向的位移值。

对于沿水流方向的位移，在直线桥上最方便的方法是视准线法。这种方法的原理是在平行于桥轴线的方向上建立一个固定不变的铅直面，从而测定各观测点相对于该铅直面的距离变化，即可求得沿水流方向墩台的位移值。用视准线法测定墩台位移，有测小角法及活动觇牌法，现分别说明。

① 测小角法

如图 12-11 所示，图中 A、B 为视准线两端的工作基点，C 为墩上的观测点。观测时在 A 点架设经纬仪，在 B 点和 C 点安置固定觇牌，当测出 $\angle BAC$ 以后，即可按下式计算出 C 点偏离 AB 的距离 d，即

$$d = \frac{\Delta \alpha''}{\rho''} \cdot l \tag{12-5}$$

角度观测的测回数视仪器精度及要求的位移观测精度而定。当距离较远时，由于照准误差增大，测回数相应增加。每次观测所求得的 d 值与第一次相较，即可求得改点的位移量。

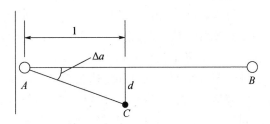

图 12-11　测小角法

② 活动觇牌法

所谓活动觇牌法，是指在观测点上所用的觇牌是可以移动的。其构造如图 12-12 所示，它有微动和读数设备，转动微动设备，则觇牌可沿导轨作微小移动，并可在读数设备上读出读数。其最小读数可达 0.1mm。

观测时将经纬仪安置于一端的工作基点上，并照准另一端的工作基点上的固定觇牌，则此视线方向即为基准方向。然后移动位于观测点上的活动觇牌，直至觇牌上的对称轴线

位于视线上，则可从读数设备上读出读数。为了消除活动觇牌移动的隙动差，觇牌应从左至右及从右至左两次导入视线，并取两次读数的平均值。为提高精度，应连续观测多次，将观测读数的平均值减去觇牌零位，及觇牌对称轴与标志中心在同一铅直线上时的读数，即得该观测点偏离视准线的距离。将每次观测结果与第一次观测结果相较，其差值即为该点在水流方向上的位移值。

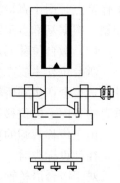

图 12-12　活动觇牌

在曲线桥上，由于各墩不在同一条直线上，因而不便采用上述的直线丈量法及视准线法观测两个方向上的位移，这时通常采用前方交会。

如果采用前方交会，则工作基点的选择除了考虑稳定、通视、避免旁折光外，尽量考虑优化设计的结果，使误差椭圆的短轴大致沿水流方向。由于变形观测的精度要求极高，所以观测所用的经纬仪应采用 J_1 级精度的。

不论采用什么方法，都要考虑工作基点也可能发生位移。如果采用两级布网，还要定期进行工作基点与基准点的联测，在计算观测点的位移时，应将工作基点位移产生的影响一起予以考虑。如果在桥墩的上下游两侧均设置观测点并定期进行观测，还可发现桥墩的扭动。对于在桥墩处水流方向不是很稳定的桥梁，这项观测也是十分必要的。

3. 上部结构的挠曲观测

桥梁通车，桥梁上承受静荷载或动荷载后，必然会产生挠曲。挠曲的大小，对上部结构各部分的受力状态影响极大。在设计桥梁时，已经考虑了一定荷载下它应有的挠曲值，挠曲值不应超过一定的限度，否则会危及行车安全。

挠曲的观测是在承受荷载的条件下进行的，对于承受静荷载时的挠曲观测与架梁时的拱度观测可以采用相同的方法。即按规定位置将车辆停稳以后，用水准测量的方法测出下弦杆上每个节点处的高程，然后绘出下弦杆的纵断面图，从图上即可求得其挠曲值。

在承受动荷载的情况下，挠曲值是随着时间变化的，因而无法用水准测量的方法观测。在这种情况下，可以采用高速摄影机进行单片或立体摄影。在摄影以前，应在上部结构及墩台上预先绘出一些标志点，在未加荷载的情况下，应先进行摄影，并根据标志点的影像，量测出它们之间的相对位置。加了荷载以后，再用高速摄影机进行连续摄影，并量测出各标志点的相对位置。由于摄影是连续的，所以可以求出在加了动荷载的情况下的最大瞬时挠曲值。现在有了带伺服系统的全站仪和高速摄影机一体化的挠曲仪，进行挠度观测和数据处理时更为方便。应该注意的是桥梁上部结构的挠曲与行车重量及行车速度是密切相关的。在观测挠曲的同时，应记下车辆重量及行车速度。这样，即可求得车辆重量、行车速度与桥梁上部结构挠曲的关系。它可以作为对设计的检验，同时也为运营管理提供科学的依据。

4. 桥梁的竣工测量

桥梁竣工后，为检查墩、台的各部尺寸、平面位置及高程正确与否，并为竣工资料提供数据，需进行竣工测量。桥梁的竣工测量主要根据规范要求，对已完成的桥梁进行全面的检测。竣工测量的主要内容有：

（1）测定墩距：测定各桥墩、台中心的实际坐标，检查各墩、台之间的跨距，并评定其精度；根据各跨的距离计算出桥长，与设计桥长进行比较。

（2）丈量墩、台各部尺寸：墩、台各部尺寸的丈量，是以墩、台顶已有的纵横轴线作为依据的。丈量内容有墩、台顶的长度与宽度，支承垫石的尺寸及位置。

（3）测定支承垫石顶面的高程

竣工测量结果应编写出墩、台中心距离表，墩、台顶水准点及垫石高程表和墩、台竣工平面图。

12.3 竖曲线的测设

在线路中，除了水平路段外，还不可避免地有上坡和下坡。两相邻坡段的交点称为变坡点。在路线纵坡变化处，考虑到行车的视距要求和行车平稳，在竖直面内应用曲线衔接起来，这种曲线称为竖曲线。竖曲线按顶点所在位置又可分为凸形竖曲线和凹形竖曲线。如图 12-13 所示，路线上有 3 条相邻的纵坡 i_1、i_2、i_3，在 i_1 和 i_2 之间设置凸形竖曲线，在 i_2 和 i_3 之间设置凹形竖曲线。

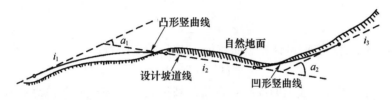

图 12-13 竖曲线

竖曲线一般采用较简单圆曲线，这是因为在一般情况下，相邻坡度差都较小，而选用竖直线的半径又较大，因此采用其他复杂曲线所得到的结果，基本上与圆曲线相同。根据路线相邻坡道的纵坡设计值 i_1 和 i_2，计算出竖曲线的竖向转折角 α。由于转折角 α 一般很小，而竖曲线的设计半径 R 较大，因此，可对转折角 α 的计算作一些简化处理

$$\alpha = \arctan i_1 - \arctan i_2$$
$$\approx i_1 - i_2 \tag{12-6}$$

竖曲线的计算元素为切线长 T、曲线长 L 和外矢距 E。由图 12-14 可得出

$$L = R \cdot \alpha = R(i_1 - i_2) \tag{12-7}$$

由于 α 一般很小，而半径 R 较大，所以切线长 T 可近似以曲线长 L 的一半来代替，外矢距 E 也可按近似公式来计算，则有：

$$T \approx \frac{1}{2}L = \frac{1}{2}R(i_1 - i_2)$$
$$E \approx \frac{T^2}{2R} \tag{12-8}$$

又因 α 很小，故可认为 y 坐标轴与半径方向一致，也认为它是曲线上点与切线上对应点的高程差，由图 12-14 可得到：

$$(R+y)^2 = R^2 + x^2 \tag{12-9}$$

即

$$2Ry = x^2 - y^2 \tag{12-10}$$

由于 y^2 与 R 相比很小，故可将 y^2 略去，则有

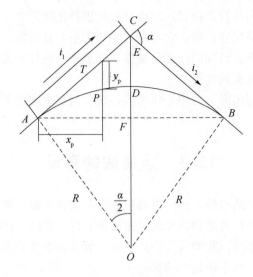

图 12-14　竖曲线

$$y = \frac{x^2}{2R} \tag{12-11}$$

求得高程差 y 之后，即可计算竖曲线任一点 P 的高程 H_p

$$H_p = H \pm y_p \tag{12-12}$$

式中，H 为该点在切线上的高程，也就是坡道线的高程；y_p 为该点高程改正，当竖曲线为凸形曲线时，y_p 为负，反之为正。

【例 12-1】 设一条凹形竖曲线，$i_1 = -1.114\%$，$i_2 = +0.154\%$，变坡点的桩号为 $K3+179.2$，高程为 48.60m。现欲设置 $R = 5000$m 的竖曲线，要求曲线间隔为 10m，请计算测设元素、起点、终点的桩号和高程及各曲线点的标高改正数和设计高程。

解： 按式（12-7）和（12-8）求得

$$T = 31.70\text{m}$$

$$L = 63.40\text{m}$$

$$E = 0.10\text{m}$$

竖曲线起点和终点的桩号和高程为

起点桩号 $= K3 + (179.2 - 31.70) = K3 + 147.50$

终点桩号 $= K3 + (147.50 + 63.40) = K3 + 210.90$

起点坡道高程 $= 48.60 + 31.70 \times 1.114\% = 48.953$m

起点坡道高程 $= 48.60 + 31.70 \times 0.154\% = 48.649$m

根据 $R = 5000$m 和相应的桩距 x_p，可进一步求得竖曲线上各桩标高改正数 y_p，见表 12-4。

表 12-4　竖曲线各桩计算的高程值

点名	桩号	至起点、终点距离 x_p（m）	标高改正数 y_p（m）	坡道高程（m）	竖曲线高程（m）
起点	$K3+147.5$	—	—	48.953	48.953
	$K3+150$	2.500	0.001	48.925	48.926

点名	桩号	至起点、终点距离 x_p（m）	标高改正数 y_p（m）	坡道高程（m）	竖曲线高程（m）
	K3+160	12.500	0.016	48.814	48.830
	K3+170	22.500	0.051	48.702	48.753
变坡点	K3+179.2	T=31.700	E=0.100	48.600	48.700
	K3+180	30.900	0.095	48.601	48.697
	K3+190	20.900	0.044	48.617	48.660
	K3+200	10.900	0.012	48.632	48.644
	K3+210	0.900	0.000	48.647	48.648
终点	K3+210.9	—	—	48.649	48.649

12.4　路基边桩与边坡的测设

12.4.1　路基边桩的测设

测设路基边桩就是在地面上将每一个横断面的道路边坡线与地面的交点，用木桩标定出来。边桩的位置由两侧边桩至中桩的水平距离来确定。常用的边桩测设方法如下：

1. 图解法

就是直接在横断面图上量取中桩至边桩的平距，然后在实地用钢尺沿横断面方向丈量并标定边桩位置。在地面较平坦、填挖土石方不大时，多采用此方法。

2. 解析法

就是根据路基填挖高度、边坡率、路基宽度和横断面地形情况，先计算出路基中心桩至边桩的距离，然后在实地沿横断面方向按距离将边桩放出来。具体方法分下述两种情况：

（1）平坦地段的边桩测设

图 12-15（a）为填土路基，也称路堤。路堤的边桩至中桩的距离为

$$D=\frac{B}{2}+m \cdot H \tag{12-13}$$

图 12-15（b）为挖方路基，也称路堑。路堑的边桩至中桩的距离为

$$D=\frac{B}{2}+s+m \cdot H \tag{12-14}$$

在式（12-13）和式（12-14）中，D 为路基边桩至中桩的距离；B 为路基宽度；1：m 为路基边坡坡度（m 为边坡率）；h 为填土高度或挖土深度；s 为路堑边沟顶宽。

式（12-13）和式（12-14）为地面平坦、断面位于直线段时计算边桩至中桩距离的方法。当断面位于曲线段时，按上述方法求出 D 值后，还应在加宽一侧的 D 值中加上加宽值。

（2）倾斜地段的边桩测设

在倾斜地段，边桩至中桩的平距随着地面坡度的变化而变化，计算 D 值时应考虑地面横向坡度的影响。

251

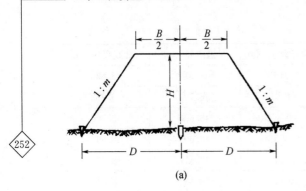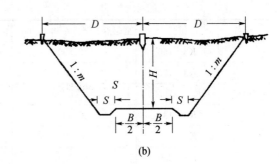

(a)   (b)

图 12-15 平坦地面路基边桩的测设
(a) 填土路基；(b) 挖方路基

如图 12-16（a）所示，路堤边桩至中桩的距离分别为

$$D_{上}=\frac{B}{2}+m（H-h_{上}）$$

$$D_{下}=\frac{B}{2}+m（H-h_{下}）$$

(12-15)

如图 12-16（b）所示，路堑边桩至中桩的距离分别为

$$D_{上}=\frac{B}{2}+s+m（H-h_{上}）$$

$$D_{下}=\frac{B}{2}+s+m（H-h_{下}）$$

(12-16)

上两式中，$h_{上}$、$h_{下}$ 分别为上、下侧坡脚（或坡顶）至中桩的高差；B、s 和 m 的含义同式（12-14）；故 $D_{上}$、$D_{下}$ 随 $h_{上}$、$h_{下}$ 变化而变化。由于边桩未定，所以 $h_{上}$、$h_{下}$ 均为未知数。在实际工作中，采用"逐点趋近法"测设边桩。如果结合图解法，则更为简便。首先参考路基横断图并根据地面实际情况，估计边桩位置。然后测出估计边桩与中桩的高差，试算边桩位置。若计算值与估计值不符，应重复上述工作，直至二者基本相符为止。当填挖高度很大时，为了防止路基边坡坍塌，设计时在边坡一定高度处设置宽度为 d 的坠落平台，计算 D 时也应加进去。

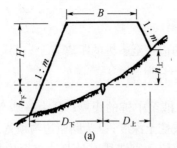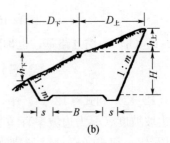

(a)   (b)

图 12-16 倾斜地段路基边桩的测设

12.4.2 路基边坡的测设

在测设出边桩后，为了保证填、挖的边坡达到设计要求，还应把设计的边坡在实地标定出来，以方便施工。

1. 用竹竿、绳索测设边坡

如图 12-17（a）所示，O 为中桩，A、B 为边坡，CD 的水平距离为路基宽度。测设时在 C、D 处竖立竹竿，于高度等于中桩填土高度 H 处 C'、D' 两点用绳索连接，同时由 C'、D' 用绳索连接到边桩 A、B 上。

上述方法适用于填土不高的路堤施工。当填土较高时，可采用如图 12-17（b）所示的分层挂线法，其基本原理与前者相同。

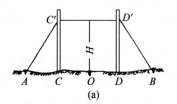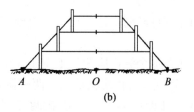

图 12-17 用竹竿、绳索测设边坡

2. 用边坡样板测设边坡

施工前按照设计边坡制作好边坡样板，施工时，按照边坡样板进行测设。

（1）用活动边坡尺测设边坡

如图 12-18（a）所示，当水准器气泡居中时，边坡尺的斜边所指示的坡度正好为设计边坡坡度，可依此来指示与检核路堤的填筑和路堑的开挖。

（2）用固定边坡样板测设边坡

如图 12-18（b）所示，开挖路堑时，在坡顶边桩外侧按设计坡度设立固定边坡样板，施工时可随时指示并检核边坡的开挖和修筑情况。

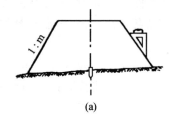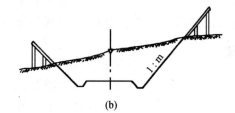

图 12-18 用边坡样板测设边坡

12.5 隧道施工测量

隧道工程施工需要进行的主要测量工作包括：

① 洞外控制测量：在洞外建立平面和高程控制网，测定各洞口控制点的坐标和高程。

② 进洞测量：将洞外的坐标、方向和高程传递到隧道内，建立洞内、洞外统一坐标系统。

③ 洞内控制测量：包括隧道内的平面和高程控制测量。

④ 隧道施工测量：根据隧道设计要求进行施工放样、指导开挖。

⑤ 竣工测量：测定隧道竣工后的实际中线位置和断面净空及各建（构）筑物的位置尺寸。

12.5.1 洞外控制测量

1. 洞外平面控制测量

隧道的设计位置，一般是以定测的精度初步标定在地面上。在施工之前必须进行施工复测，检查并确认两端洞口中线控制桩（也称为洞口投点）的位置，还要与中间其他施工进口的控制点进行联测，这是进行隧道施工测量的主要任务之一，也为后续洞内施工测量提供依据。

一般要求在每个洞口应测设不少于 3 个平面控制点（包括洞口投点及相联系的三角点或导线点、GPS 点）。直线隧道上，两端洞口应各确定一个中线控制桩，以两桩连线作为隧道中线；在曲线隧道上，应在两端洞口的切线上各确定两个间距不小于 200m 的中线控制桩，以两条切线的交角和曲线要素为依据，来确定隧道中线的位置。平面控制网应尽可能包括隧道各洞口的中线控制点，既可以在施工测量时提高贯通精度，又可减少工作量。

隧道洞外控制测量的目的是在开挖洞口之间建立精密的控制网，以便精确地确定开挖洞口的掘进方向，使之正确相向开挖，保证贯通的精确性。洞外平面控制测量应结合隧道长度、平面形状、线路通过地区的地形和环境等条件进行设计，常采用 GPS 法、精密导线法、中线法和三角锁法等测量方法进行施测。

（1）三角锁法

将测角三角锁布置在隧道进出口之间，以一条高精度的基线作为起始边，并在三角锁的另一端增设一条基线，以增加检核和平差的条件。三角测量的方向控制较中线法、导线法都高，如果仅从提高横向贯通精度的观点考虑，它是最理想的隧道平面控制方法。

由于光电测距仪和全站仪的普遍应用，三角测量除采用测角三角锁外，还可采用边角网和三角网作为隧道洞外控制。但从其精度、工作量等方面综合考虑，以测角单三角形锁最为常用。经过近似或严密平差计算可求得各三角点和隧道轴线上控制点的坐标，然后以这些控制点为依据，可计算各开挖口的进洞方向。

（2）精密导线法

在隧道进出口之间，沿勘测设计阶段所标定的中线或离开中线一定距离布设导线，采用精密测量的方法测定各导线点和隧道两端控制点的点位。

在进行导线点的布设时，除应满足规范规定的有关要求外，导线点还应根据隧道长度和辅助坑道的数量及位置分布情况布设。导线宜采用长边，且尽量以直线形式布设，这样可以减少转折角的个数，以减弱边长误差和测角误差对隧道横向贯通误差的影响。为了增加检核条件和提高测角精度评定的可行性，导线应组成多边形导线闭合环或具有多个闭合环的闭合导线网，导线环的个数不宜太少，每个环的边数不宜太多，一般在一个控制网中，导线环的个数不宜少于 4 个，每个环的边数宜为 4～6 条。导线可以是独立的，也可以与国家等级控制点相连。导线水平角的观测，宜采用方向观测法，测回数应符合表 12-5 的规定。

表 12-5 测角精度、仪器型号和测回数

三角锁、导线测量等级	测角中误差（″）	仪器型号	测回数
二	1.0	DJ_1	6～9
		DJ_2	9～12
三	1.8	DJ_1	4
		DJ_2	6
四	2.5	DJ_1	2
		DJ_2	4
五	4.0	DJ_2	2

当水平角为两方向时，则以总测回数的奇数测回和偶数测回分别观测导线的左角和右角。左右角分别取中数后按式（12-17）计算圆周角闭合差 Δ，其值应符合表 12-6 的规定。再将它们统一换算为左角或右角后取平均值作为最后结果，这样可以提高测角精度。

$$\Delta = [左角]_{中} + [右角]_{中} - 360°$$ (12-17)

表 12-6 测站圆周角闭合差的限差（″）

导线等级	二	三	四	五
Δ	2.0	3.6	5.0	8.0

导线环角度闭合差，应不大于按式（12-18）计算的限差：

$$f_{\beta限} = 2m\sqrt{n}$$ (12-18)

式中，m 为设计所需的测角中误差，单位为 s；n 为导线环内角的个数。

导线的实际测角中误差应按式（12-19）计算，并应符合控制测量设计等级的精度要求。

$$m_\beta = \pm\sqrt{\frac{[f_\beta^2/n]}{N}}$$ (12-19)

式中，f_β 为每一导线环的角度闭合差，单位为 s；n 为每一导线环内角的个数；N 为导线环的总个数。

导线环（网）的平差计算，一般采用条件平差或间接平差（可参考有关"测量平差"教材）。当单线精度要求不高时，亦可采用近似平差。用导线法进行平面控制比较灵活、方便，对地形的适应性强。

（3）GPS 法

隧道洞外控制测量可利用 GPS 相对定位技术，采用静态测量方式进行。测量时仅需在各开挖洞口附近测定几个控制点的坐标，工作量小、精度高，而且可以全天候观测，因此是大中型隧道洞外控制测量的首选方案。

隧道 GPS 控制网的布网设计，应满足下列要求：

① 控制网由隧道各开挖口的控制点点群组成，GPS 定位点之间一般不要求通视，但布设同一洞口控制点时，考虑到用常规测量方法检核及引测进洞的需要，洞口控制点间应当通视。

② 基线最长不宜超过 30km，最短不宜短于 300m。

③ 每个控制点应有 3 个或 3 个以上的边与其连接，极个别的点才允许由两个边连接。

④ 点位上空视野开阔，保证至少能接收到 4 颗卫星的信号。

⑤ 测站附近不应有对电磁波有强烈吸收或反射影响的金属和其他物体。

⑥ 各开挖洞口的控制点及洞口投点高差不宜过大，尽量减小垂线偏差的影响。

比较上述几种平面控制测量方法可以看出，中线法控制形式计算简单、施测方便，但由于方向控制较差，只能用于较短的隧道（长度 1km 以下的直线隧道，0.5km 以下的曲线隧道），故未介绍。三角测量方法方向控制精度高，故在测距效率比较低、技术手段落后而测角精度较高的时期，是隧道控制的主要形式，但其三角点的定点布设条件苛刻。而精密导线法，图形布设简单，选点灵活，地形适应性强，随着光电测距仪的测程和精度的不断提高，已成为隧道平面控制的主要形式。若在水平角测量时使用精度较高的经纬仪，适度增加测回数或组成适当的网形，都可以大大提高其方向控制精度，而且光电测距导线和光电测距三角高程还可以同步进行，提高了效率，减小了野外劳动强度。GPS 测量是近年发展起来的最有前途的一种测量形式，已在多座隧道的洞外平面控制测量中得到应用，效果显著。随着其技术的不断发展，观测精度的不断提高，未来必将成为既满足精度要求，又效率最高的隧道洞外控制方式。

2. 洞外高程控制测量

高程控制测量，是按照设计精度施测各开挖洞口附近水准点之间的高差，以便将整个隧道的统一高程系统引入洞内，保证在高程方向按规定精度正确贯通，并使隧道各附属工程按要求的高程精度正确修建。

高程控制常采用水准测量方法，但当山势陡峻采用水准测量困难时，三、四、五等高程控制亦可采用光电测距三角高程的方法进行。随着新型精密全站仪的出现和使用，在特定情况下，光电测距三角高程可以有条件地代替二等几何水准测量。

高程控制路线应选择连接各洞口最平坦和最短的线路，以期达到设站少、观测快、精度高的要求。每一个洞口应埋设不少于 2 个水准点，以相互检核；2 个水准点的位置，以能安置一次仪器即可联测为宜，方便引测并避开施工的干扰。高程控制水准测量的精度，应参照相应行业的测量规范实施，表 12-7 列举了 2014 年发布的《铁路技术管理规程》中的技术要求。

表 12-7　各等级水准测量的路线长度及仪器等级的规定

测量部位	测量等级	每千米水准测量的偶然中误差 M_Δ（mm）	两开挖洞口间水准路线长度（km）	水准仪等级/测距仪精度等级	水准标尺类型
洞外	二	≤1.0	>36	$DS_{0.5}$、DS_1	线条式钢瓦水准尺
	三	≤3.0	13~36	DS_1	线条式钢瓦水准尺
				DS_3	区格式水准尺
	四	≤5.0	5~13	DS_3/Ⅰ、Ⅱ	区格式水准尺
	五	≤7.5	<5	DS_3/Ⅰ、Ⅱ	区格式水准尺
洞内	二	≤1.0	>32	DS_1	线条式钢瓦水准尺
	三	≤3.0	11~32	DS_3	区格式水准尺
	四	≤5.0	5~11	DS_3/Ⅰ、Ⅱ	区格式水准尺
	五	≤7.5	<5	DS_3/Ⅰ、Ⅱ	区格式水准尺

12.5.2 隧道内控制测量

在隧道施工中，随着开挖的延伸进展，需要不断给出隧道的掘进方向。为了正确完成施工放样，防止误差积累，保证最后的准确贯通，应进行洞内的平面控制测量。此项工作是在洞外平面控制测量的基础上展开的。隧道洞内平面控制测量应结合洞内施工特点进行。

洞内高程控制测量是将洞外高程控制点的高程通过联系测量引测到洞内，作为洞内高程控制和隧道构筑物施工放样的基础，以保证隧道在竖直方向正确贯通。

1. 洞内平面控制测量

洞内平面控制测量常用的方法是精密导线法。导线控制的方法形式灵活，点位易于选择，测量工作也较简单，而且可有多种检核方法；构成导线闭合环时，角度经过平差，还可以提高点位的横向精度。施工放样时的隧道中线点依据临近导线点进行测设，中线点的测设精度能满足局部地段施工要求。洞内导线平面控制方法适用于长大隧道。

洞内导线测量的布网形式主要有单导线、导线环和主、副导线环等。

（1）单导线。导线布设灵活，但缺乏检测条件。测量转折角时最好半数测回测左角，半数测回测右角，以加强检核。施工中应注意定期检查各导线点的稳定情况。

（2）导线环。如图 12-19 所示，是长大隧道洞内控制测量的首选形式，有较好的检核条件，而且每增设一对新点，如 5 和 5′ 点，可按两点坐标反算 55′ 的距离，然后与实地丈量的 55′ 距离比较，这样每前进一步均有检核。

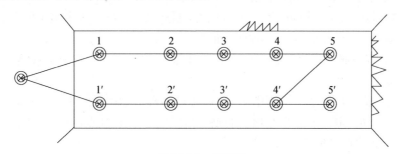

图 12-19 导线环

（3）主副导线环。如图 12-20 所示，图中双线为主导线，单线为副导线。主导线既测角又测边长，副导线只测角不测边长，增加角度的检核条件。在形成第二闭合环时，可按虚线形式，以便主导线在 2 点处能以平差角传算 34 边的方位角。主副导线环可对测量角度进行平差，提高了测角精度，对提高导线端点的横向点位精度非常有利。

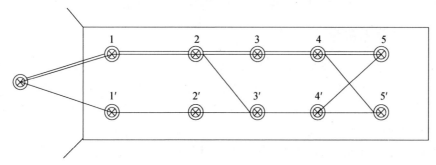

图 12-20 主副导线环

在洞内进行平面控制测量时应注意：

① 洞内的平面控制网宜采用导线形式，并以洞口投点（插点）为起始点沿隧道中线或隧道两侧布设成直伸的长边导线或狭长多环导线。

② 导线的边长宜近似相等，直线段不宜短于200m，曲线地段不宜短于70m。导线边距离洞内设施不小于0.2m。

③ 当双线隧道或其他辅助坑道同时掘进时，应分别布设导线，并通过横洞连成闭合环。

④ 当隧道掘进至导线设计边长的2～3倍时，应进行一次导线延伸测量。

⑤ 对于长距离隧道，可加测一定数量的陀螺经纬仪定向边。

⑥ 当隧道封闭采用气压施工时，对观测距离必须作相应的气压改正。

⑦ 洞内导线计算的起始坐标和方位角，应根据洞外控制点的坐标和方位进行传算。

2. 洞内高程控制测量

洞内高程控制测量是将洞外高程控制点的高程通过联系测量引测到洞内，作为洞内高程控制和隧道构筑物施工放样的基础，以保证隧道在竖直方向正确贯通。

洞内水准测量与洞外水准测量的方法基本相同，但有以下特点：

① 隧道贯通之前，洞内水准路线属于水准支线，故需往返多次观测进行检核。

② 洞内三等及以上的高程测量应采用水准测量，进行往返观测；四、五等也可采用光电测距三角高程测量的方法，应进行对向观测。

③ 洞内应每隔200～500m设立一对高程控制点以便检核。为了施工便利，应在导坑内拱部边墙至少每100m设立一个临时水准点。

④ 洞内高程点必须定期复测。测设新的水准点前，注意检查前一水准点的稳定性，以免产生错误。

⑤ 因洞内施工干扰大，常使用倒、挂尺传递高程，如图12-21所示，高差的计算公式仍用 $h_{AB}=a-b$，但对于零端在顶上的倒、挂尺（如图中 B 点倒尺），读数应作为负值计算，记录时必须在挂尺读数前冠以负号。

B 点高程为

$$H_B=H_A+a-(-b)=H_A+a+b \tag{12-20}$$

洞内高程控制测量的作业要求、观测限差和精度评定方法应符合洞外高程测量的有关规定。洞内测量结果的精度必须符合洞内高程测量设计要求或规定等级的精度（表12-7）。

当隧道贯通之后，求出相向两水准路线的高程贯通误差，在允许误差以内时可在未衬砌地段进行调整。所有开挖衬砌工作应以调整后的高程指导施工。

12.5.3 竖井联系测量

在隧道施工中，常用竖井在隧道中间增加掘进工作面，从多面同时掘进，可以缩短贯通段的长度，提高施工进度。这时，为了保证相向开挖面能正确贯通，就必须将地面控制网中的坐标、方向及高程，经由竖井传递到地下去，这些传递工作称为竖井联系测量。其中坐标和方向的传递，称为竖井定向测量。通过定向测量，使地下平面控制网与地面上有统一的坐标系统。而通过高程传递则使地下高程系统获得与地面统一的起算数据。竖井联系测量工作分为平面联系测量和高程联系测量。平面联系测量又分为几何定向（包括一井

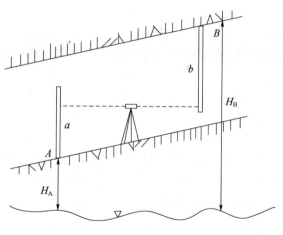

图 12-21　倒尺高程传递

定向和两井定向）和陀螺定向。

1. 竖井定向测量

竖井定向测量包括投点和投向（定向）两项内容。投点是将地面一点向井下作垂直投影，以确定地下导线起始点的平面坐标，一般采用垂球或激光铅垂仪投点。投向就是确定井下导线边的起始方位角。

（1）投点

投点所用垂球的重量与钢丝的直径随井深而异：井深小于 100m 时，垂球重 30～50kg；大于 100m 时为 50～100kg。钢丝的直径大小取决于垂球的重量。例如钢丝 $\phi=$ 1.0mm 的悬挂垂球重量可达 90～100kg；$\phi=2.0$mm，球重达 360～370kg。投点时，先用小垂球（2kg）将钢丝下放井下，然后换大垂球，并置于油桶或水桶内，使其稳定，如图 12-22 所示。

由于井筒内受气流、滴水的影响，使垂球线发生偏移和不停的摆动，故投点分稳定投点和摆动投点。稳定投点是指垂球的摆动振幅小于 0.4mm 时，即认为垂球线是稳定的，可进行井上井下同时观测；垂球摆动振幅大于 0.4mm 时，则按照观测摆动的振幅度求出静止位置，并将其固定。

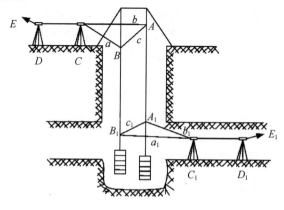

图 12-22　竖井定向测量示意图

（2）连接测量

同时在地面和定向水平上对垂球线进行观测，地面观测是为了求得两垂球线的坐标及其连线的方位角；井下观测是以两垂球的坐标和方位角推算导线起始点的坐标和起始边的方位角。连接测量的方法很多，但普遍使用的是连接三角形法。

如图 12-23 所示，D 点与 C 点分别为地面上近井点和连接点。A、B 为两垂球线，C_1、D_1 和 E_1 为井下永久导线点。在井上和井下分别安置经纬仪（或全站仪）于 C 和 C_1 点，分别观测角度 φ、ω、γ 和 φ_1、ω_1、γ_1。测量边长 a、b、c 和 CD，以及井下的 a_1、b_1、c_1 和 C_1D_1。由此，在井上和井下形成以 AB 为公共边的 $\triangle ABC$ 和 $\triangle ABC_1$。由图 12-23 可看出，已知 D 点坐标和 DE 边的方位角，观测三角形的各边长 a、b、c 及 γ 角，就可推算井下 C_1D_1、D_1E_1 的方位角和 C_1、D_1 和 E_1 点的坐标。

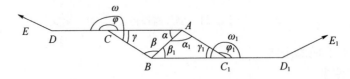

图 12-23　竖井定向测量几何图

为提高定向精度，在点的设置和观测时，两垂球的距离应尽量大。所以，若实际有两个可用的竖井，井下有巷道相通，并能进行测量，就可在两井筒各下放一根垂球线，然后在地面和井下分别将其连接，形成一个闭合环，从而把地面坐标系的平面坐标和方位角引测到井下，此即两井定向。两井定向的内业计算与常规闭合导线的内业计算的原理基本相同，在此不再详细介绍。

2. 竖井高程传递

竖井高程传递的目的是将地面的高程系统传递到井下高程起始点上，建立井下高程控制点，统一井下与井上的高程系统。从井上高程导入井下，常用的方法有钢尺导入法和光电测距仪导入法等。这里以钢尺导入法为例介绍井上与井下的高程传递方法。

在传递高程时，用到的仪器设备有水准仪（两台）、水准尺（两根）及钢尺等。将钢尺悬挂在架子上，其零端放入竖井中，并在该端挂一个 10kg 左右的垂球。可将垂球置于油桶内，以防止垂球摆动。如图 12-24 所示，将一台水准仪架设在地面上的合适位置，整平后，照准后视尺 A，读数为 a；照准前视尺（钢尺），读数为 a_1。将另一台水准仪架设于井下某一合适位置，整平后，照准后视尺（钢尺），读数为 b_1；照准前视尺 B，读数为 b。根据水准测量原理，井下水准点 B 的高程为

$$H_B = H_A + (a-b) - (a_1-b_1) \tag{12-21}$$

为了提高测量精度，a_1 和 b_1 应同时观测。观测时应测量井上及井下的温度。由于钢尺受客观条件的影响，因此，在计算 B 点高程时，应加入尺长、温度、拉力和钢尺自重等改正数。另外，导入高程需进行至少两次的独立测量，且在加入各项改正数后，前后两次导入高程之差也应满足规范规定的限差要求。

12.5.4　隧道内施工测量

1. 进洞测量

在隧道开挖以前，必须根据洞外控制测量的结果，测算洞口控制点的坐标和高程。同

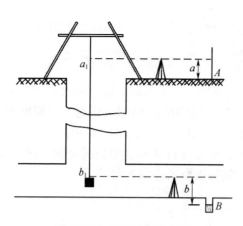

图 12-24 钢尺法传递高程

时，按设计要求计算洞内中线点的设计坐标和高程，通过坐标反算，求出洞口待定点与洞口控制点（或洞口投点）之间的距离和角度关系。也可按极坐标或其他方法测设出进洞的开挖方向，并放样出洞门内中线点，这就是隧道洞外和洞内的联系测量（即进洞测量）。

（1）洞门的施工测量

进洞数据通过坐标反算得到后，应在洞口控制点（或洞口投点）安置仪器，测设出进洞方向，并将此掘进方向标定在地面上，即测设洞口投点的护桩标石方向，如图 12-25 所示。

在洞口的山坡面上标出中线位置和高程，按设计坡度指导劈坡工作。劈坡完成后，在洞帘上测设出隧道断面轮廓线，就可以进行洞门的开挖施工了。

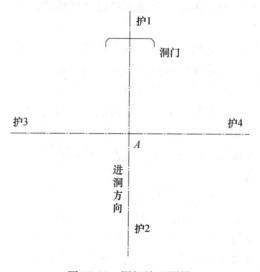

图 12-25 洞门施工测量

（2）进洞测量

洞外控制测量完成之后，应把各洞口的线路中线控制桩和洞外控制网联系起来，为施工测量方便，也可建立施工坐标系。如若控制网和线路中线两者的坐标系不一致，应首先把洞外控制点和中线控制桩的坐标纳入同一坐标系内，即进行坐标转换。直线隧道，一般以线路中线作为 X 轴；曲线隧道，则以一条切线方向作为 X 轴，建立施工坐标系。用控制点和隧道内待测设的线路中线点的坐标，反算两点的距离和方位角，从而确定进洞测量的数据，把中线引进洞内。

① 直线隧道进洞

直线隧道进洞计算比较简单，常采用拨角法。如图 12-26 所示，A、D 为隧道的洞口投点，位于线路中线上，当以 AD 为坐标纵轴方向时，可根据洞外控制测量确定的 A、B 和 C、D 点坐标进行坐标反算，分别计算放样角 β_1 和 β_2。测设放样时，仪器安置在 A 点，后视 B 点，拨角水平角 β_1，就可得到 A 端隧道口的进洞方向；仪器安置在 D 点，后视 C 点，拨水平角 β_2，得到 B 端隧道口的进洞方向。

图 12-26　直线隧道

② 曲线隧道进洞

曲线隧道每段洞口切线上的两个投点的坐标在平面控制测量中已计算出，根据四个投点的坐标可算出两切线间的偏角 α（α 为两切线方位角之差），α 值与原来定测时所测得的偏角值可能不相符，应按此时所得 α 值和设计所采用曲线半径 R 和缓和曲线长，重新计算曲线要素和各主点的坐标。

曲线进洞测量一般有两种方法：一个是洞口投点移桩法，另一个是洞口控制点与曲线上任一点关系计算法。

洞口投点移桩法，即计算定测时原投点偏离中线（理论中线）的偏移量和移桩夹角，并将它移到正确的中线上，再计算出移桩后该点的隧道施工里程和切线方向，于该点安置仪器，就可按曲线测设方法测设洞门位置或洞门内的其也中线点。

洞口控制点与曲线上任一点关系计算法是将洞口控制点和整个曲线转换为同一施工坐标系，无论待测设点位于切线、缓和曲线还是圆曲线上，都可根据其里程计算出施工坐标，在洞口控制点上安置仪器用极坐标法测设洞口待定点。

2. 洞内施工中线测量

隧道洞内掘进施工，是以中线为依据进行的。当洞内敷设导线之后，导线点不一定恰好在线路中线上，也不可能恰好在隧道的轴线上（隧道衬砌后两个边墙间隔的中心即为隧道中心轴线，其直线部分与线路中线重合；而曲线部分由于隧道断面的内、外侧加宽值不同，所以线路中心线与隧道中心线并不重合）。施工中线分为永久中线和临时中线，永久中线应根据洞内导线测设，中线点间距应符合表 12-8 的规定。

表 12-8　永久中线点间距（m）

中线测量	直线地段	曲线地段
由导线测设中线	120~250	60~100
独立中线法	不小于 100	不小于 50

（1）由导线测设中线

用精密导线进行洞内控制测量时，应根据导线点位的实际坐标和中线点的理论坐标，反算出距离和角度，用极坐标法测设出中线点。为方便使用，中线桩可同时埋设在隧道的底部和顶板：底部宜采用混凝土包木桩，在桩顶钉一颗钉子以示点位；顶板上的中线桩点，可灌入拱部混凝土中或打入坚固岩石的钎眼内，且能悬挂垂球线以标示中线。测设完成后应进行检核，确保无误。

（2）独立中线法

对于较短隧道，若用中线法进行洞内控制测量，则在直线隧道内应用正倒镜分中法延伸中线；在曲线隧道内一般采用弦线偏角法，也可采用其他曲线测设方法延伸中线。

（3）洞内临时中线的测设

隧道的掘进延伸和衬砌施工应测设临时中线。随着隧道掘进的深入，平面测量的控制工作和中线测量也需紧随其后。当掘进的延伸长度不足一个永久中线点的间距时，应先测设临时中线点，如图 12-27 中的 1、2 等。点间距离，一般直线上不大于 30m，曲线上不大于 20m。为方便掌子面的施工放样，当点间距小于此长度时，可采用串线法延伸标定简易中线，超过此长度时，应该用仪器测设临时中线，当延伸长度大于永久中线点的间距时，就可以建立一个新的永久中线点，如图中的 e 点。永久中线点应根据导线或用独立中线法测设，然后根据新设的永久中线点继续向前测设临时中线点。当采用全断面法开挖时，导线点和永久导线点都应紧跟中线点，这时临时中线点要求的精度也较高；供衬砌用临时中线点，直线上应采用正倒镜压点或延伸，曲线上可用偏角法、长弦支距法等方法测定，宜每 10m 加密一点。

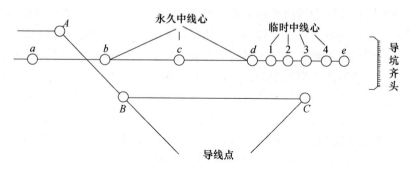

图 12-27　洞内临时中线的测设

3. 掘进方向指示

应用经纬仪指示，根据导线点和待定点的坐标反算数据，用极坐标的方法测设出掘进方向。还可应用激光定向经纬仪或激光指向仪来指示掘进方向。利用激光指向仪发射的一束可见光，指示出中线及腰线方向或它们的平视方向。激光指向仪具有直观性强、作用距离长、测设时对掘进工序影响小、便于实现自动化控制的优点。如采用机械化掘进设备，则配以装在掘进机上的光电跟踪靶，当掘进方向偏离了指向仪的激光束时，光电接收装置将会通过指向仪表给出掘进定向的自动纠正。激光指向仪可以被安置在隧道顶部或侧壁的锚杆支架上，如图 12-28 所示，以不影响施工和运输为宜。

4. 开挖断面的放样

开挖断面的放样是在中垂线和腰线基础上进行的，包括两侧边墙、拱顶、底板（仰

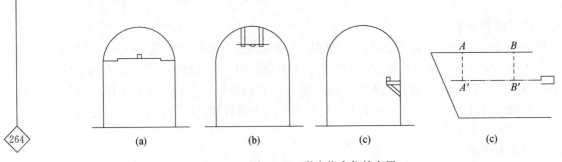

图 12-28　激光指向仪的安置

(a) 安置在横梁上；(b) 安置在锚杆上；(c) 安置在侧面钢架上；(d) 指向仪定向

拱）三部分。根据设计断面的宽度、拱脚和拱顶的标高、拱曲线半径等数据放样，常采用断面支距法测设断面轮廓。

全断面开挖的隧道，当衬砌与掘进工序紧跟时，两端掘进至距预计贯通点各 100m，开挖断面可适当加宽，以便于调整贯通误差，但加宽值不应超过该隧道横向预计贯通误差的一半。

12.5.5　隧道贯通测量

为了加快隧道的施工进度，隧道施工通常是在进口和出口相向开挖。贯通测量的任务是指导贯通工程的施工，以保证隧道能在预定贯通点贯通。由于地面控制测量、竖井联系测量以及地下控制测量中的误差，使得贯通工程的中心线不能相互衔接，所产生的偏差即为贯通误差。其中在施工中线方向的投影长度称为纵向贯通误差，在水平面内垂直于施工中线方向上的投影长度称为横向贯通误差，在竖直方向上的投影长度称为高程贯通误差。纵向贯通误差仅影响隧道的长度，对隧道的质量没有影响。高程要求的精度，使用一般水准测量方法即可满足施工要求。横向贯通误差会直接影响施工质量，严重时甚至会导致隧道报废。所以，一般所说的贯通误差，主要是指隧道的横向贯通误差。

为了加快隧道施工进度，除了进、出口开挖面外，还常采用横洞、斜井、竖井、平行导坑等方式增加开挖面。隧道的开挖总是沿线路中线向洞内延伸的，保证隧道在贯通时两相向开挖施工中线的相对错位不超过规定的限值。施工作业前，应根据贯通误差容许值，进行贯通测量的误差预计。鉴于横向贯通误差对隧道贯通影响最大，直线隧道大于1000m，曲线隧道大于 500m 就要进行误差预计。即在进行平面控制测量设计时，应进行横向贯通误差的估算。

各种贯通工程的容许贯通误差视工程性质而定。在铁路隧道贯通时，两开挖洞口间长度小于 4km 时，隧道的横向贯通中误差的限差为 $\pm 0.1m$；两开挖洞口间长度在 $4\sim 8km$ 时，隧道的横向贯通中误差的限差为 $\pm 0.15m$；高程贯通中误差的限差都为 $\pm 0.05m$。在矿上开采和地质勘探施工时，隧道的横向贯通中误差的限差为 $\pm (0.3\sim 0.5)m$，高程贯通中误差的限差为 $\pm (0.2\sim 0.3)m$。

工程贯通后的实际横向偏差值可采用中线法测定，即将相向掘进的隧道中线延伸至贯通面，分别在贯通面上钉立中线的临时桩，测量临时桩之间的水平距离，即为实际横向贯通误差。也可在贯通面上设立一个临时桩，分别利用两侧的地下导线点测定该桩位的坐标，利用两组坐标的差值求得横向贯通误差。

对于实际高程贯通误差的测定，一般是从贯通面一侧有高程的腰线点上用水准仪联测到另一侧有高程的腰线点，其高程闭合差就是贯通巷道在竖向上的实际偏差。

12.5.6 隧道变形监测与竣工测量

1. 隧道变形监测

为确保施工安全，监控工程对周围环境的影响，为信息化设计与施工提供依据，隧道监控测量应作为关键工序列入施工组织，并认真实施。隧道变形监测以洞内、洞外监测、净空收敛量测、拱顶下沉量测、洞身浅埋段地表下沉量测为必要项目。

（1）隧道地表沉降监测

隧道地表沉降监测包括纵向地表和横向地表沉降观测。隧道地表沉降监测点应在隧道开挖前布设，地表沉降测点纵向间距应按表 12-9 的要求布置。

表 12-9 地表沉降测点纵向间距

隧道埋深与开挖宽度	纵向测点间距（m）	隧道埋深与开挖宽度	纵向测点间距（m）
$2B<H_0<2.5B$	20～50	$H_0<2B$	5～10
$B<H_0<2B$	10～20	—	—

注：H_0 为隧道埋深，B 为隧道开挖宽度。

地表沉降测点横向间距为 2～5m。在隧道中线附近测点应适当加密，隧道中线两侧量测范围不应小于隧道埋深与隧道开挖宽度之和，地表有控制性建筑物时，量测范围应适当加宽。测点布置如图 12-29 所示。

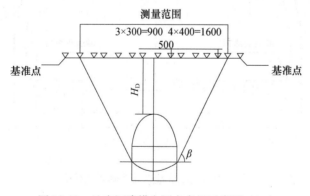

图 12-29 地表沉降横向测点布置示意图（cm）

地表沉降监测精度等级视施工现场和设计要求确定，在地表有重要设施和人口密集区域应用二等水准测量精度等级施测。

（2）隧道洞内变形监测

洞内拱顶下沉测点和净空变化测点应布置在同一断面上，拱顶下沉测点原则上设置在拱顶轴线附近，当隧道跨度较大时，应结合设计和施工方法在拱部增设测点，如图 12-30 所示。

由于铁路客运专线无砟轨道对线路高平顺性的要求，在上述必测项目的基础上，增加了沉降观测和评估的内容。隧道工程沉降是指隧道基础的沉降观测，即隧道的仰拱部分。隧道的进出口进行地基处理的地段，地应力较大、断层或隧底溶蚀破碎带、膨胀土等不良和复杂地质区段，特殊基础类型的隧道段落，隧底由于承载力不足进行过换填、注浆或其他措施处理的复合地基段适当加密布设；围岩级别、衬砌类型变化段及沉降变形缝位置应至少布设两个断面；一般地段沉降观测断面的布设根据地质围岩级别确定，一般情况下Ⅲ级围岩每 400m、Ⅳ级围岩每 300m、Ⅴ级围岩每 200m 布设一个观测断面，如图 12-31所示。

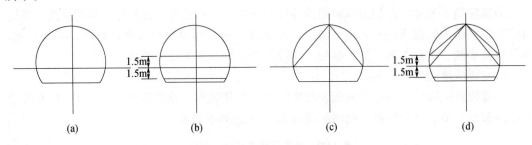

图 12-30　洞内变形监测测线布置

(a)、(c) 单线隧道；(b)、(d) 双线隧道

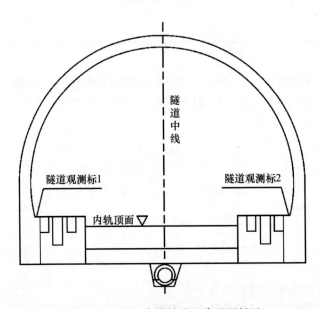

图 12-31　客运专线铁路沉降观测断面

2. 隧道竣工测量

隧道竣工后，为了检查主要结构物及线路位置是否符合设计要求并提供竣工资料，为将来运营中的检修工作和设备安装等提供测量控制点，应进行竣工测量。

隧道竣工后，首先检测中线点，从一端洞口至另一端洞口。检测闭合后，应在直线上每 200～250m、各曲线主点上埋设永久性中线点；洞内高程点应在复测的基础上每千米埋设一个永久水准点。永久中线点、永久水准点经检测后，除了在边墙上加以标示外，需列出实测成果表，注明里程，必要时还需绘出示意图，作为竣工资料之一。

竣工测量另一主要内容是测绘隧道的实际净空断面，应在直线地段每 50m，曲线地段每 20m 或需要加测断面处施测。如图 12-32 所示，净空断面测量应以线路中线为准，测量拱顶高程、起拱线宽度、轨顶面以上 1.1m、3.0m、5.8m 处的宽度。其他断面形式的隧道，具体测量部位应按设计要求确定。隧道断面测量现在大都采用激光断面仪量测，采集信息由专用软件处理，随即绘出断面图，精度完全满足断面测量精度要求。

竣工测量后一般要求提供下列图表：隧道长度表、净空表、隧道回填断面图、水准点表、中桩表、断链表、坡度表。

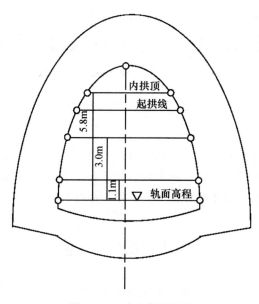

图 12-32 净空断面测量

本章思考题

1. 桥梁施工测量的主要内容有哪些？

2. 何谓桥轴线长度？其所需精度与哪些因素有关？

3. 桥梁平面控制网主要布设成哪些形式？如何建立桥梁施工控制网的坐标系？

4. 何谓桥梁工作线、桥梁偏角、桥墩偏距？并画出示意图。

5. 桥梁墩台变形观测有哪些内容？

6. 隧道工程测量的主要任务是什么？有哪几项主要测量工作？

7. 隧道贯通测量误差包括哪些内容？什么误差是应主要控制的？

8. 隧道洞内平面控制测量有何特点？常采用什么形式？

9. 为什么要进行隧道洞内、洞外的联系测量？

第 13 章　地下管线工程测量

本章导读

　　本章主要介绍地下管线的种类、地下管道中线测量、地下管道施工测量、地下管线探测等内容；其中地下管道施工测量的方法、地下管线探测仪的使用是学习的重点与难点；采取课堂讲授、实验操作与课下练习相结合的学习方法，建议 2~4 个学时。

13.1　概　　述

　　地下管线是城市重要的基础设施，它好比是整个城市的"神经"和"血管"，担负着传送信息和输送能量的工作，保证城市每天健康顺利地运转。地下管线工程是随城市发展而逐年建成的，而随着城市不断发展，又需要不断地进行新建和更新，规模也逐渐加大。由于早年建设的管线常存在资料缺乏和错误的问题，导致后续的地下管线工程规划设计和施工缺乏必要和可靠的依据，可能会导致施工过程中原有管线的损坏，造成重大经济损失，因此，调查和探测清楚地下管线的分布非常有必要，对整个城市的健康发展具有重要意义。

13.1.1　地下管线介绍

　　地下管线种类很多，从管线传输或排放物质的性质来分，城市地下管线可分为以下几种：

　　（1）电力管道：包括供电、照明、电车、信号、广告和直流专用线路等。

　　（2）电信管道：包括光缆、电视、市话、广播、有线电视、宽带、监控和专用管道等。

　　（3）给水管道：包括生活水、循环水、消防水、绿化水和中水等输配水管道。

　　（4）下水管道：包括雨水、污水、工业废水等管道。

　　（5）燃气管道：包括煤气、天然气、液化气和煤层气等管道。

　　（6）工业管道：又称特种管道，包括热力、工业用气体、液体燃料及化工原料等管道。

　　（7）综合管道：包括综合管廊和综合管沟。

　　地下管线结构复杂，由于管线功能运行上的需要，沿线还须设置一系列的井、室、闸等附属设施，其空间地理位置和属性应在管道探查或测量工作中确定。地下管线探测主要包括地下管线探查和地下管线测量，前者主要针对缺少完整资料档案的已有管线，后者则主要针对施工建设中的新管线。

13.1.2 地下管线工程测量的流程

管道工程测量是为各种管道的设计和施工服务的，它的任务主要有两方面：一是为管道工程的设计提供必要资料，如带状地形图和纵横断面图等；二是按设计要求，将管道位置施测于实地，指导施工。

城市中的各种地下管线常常上下穿插、纵横交错，如果在测量、设计和施工中出现差错，没有及时发现，一经埋设将会造成严重后果。因此，测量工作必须采用统一坐标和高程系统，严格按设计要求进行测量工作，做到"步步有校核"，这样才能保证施工质量。管道施工测量的一般流程如下：

(1) 收集资料：收集规划区域内原有的管道平面图、断面图以及相关的测量资料等。

(2) 踏勘定线：利用已有地形图，对现场进行踏勘，并在图上进行规划和选线。

(3) 管道中线测量：根据设计要求，在地面上定出管道中心线的位置。

(4) 纵横断面测量：测绘管道中心线方向和垂直于中心线方向的地面高低起伏情况。

(5) 管道施工测量：按照设计图纸，将管道测设于实地及施工中的各项测量工作。

(6) 管道竣工测量：测绘管道竣工图，评估管道施工的成果与质量并作为管道后期管理、维修和改扩建的依据。

本章主要介绍地下管道中线测量以及地下管道施工测量。

13.2 地下管道中线测量

根据设计要求，在地面上定出管道中心线的位置，主要工作有：地下管道主点测设、地下管道中桩测设、地下管道转向角测量以及地下管道里程桩略图绘制。

13.2.1 地下管道主点测设

地下管道主点测设主要包括起点、转向点和终点测设，设计人员根据相关资料设计好管线的前进方向和点的坐标，然后在实地可采用极坐标法、直角坐标法、角度交会法和距离交会法等进行测设。主点测设数据的采集方法，根据管道设计所给的条件和精度要求，一般可分为图解法和解析法两种。

1. 图解法

当管道规划设计图的比例较大，管道主点附近有较为可靠的地物点时，可直接从设计图上量取数据。如图13-1所示，A、B为原有管道检查井位置，1、2、3为设计管道的主点。要在实地标定出1、2、3的位置，可在地形图上量出长度S_1、S_2、S_3、S_4、S_5，根据比例尺换算成实地长度。首先，沿管道AB方向，从B点量出S_1即可得1点；用距离交会法从两个房角分别量出S_2、S_3交出2点，同法可根据S_4、S_5定出3点的位置。图解法误差较大，精度较低，在测设精度要求不高时可以使用。

2. 解析法

当管道规划设计图上已给出管道主点坐标，而且主点附近有测量控制点时，可以用解

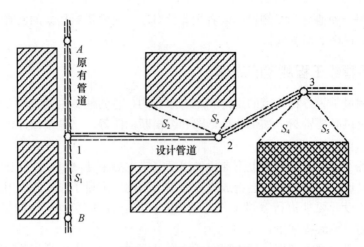

图 13-1　图解法主点测设

析法求出测设所需数据。如图 13-2 所示，A、B、C 为控制点，1、2、3 为管道主点，采用极坐标法测设 1 点，利用 A、B、1 点的坐标根据坐标反算计算出测设数据 α_1 和实地水平距离 S_1。测设时，安置全站仪于 B 点，后视 A 点，转 α_1 得到 B_1 方向，然后在该方向上测设出水平距离 S_1 即可得到 1 点，同法可以测设出 2 点和 3 点。

　　检核：利用各主点坐标根据坐标反算计算相邻主点间的距离，然后在实地量取主点间的距离。实测距离和理论值的较差应符合相关技术要求，若不符合，应查找原因重新测设。

　　若拟建管道附近没有控制点或控制点较少，应在拟建管道附近布设一条导线或者根据现有控制点进行加密，再进行主点测设工作。解析法比图解法精度高，适用于主点测设精度要求较高的情况。

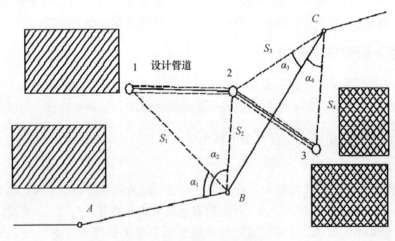

图 13-2　解析法主点测设

13.2.2　地下管道中桩测设

　　为了测定管线长度和测绘纵横断面图，从管线起点开始，沿管线中心线在地面上设置整桩和加桩，这项工作称为中桩测设。类似于线路测量，由路线起点开始，每隔 10m、

20m或50m的整倍数桩号而设置的里程桩叫作整桩。相邻整桩间管道穿越的重要地物处（如铁路、原有管道）及地面坡度变化处要增设加桩，加桩分为地形加桩、地物加桩、曲线加桩和关系加桩。

为便于计算，管道中桩都按管道起点到该里程桩的距离进行编号，如整桩号为0＋150，即此里程桩离起点150m（"＋"号前的数为公里数），如加桩1＋167，即表示该里程桩距离起点1167m。中桩测设的检核方法为进行距离的往返丈量。

不同类别的管线，其起点也各不相同，如给水管道以水源为起点；排水管道以下游出水口为起点；煤气、热力等管道以来气方向为起点；电力、电讯管道以电源为起点。

13.2.3　地下管道转向角测量

转向角是管道中线方向改变时，改变方向与原方向间的夹角，同道路转向角定义一样，转向角有左右之分，转向角表达式为：

$$\begin{cases} \alpha=\beta-180° \text{（左折）} \\ \alpha=180-\beta \text{（右折）} \end{cases} \tag{13-1}$$

式中，β为两中线水平夹角。

如图13-3所示，要得到转向角的值，只需测量出β即可，将全站仪安置于JD_5点，盘左瞄准后视方向置零，转动望远镜瞄准JD_6，读取水平角读数，两者读数之差即为β，同理将全站仪置于盘右位置再观测一次，取盘左盘右的平均值作为β的值，然后根据式(13-1)计算得到转向角。若管道主点位置的测设数据是根据设计坐标计算得到的，则转向角应以计算值为准，如实测角值与计算角值相差超限，应进行检查和纠正，需要时进行重测。

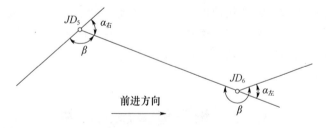

图13-3　转向角示意图

某些管线的转向角满足定型弯头的转角要求，如给水管线使用的铸铁管弯头转角有90°、45°、22.5°、11.25°等几种类型。当管道主点之间距离较短时，设计管道的转向角与定型弯头的转向角之差不应超过1°～2°。排水管道的支线与干流汇流处不应产生阻水现象，故管道转向角不应大于90°。

13.2.4　地下管道里程桩略图绘制

里程桩略图是在进行中桩测设的同时，在现场测绘管道两侧带状地区的地物和地貌，也叫里程桩手簿。里程桩手簿是绘制纵断面图和设计管道的重要参考资料，如图13-4所示，图中间的粗直线表示管道的中心线，管道起点里程为0＋000，50m为一个整桩，0＋172.3处为转向点，转向后的管线仍按直线方向绘出，但要用箭头表示管道转折的方向，

272

并注明转向角值，图中转向角为 30°，0+225.8 和 0+235.4 是管道穿越公路的加桩。

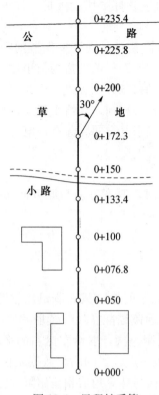

图 13-4　里程桩手簿

绘制里程桩手簿也称管线带状地形图测量，宽度一般为左右各 20m，如遇到建筑物，则需测绘到两侧建筑物，并采用统一图式表示。当已有大比例尺地形图时，某些地物和地貌可以从地形图上进行转绘，以减少工作量，也可直接在地形图上表示出管道中线和中线各里程桩的位置及编号。

13.3　地下管道施工测量

13.3.1　中线检核

中线测量时钉设的各种桩位，施工时有可能被碰动或丢失。为了保证中线位置的准确性，在开工前应对中线进行检核。如果设计阶段在地面上所标定的管道中线位置与管道施工时所需要的管道中线位置一致，而且主点各桩在地面上完好无损，则只需进行检核，不必重设。否则就需要重新测设管道的主点。

在管道中线方向上，根据检查井的设计数据，用钢尺标定其位置，并钉木桩。

13.3.2　施工控制桩测设

在进行管道施工时，中线上的各桩将被挖掉，为了恢复中线桩并确定检查井的位置，应在管线主点处的中线延长线上不受施工干扰处测设中线控制桩，在检查井与中线大致垂直位置测设检查井位控制桩，如图 13-5 所示。在布设管线施工控制桩时还要注意将控制桩布设在不易被施工破坏、引测方便而且容易保存的地方。

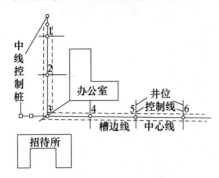

图 13-5 中线控制桩测设

中线控制桩和井位控制桩两种施工控制桩的测设如下：

（1）中线控制桩的测设：一般是在中线的延长线上钉设木桩并做好标记，如图 13-5 所示。

（2）附属构筑物井位控制桩的测设：一般是在垂直于中线方向上钉两个木桩。控制桩要钉在槽口外 0.5m 左右，与中线的距离最好是整分米数。恢复构筑物时，将两桩用小线连起，则小线与中线的交点即为中心位置。

当管道直线较长时，可在中线一侧测设一条与其平行的轴线，利用该轴线标示恢复中线和构筑物的位置。

13.3.3 槽口放线

槽口放线的任务是根据设计要求的埋深和土质情况、管径大小等计算出开槽宽度，并在地面上定出槽边线位置，以作为开挖槽边界的依据。

（1）当地面平缓时，如图 13-6 所示，开槽宽度按式（13-2）计算：

$$B=b+2mh \tag{13-2}$$

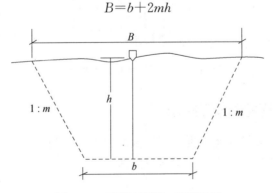

图 13-6 平缓地面槽口宽度计算

（2）当地面有起伏，管槽深在 2.5m 以内时，如图 13-7 所示，中线两侧槽口并不一致，半槽口宽度可用式（13-3）计算：

$$\begin{cases} B_1 = \dfrac{b}{2} + m\ (h-h_1) \\ B_2 = \dfrac{b}{2} + m\ (h+h_2) \end{cases} \tag{13-3}$$

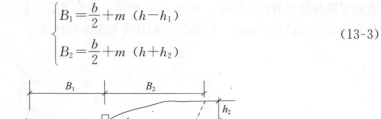

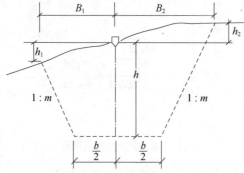

图 13-7　倾斜地面槽口宽度计算

（3）当槽深在 2.5m 以上时，如图 13-8 所示。槽口宽度 B 的计算方法为：

$$\begin{cases} B_1 = \dfrac{b}{2} + m_1 h_1 + m_3 h_3 + C \\ B_2 = \dfrac{b}{2} + m_2 h_2 + m_3 h_3 + C \end{cases} \tag{13-4}$$

式中，b 为槽底宽度；m_i 为槽壁坡度系数（由设计或规范给定）；h_i 为管槽左或右侧开挖深度；B_i 为中线左或右侧槽开挖宽度；C 为槽肩宽度。

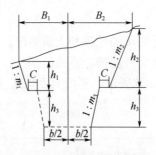

图 13-8　平缓地面槽口宽度计算

13.3.4　管道中线及高程施工控制

管道施工测量的主要任务是根据工程进度的要求，控制管道中线和高程，即测设管道中线和高程位置的施工标志，下面介绍两种方法。

1. 龙门板法

龙门板由坡度板和高程板及中线钉和坡度钉组成。主要测量内容有：

（1）埋设坡度板

坡度板应根据工程进度要求及时埋设，其间距为 10～15m，如遇检查井、支线等构筑物时应增设坡度板。当槽深在 2.5m 以上时，应待挖至距槽底 2.0m 左右时，再在槽内埋设坡度板。坡度板要埋设牢固，不得露出地面，应使其顶面近于水平。用机械开挖时，坡度板应在机械挖完土方后及时埋设，如图 13-9 所示。

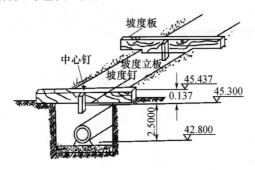

图 13-9　坡度板埋设示意图

（2）测设中线钉

坡度板埋好后，将经纬仪安置在中线控制桩上，将管道中心线钉投测在坡度板上并钉中心钉，中线钉的连线即为管道中线，挂垂线可将中线投测到槽底定出管道平面位置。

（3）测设坡度钉

为了控制管道埋深，使其符合设计坡度，需要在坡度板上标出已知高程标志。为此，可利用附近水准点，用水准仪测设坡度钉。在坡度板靠近中线钉的一侧再钉一高程板，在高程板的侧面测设一坡度钉，使各坡度钉的连线平行于管道设计坡度，并距管底设计高程为一整分米数，称为下返数。利用这条线来控制管道的坡度、高程和管槽深度。

检核：为防止观测或计算错误，测设坡度钉的水准路线应与另一已知水准点构成附合水准路线，加以检核。在施工过程中每块龙门板都应标上高程和下返数，以备随时使用，在变换下返数处更应特别注明。除检测本段的坡度钉外，还应联测已建成的管道或已测好的坡度钉，以便相互衔接。

2. 平行轴腰桩法

在进行管道施工测量时，如遇到管径较小、坡度较大、坡度板在现场不便使用且精度要求较低时可采用平行轴腰桩法。

开工之前，在管道中线一侧或两侧设置一排或两排平行于管道中线的轴线桩，桩位应落在开挖槽边线以外，如图 13-10 所示。平行轴线离管道中线为 a，各桩间距以 15～20m 为宜，在检查井处的轴线桩应与井位相对应。

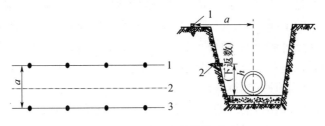

图 13-10　平行轴腰桩法

为了控制管底高程，在槽沟坡上（距槽底约 1m 左右），测设一排与平行轴线桩相对应的桩，这排桩称为腰桩（又称为水平桩），以作为挖槽深度、修平槽底和打基础垫层的依据。如图 13-10 所示，图中 1 为平行轴线桩，2 为腰桩，为了计算和施工方便，可将各腰桩的下返数设计为某一整分米数，并计算各腰桩的高程，然后根据高程测设的原理将各腰桩测设到实地，并在腰桩上钉一小钉标示其位置，此时小钉的连线平行于管道设计坡度线，并且小钉的高程与管底高程之差为一常数。

13.4　地下管线探测

地下管线探测的任务是：查明地下各种管线的平面位置、高程、埋深、走向、结构材料、规格、埋设年代、权属单位等，通过地下管线测量，绘制地下管线平面图等，并采集城市地下管线信息系统所需要的一切数据。

13.4.1　地下管线探测的内容

1. 地下管线探测种类

地下管线探测按具体对象的不同可分为以下四类：

（1）市政公用管线探测：根据城市相关管理部门的要求，在道路、广场及主干道通过的其他地区，全面准确地掌握各种地下管线的空间地理位置，其中，要重点体现各种管线及其附属设施的相互关系。

（2）厂区或住宅小区的管线探测：探测范围仅限于厂区和住宅内，是市政公用管线探测的进一步延伸，因此要注意与市政公用管线的衔接。

（3）施工场地管线探测：在某项土建施工开挖前进行的探测，目的是防止施工开挖造成对地下管线的破坏。

（4）专用管线探测：服务于某项管线工程的规划、设计、施工和管理的探测，探测范围包括管线工程可能和已经敷设的区域。

2. 地下管线探测方法

地下管线探测的方法包括明显管线点的实地调查法、隐蔽管线点的物理探测调查法以及开挖调查法三种，三种方法往往要结合进行。

（1）明显管线点的实地调查法

调查对象为露出地面的地下管线及其附属设施，实地查清每一管线段的情况。管线段的明显管线点包括：接线室、变电室（器）、水闸、检修井、人孔井、阀门井、仪表井以及其他附属设施。实地调查的内容包括：管线的权属、性质、规格、附属设施名称。另外，还需测量管线点的平面位置、高程、埋深和偏距。管线的埋深一般是指管道内径最低点或者管道外径最高点至地面的垂直距离，前者称之为内底埋深，后者称之为外顶埋深。偏距是指从管线附属设施的中线点至管线中心垂足点的水平距离。

（2）隐蔽管线点的物理探测调查法

对埋设于地下的隐蔽管线段一般使用专用的管线探测仪在地面进行搜索、追踪、定位和定深。将地下管线的中心线投影至地面，并设置管线点标志。管线点一般设置在管线的特征点上，以便后期根据管线点绘制管线图，无特征点的长直线段也应设置管线点以控制走向。

（3）开挖调查法

当探测条件过于复杂以致于无法用物探方法查明或为验证物探法精度时需采用开挖调

查法，开挖调查法是将埋于地下的管线暴露出来，直接测量其平面位置、高程和埋深，并调查管线属性。该方法最原始和低效，但是最准确。

3. 地下管线探测精度要求

（1）隐蔽管线点的探查精度：平面位置限差 $\delta_{ts}=0.10h$，埋深限差 $\delta_{th}=0.15h$（h 为地下管线中心埋深，单位为 cm，当 $h<1m$ 时则以 100cm 代入计算）。

（2）明显管线点埋深量测精度：当中心埋深 $<2m$ 时，其量测埋深限差为 $\pm5cm$；当埋深 $\leqslant2m<4m$ 时，其量测埋深限差为 $\pm8cm$；当埋深 $\geqslant4m$ 时，其量测埋深限差为 $\pm10cm$。

（3）管线点的测量精度：平面位置中误差 m_s 不得大于 $\pm5cm$（相对于邻近控制点），高程测量中误差 m_h 不得大于 $\pm3cm$（相对于邻近控制点）。

4. 管线探查的质量检查

每一个测区的测绘单位质量检查必须在明显管线点和隐蔽管线点中分别抽取不少于各自总点数的 10%，通过重复调查、探查的方法进行质量检查。检查取样应分布均匀、随机抽取，在不同时间，由不同的人员进行。质量检查应包括管线点的几何精度、属性调查结果以及管线的漏探、错探检查。

13.4.2 管线探测仪及其使用

在进行地下管线探测时，隐蔽管线的探测往往采用物理探测的方法，即采用专业的管线探测仪器进行探测。当被探测的管线材料与周围介质有明显的物理差异时，利用仪器的物理效应，将其从干扰背景中分别出来，并据此定位。地下管线的物理探测方法包括电磁法、直流电法、磁法、地震波法。

1. 基本原理

地下管线探测仪是利用电磁信号的原理对地下金属管线路进行精确定位、深度测量和长距离管线的追踪。现以英国雷迪 RD4000 管线探测仪为例介绍其工作原理和使用方法，其采用的是电磁感应法，由一台发射机和接收机组成，如图 13-11 所示。

图 13-11 雷迪 RD4000 管线探测仪

其基本工作原理是：用管线仪的发射机在地下管线上施加一个交变的电流信号 I。这个电流信号在管线中向前传输的过程中，会在管线周围产生一个交变的磁场，其大小为 $H=K\times I/R$，方向为等势圆周上的切线方向，如图 13-12（a）所示。将这个磁场分解为一个水平方向的磁场分量和一个垂直方向的磁场分量。通过矢量分解可知，在目标管线的正上方时水平分量为最大，垂直分量为最小，而且它们的大小都与管线的位置和深度呈一定的比例关系，如图 13-12（b）所示。因此，用管线仪接收机里的双水平天线和垂直天线分别测量其水平分量和垂直分量的大小，就能准确地对地下管线进行定位和测深。

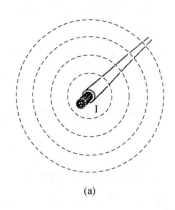

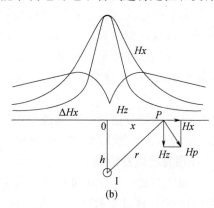

图 13-12　管线探测仪工作原理

2. 工作方法

RD4000 地下管线探测仪的工作方式有无源工作方式和有源工作方式两种。

无源工作方式用来搜索一个区域内未知的电力电缆及其他一些能主动向外幅射信号的管线，不需要发射机对目标管线施加信号，有电力和无线电两种模式。将接收机调到这两种工作模式，调节灵敏度，得到合适的读数，提着接收机在区域内进行网格搜索，并使机身面与移动方向成直线且尽可能与通过的管线呈 90°，接收机有响应显示时，则表示有管线存在。

有源工作方式用来追踪和定位由发射机施加到目标管线上的信号，从而对管线进行定位和测深。发射机施加信号的方法有直接法、夹钳法和感应法三种方法。接收机对目标管线进行定位有峰值模式和谷值模式两种模式，深度测量有直读法和 70％法两种工作方法。

（1）发射机施加信号

直连法信号加载前应清洁加载点，信号将沿管线双向传输，但分配并不是均匀的，接地点应与管线有一定的距离（≥5m），接地针应插入泥土，必要时浇水以降低接地电阻，以利于信号传输到远端。夹钳法加载信号则必须构成闭合回路。感应法是当不能直接接触管线时，给管线施加信号的方法。发射机开机，无需接触管线，信号便可施加到管线上，简便又快捷。缺点是信号会感应到目标附近的其他管线上，有时会影响到目标的精确定位。

在条件允许的情况下应尽量使用直连法，因为直连法加载的"一次"信号效果较好；其次应选择夹钳法，夹钳法是最强的感应模式。但是感应法在很多情况下是非常方便和实用的，比如潮湿土壤中大管径的自来水管道、柔性接口较多的管道、无法开挖加载的光缆等，最重要的是对未知管道的探测，以上情况需要对感应法有较好的掌握。

频率选择（发射机频率的确定）：低频耦合作用小、穿透力差、衰减平缓；高频耦合作用大、穿透力强、衰减较快。在识别单根管线时，高频信号更容易耦合到其他管线，这样将难以识别正确的目标响应，所以在条件允许的情况下，应该尽可能地使用较低的频率，但是较小的高频信号很容易从地表感应到管线上。具体应用时：感应法可选 8k（适用于电缆、钢管等）、33k（钢管、铸铁管、铠装光缆等）、65k（柔性接口铸铁管、光缆等）；夹钳法可选 8k、33k、65k 及混合频率发射（适用于 RD400），频率适用范围同感应法；混频可任意组合 8k、33k、65k 中的两个或三个频率；直连法可选 Lf、Lf＋CD（适用于电缆、钢管等）、8k、33k、65k（适用范围同上）、FF（外绝缘故障查找）、混频。

（2）接收机工作模式

如图 13-13（a）所示，峰值模式用两个水平天线接收目标管线信号的水平分量。接收机在目标管线的正上方将得到最大（峰值）响应。如图 13-13（b）所示，谷值模式用一个垂直天线接收管线信号的垂直分量，接收机在目标管线的正上方响应为零（谷值）。

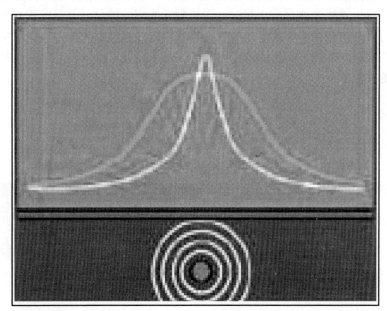

图 13-13（a） 峰值模式

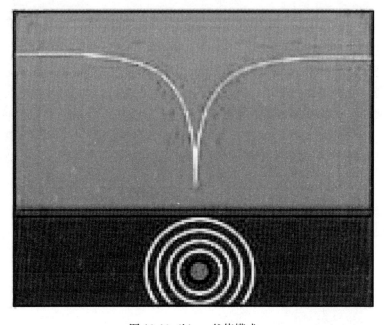

图 13-13（b） 谷值模式

用直读法测深时，将接收机放在管线的正上方，使机身面与管线走向保持垂直并与管线成 90°，按下深度测量键直接测量深度。

70％法深度测量精度高、抗干扰能力强。如图 13-14 所示，在管线正上方时，将读数调整到合适值，使其下端接近并垂直地面，然后将接收机沿与管线垂直方向左右移动，并保持与在管线正上方时为同一高度，直到显示器读数下降到管线正上方时读数的 70％。这两点之间的距离即为管线的深度。

（3）定位误差的校正

当探测的目标管线旁侧存在干扰时，即旁侧管线感应的信号与目标管线上的信号叠加在一起，这时无论何种管线仪无论是峰值还是谷值定位都会存在偏差。针对雷迪管线仪可采用下述方式改正，如图 13-15 所示，找准仪器的峰值位置和谷值位置并做好标记，目标管线正确位置在峰值点另一侧，距离为峰值、谷值位置距离的一半。

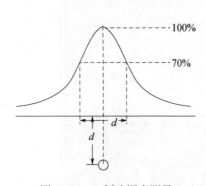

图 13-14　70％法深度测量

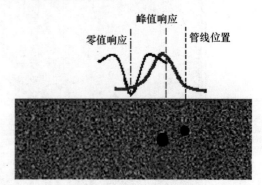

图 13-15　定位误差校正

本章思考题

1. 地下管线主要分为哪几类？并举例说明。
2. 管道工程测量的任务是什么，具体工作内容主要包括哪些？
3. 试述管道中线测量的工作内容及方法。
4. 试述管道纵横断面图测绘方法及步骤。
5. 简述地下管线探测仪的基本原理。

第 14 章　建筑物变形测量

本章导读

　　本章主要介绍变形测量的精度要求、垂直位移测量、水平位移测量、倾斜测量、裂缝测量、日照变形测量、变形测量新技术等内容；其中沉降观测、水平位移观测、倾斜观测、裂缝观测是学习的重点与难点；采取课堂讲授与课下练习相结合的学习方法，建议 4～6 个学时。

　　变形监测是对被监测的对象或物体进行测量以确定其空间位置随时间的变化特征。变形监测又称为变形测量或变形观测。变形体一般包括工程建筑、技术设备以及其他自然或人工对象。

14.1　变形和变形测量概述

　　由于各种因素的影响，许多大型桥梁和高层建筑物在施工及运行中都会发生变形，当变形超过了规定的限度就越会影响建筑物的施工和使用，甚至危及建筑物的安全。这就需要在大型建筑物施工和运行过程中进行必要的变形测量，以监视其变化状态。

　　1. 变形

　　建筑物的变形按性质分为水平变形和垂直变形；按变形的类型可分为静态变形和动态变形。静态变形是指变形值是时间的函数，即变形观测结果只表示某一时间的变形值；动态变形是指在外力作用下产生的变形，其观测结果表示建筑物在某个时刻的瞬时变形。

　　建筑物产生变形的原因较复杂，一般来说有三种：第一种是建筑物自身的荷载，包括建筑物的结构荷载及震动、风力作用的动荷载；第二种是建筑物所处的自然环境状况及其变化，如建筑物基础的工程地质条件、水文地质条件、土壤性质及大气温度变化；第三种是对建筑物在勘测、设计、施工及运行工程中的处理不符合规定。

　　2. 变形测量

　　变形测量是提供了建筑物动态变化和工作情况的监测资料，这对分析原因、采取措施、防止事故、改善运行管理方式、保证安全是十分重要的。另外，通过对于建筑物施工和运营期间的变形观测资料进行分析研究，还可以验证地基、基础的计算理论和方法及工程机构设计的合理性，为确定不同的地基、工程结构的允许变形值和建筑物的设计、施工、管理及科学研究工作提供第一手资料。

变形测量的内容要视建筑物的性质与地质情况而定，要求有针对性，要正确反映出建筑物的变化情况，达到监视建筑物的安全运行、了解变形规律的目的。例如，对于大型桥梁和超高建筑物的基础来说，主要进行的是沉降观测，通过沉降观测可以计算绝对沉降值、平均沉降值、相对弯曲、相对倾斜、平均沉降速度等；对于建筑物本身来说，主要进行的是倾斜和裂缝观测。

变形测量的任务是周期性地对变形点进行多次观测，以取得相应时间间隔的变化量。变形测量的观测周期应根据建筑物（构筑物）的构造特性、重要性、变化性质、变化大小与速率、工程地质条件与施工进度，运行年限等综合考虑，要求观测次数能反映变形的全过程。在施工期间经常根据荷载增加情况进行观测。观测点埋设稳定后即进行第一次观测，以后应每增加 $10\%\sim20\%$ 的荷载观测一次。工程竣工后，为了保证建（构）筑物运行安全和便于管理维护，一般是竣工后第一年每季度观测一次，第二年观测两次，如无异常变化以后每年观测一次。

变形测量的精度要求与建筑物的性质有关，由建筑物预计的允许变形值的大小和进行观测的目的来决定。预计变形值小时，观测精度要求高；若观测结果用于科学研究，则观测精度要求高。如何根据允许变形值来确定观测精度是一个有待研究的问题。目前提倡的做法是，若观测的目的是使变形值不超过某一允许的数值而确保建筑物的安全，则其观测中误差应小于变形值的 1/20；若观测的目的是研究变形的过程，则其中误差应比上述值小，根据《工程测量规范》（GB 50026—2007）的规定，变形测量的等级和精度应符合表14-1 的要求。

表 14-1　变形测量的等级和精度要求 （mm）

等级	垂直位移		水平位移	适用范围
	变形观测点的高程中误差	相邻变形观测点的高程中误差	变形观测点的点位中误差	
一等	0.3	0.1	1.5	变形特别敏感的高层建筑物、高耸构筑物、工业建筑、重要古建筑、大型坝体、精密工程设施、特大型桥梁、大型直立岩体、大型坝区地壳变形监测等
二等	0.5	0.3	3.0	变形比较敏感的高层建筑物、高耸构筑物、工业建筑、古建筑、特大型和大型桥梁、大中型坝体、直立岩体、高边坡、重要工程设施、重要地下工程、危害性较大的滑坡监测等
三等	1.0	0.5	6.0	一般性的高层建筑物、多层建筑物、工业建筑、高耸构筑物、直立岩体、高边坡、深基坑、一般地下工程、危害性一般的滑坡监测、大型桥梁等
四等	2.0	1.0	12.0	观测精度要求较低的建筑物（构筑物）、普通滑坡监测、中小型桥梁等

值得说明的是，测量允许误差不是建筑物允许变形值的全部，因为建筑物允许变形值还应包含施工误差，一般来说测量允许误差占允许变形值的 $1/3\sim1/2$。

为了保证观测精度，周期性观测应在相同条件下进行，每次观测应尽可能做到采用相同的观测路线、观测程序和观测方法，主要观测人员不要变更，使用的仪器及附属设备不要变更。

14.2 垂直位移测量

14.2.1 垂直位移控制网的建立和水准点的埋设

垂直位移测量即沉降测量，其控制网可以布设成闭合水准路线或附合水准路线，根据《工程测量规范》（GB 50026—2007）的规定，控制网的主要技术要求见表14-2。

表 14-2 垂直位移控制网的主要技术要求（mm）

等级	垂直移动控制网			
	相邻基准点高差中误差	每站高差中误差	往返较差或环线闭合差	检测已测高差较差
一等	0.3	0.07	$0.15\sqrt{n}$	$0.2\sqrt{n}$
二等	0.5	0.15	$0.30\sqrt{n}$	$0.4\sqrt{n}$
三等	1.0	0.30	$0.60\sqrt{n}$	$0.8\sqrt{n}$
四等	2.0	0.70	$1.40\sqrt{n}$	$2.0\sqrt{n}$

注：n 为测站数。

高程系统既可采用原有高程系统，也可采用假定高程系统。当监测工程的范围较大时，应与该地区的水准点联测。垂直位移测量以水准点为依据，水准点的埋设要求如下：

（1）水准点应坚实稳固，保持垂直方向稳定，并且位于观测点附近，便于观测及长期保存。

（2）水准点应埋设于变形区以外的基岩或原土上，并在建（构）筑物和基础压力以外，远离各种机械振动的影响范围，并且其底部必须在冻土层以下0.3m。

（3）由于地区或施工条件的限制，水准点必须设置在变形区以内时，应采用深埋式水准点埋在稳定的土石层上。

（4）水准点既可设立在永久且已稳定的建筑物上，也可以在基岩上凿设标志。

（5）为了校核，水准点不得少于三个。

当水准点离变形观测点太远时，为了工作方便，常在建筑物附近设立工作基准点，以工作基准点来测定变形观测点，而工作基准点是否发生高程变化，则由水准点检测确定。

14.2.2 垂直位移观测点的布设

建筑物（构筑物）的垂直位移测量包括基础的沉降测量与建筑物本身的变形测量。在拟定沉降测量点的布置方案时，通常由设计部门和使用部门提出，由施工方做出布设方案。埋设的观测点应有足够的数量，以便能反映出整个建筑物的沉降状态，具体的布置要求如下：

（1）观测点应稳定可靠，方便长期保存及观测，不影响施工和建筑物的使用，美观，与环境相配合。

（2）观测点应布设在变形明显而又有代表性的部位，如对于方形建筑物，应布设在角点、中点和转角处；对于高大圆形或椭圆形的建筑物，应布设在其周围或轴线上。

（3）对于承重墙，可沿墙的长度每隔 8～12m 设置一个观测点；在转角处纵横墙连接处及沉降缝的两侧也应该布设观测点；对于框架式的建筑物，应在柱子的基础上布设观测点。

（4）对于工业厂房，应在承重墙、柱子及主要设备基础的周围布设观测点。

14.2.3　垂直位移测量的内容及注意事项

1. 垂直位移测量的内容

（1）水准点的观测

水准点一般都采用精密水准仪和铟瓦水准尺配套进行观测，其作业方法与二、三等水准测量基本相同。要选择外界条件相近的情况进行观测，以减少外界条件对观测的影响。水准点是建筑物沉降测量的依据，在施测完成后应定期在适当时间进行校核。

（2）观测点的观测

① 精密水准测量。观测点常采用精密水准仪进行观测。观测时应按相应等级的精度要求进行，观测精度应根据设计部门的要求和建筑物的允许变形值来确定。

② 液体静力水准测量。液体静力水准测量异于常规水准测量，不要求前后视、前后视距差有一定的限制，不受天气等因素的限制等，它具有自动化程度高，能够实时监测，能远程、高效地采集数据且采集数据快、精度高的特点。因此，液体静力水准测量在地铁运营阶段的沉降监测中得到了广泛的应用。

（3）沉降观测周期

对观测点的观测应该是周期性的长期观测，以求得同一观测点的高程变化量。对建筑工程施工阶段观测周期性的要求如下：

① 在基础混凝土浇筑、回填土、结构安装等前后荷载增加较大时进行观测。

② 施工期间建筑物每增加 1～2 层，电视塔及烟囱等高度每增加 15m 左右观测一次。

③ 当遇基础周围的载荷突然增加、暴雨导致大量积水时均应进行观测。

④ 在停止增加载荷至交工前期间，一般要求在三个月内平均月沉降量不超过 1nm 时，每季度观测一次；季平均沉降量不超过 2mm 时，每半年观测一次，交工前应做一次观测。

2. 垂直位移测量的注意事项及主要技术要求

（1）精密水准测量的注意事项及主要技术要求

① 立尺要竖直，刮风、下雨天或太阳暴晒时不要观测。

② 观测视线高度要求。二等观测视线应高于 0.5m，三等观测视线应高于 0.3m，四等观测视线应高于 0.2m。

③ 观测视线长度要求。二等观测视线长度不应大于 30m，三等观测视线长度不应大于 50m，四等观测视线长度不应大于 75m。

④ 单站前后实现长度较差要求。二等观测单站前后视线长度较差不应大于 0.5m，三等观测不应大于 2m，四等观测不应大于 5m。

⑤ 累计长度较差要求。二等观测累计长度较差不应大于 1.5m，三等观测不应大于 3m，四等观测不应大于 8m。

⑥ 附合水准路线或闭合水准路线闭合差的要求。附合水准路线或闭合水准路线的闭合差，二等观测不应大于 $0.3\sqrt{n}$ mm，三等观测不应大于 $0.6\sqrt{n}$ mm，四等观测不应大于 $1.4\sqrt{n}$ mm。（n 为测站数）

（2）液体静力水准测量的注意事项及主要技术要求

① 观测前，应对观测头的零点差进行检验。应保持连通管路无压折，管内无气泡。

② 观测时，观测头的圆气泡应居中，测线两端测站的环境温度不宜相差过大。

③ 仪器对中误差不应大于 2mm，倾斜度不应大于 $10'$。

④ 液体静力水准测量两次观测高差之差的要求。二等水准观测不应大于 0.3mm，三等观测不应大于 0.6mm，四等观测不应大于 0.4mm。

⑤ 液体静力水准测量附合水准路线或闭合水准路线，闭合差的要求。液体静力水准测量附合水准路线或闭合水准路线的闭合差，二等观测不应大于 $0.3\sqrt{n}$ mm，三等观测不应大于 $0.6\sqrt{n}$ mm，四等观测不应大于 $1.4\sqrt{n}$ mm。（n 为测站数）

14.2.4 垂直位移测量成果资料的整理

在垂直位移测量中应随时收集有关资料，主要包括水准点布置图，水准点高程、位置和编号，变形观测点布置图，施工过程中的地质情况和地下水情况，荷载增加情况，暴雨积水情况等，为沉降情况分析和交工时提交资料做好准备。

如图 14-1 所示，根据时间-沉降量关系绘制的曲线图。时间-沉降量关系曲线是以时间 T 为横轴，沉降量 S 为纵轴，按每次观测日期和累计下沉量展点，并连接各点所得的曲线。

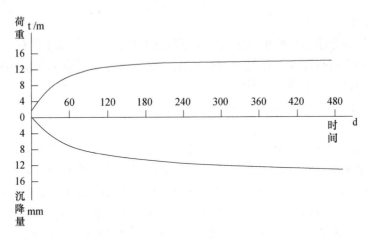

图 14-1　时间-沉降量的关系曲线

14.3　水平位移测量

水平位移测量主要包括同一高程面上不同点位在垂直于建筑物轴线方向的水平位移测量、同一铅垂线上不同高程面上的水平位移测量及任意点在任意方向上的水平位移测量。

观测方法应根据实际情况，选用基准线法、前方交会法、极坐标法、GPS法、经纬仪投点法和小角度法。这里仅介绍基准线法、前方交会法、极坐标法和 GPS 法。

1. 基准线法

基准线法的原理是以通过建筑物轴线或平行于建筑物轴线且固定不变的铅直平面为基准面而形成基准线，根据基准线来测量建筑物的水平位移。在实际工作中，除了使用经纬仪或全站仪建立基准线外，还可以应用激光束建立基准线。由于水平位移一般说来很小，因此对测量的精度要求很高。为此，当采用基准线法进行水平位移测量时，应符合下列要求：

（1）在建（构）筑物的横纵轴（或平行于横纵轴）方向埋设控制点。

（2）在基准线上至少埋设三个控制点，其间距不小于控制点到最近观测点的距离。

（3）观测点应尽可能设置在基准线上，在困难条件下观测点偏离基准线的距离不大于 20mm。

2. 前方交会法

前方交会法用来测定建筑物的水平位移，即对定期多次测量出的观测点的坐标值进行比较，或者利用控制点建立方向线进行交会，采用前方交会法进行水平位移测量时应符合以下要求：

（1）控制点应不少于三个，其间距应不小于交会边的长度。

（2）交会角应为 $60°\sim120°$。

（3）当采用方向线交会时，若从三个测站上测设三条方向线不交会成一点，而是形成误差角形，则应取其重心作为交会点。

（4）同一测站应用同仪器、同竖盘位置、同后视点进行观测，各测回间将基座转 $120°$。

3. 极坐标法

可以采用极坐标法多次测出观测点的坐标值进行比较，得到水平位移。观测时，若采用钢尺量距，则应进行尺长、温度和倾斜改正，测站点到观测点的距离不应超过一尺段长。若采用测距仪测量距离，则视线长度可以不作限制，但是测线上不能有热体物质和障碍物，不能有电磁场干扰，测线倾斜角不宜过大。

4. GPS 法

随着 GPS 技术的改进，测量理论的不断完善及计算机技术的不断发展，GPS 定位技术的精度也越来越高。目前，GPS 相对定位测量在短基线中的精度可达到毫米级，这使得 GPS 技术在大坝变形监测、露天矿边坡监测、基坑位移监测及桥梁监测中得到了应用。

在采用 GPS 法观测前，应建立 GPS 控制网。对于首级网布设时宜联测两个以上高等级的国家控制点或地方坐标系的高等级控制点。观测点位应在视野开阔、土质坚实、稳固可靠的地方且高度角在 $15°$ 以上的范围内应无障碍物；点位附近不应有强烈干扰接收卫星信号的干扰源或强烈反射卫星信号的物体。数据解算应按 GPS 测量相关技术规范、规程执行。

14.4 倾斜测量

如图 14-2 所示，建筑物的倾斜率 i 是建（构）筑物顶部观测点 A 相对于底部观测点

α 的倾斜值（偏移值）ΔD 与建筑物的高度 H 之比，即

$$i=\tan\alpha=\frac{\Delta D}{H} \tag{14-1}$$

倾斜测量的主要任务是确定倾斜值 ΔD。测量倾斜值 ΔD 的方法主有直接测量法和用差异沉降法推算两种。

14.4.1　直接测量法

直接对建筑物进行倾斜测量时，需要在多个方向上进行观测后才能确定其倾斜方向和总的倾斜值 D 的大小。如图 14-3 所示，在建筑物上大致互相垂直的两个立面上分别设置上、下两个观测点 A、a，并观测、记录其初始点位的情况。以后按规定的时间间隔对其进行重复观测。观测时用一测回将上标志点 A 投到下标志点 a 处，并量出它与下标志点 之间的水平距离，即该方向的倾斜偏移量。若两个方向的倾斜偏移量分别为 Δx、Δy，则由 Δx、Δy 的方向和大小可以判断出建筑物倾斜值的大小和总的倾斜方向，即

$$\left.\begin{aligned}\Delta D&=\sqrt{\Delta x^2+\Delta y^2}\\\gamma&=\arctan\frac{\Delta y}{\Delta x}\end{aligned}\right\} \tag{14-2}$$

式中，γ 为建筑物倾斜方向的角值，其值为从 X 轴北端开始至倾斜方向线的角值，计算时应根据 Δx、Δy 的符号来取值。

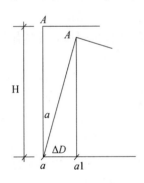

图 14-2　建筑倾斜计算

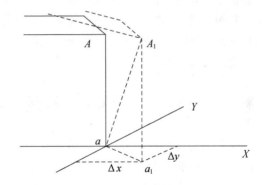

图 14-3　直接测量倾斜值

14.4.2　用差异沉降法推算

建筑物的不均匀沉降是建筑物产生倾斜的主要原因之一，可以通过建筑物的沉降观测值来推算其倾斜值。如图 14-4 所示，建筑物基础产生了不均匀沉降，按差异沉降推算主体的倾斜值 ΔD，即

$$\Delta D=\frac{\Delta S}{D}H \tag{14-3}$$

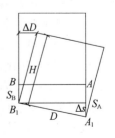

图 14-4　差异沉降

式中，ΔS 为基础两端的沉降差，即 $\Delta S=S_A-S_B$；D 为基础两端点的水平距离；H 为建筑物的高度。

14.5 裂缝测量

裂缝测量是测定建筑裂缝的发展情况，以便根据所提供的资料分析产生裂缝的原因及对建筑物安全的影响，及时采取有效措施加以处理。

对于主要裂缝需要设立两组标志，一组是在裂缝最大裂口处，另一组是在裂缝的末端，这样裂缝的继续发展可以在标志上反映出来，如图14-5所示。

裂缝测量最简单的做法是每组用两支钢板小直尺，每侧设立一支，直尺方向与裂缝的走向大致垂直，首次观测时记录两尺间的对应读数，或读取两尺间某一刻度处的间距，以后每次定期观测与之比较即可了解裂缝的发展情况。

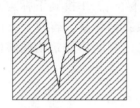 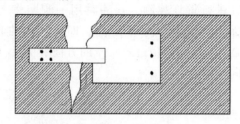

图 14-5　建筑裂缝测量标志

若建筑物的裂缝较多但表面平整，则当观测裂缝的位置、走向及长度时，可在建筑物表面用油漆绘制方格坐标网，用直尺量取裂缝与网格的相对位置确定裂缝的发展情况。

用摄取测量进行裂缝测量，是反映实际情况最客观、信息最丰富的方法。其做法是用近景摄影测量在固定的测站上对已开裂的建筑物进行周期性的重复摄影，根据像片量测的数据确定变形或裂缝情况。

14.6 日照变形测量

日照变形是建筑物在温度场变化的反映，这种变形对建筑物的施工，特别是在温差较大时对钢结构和钢筋混凝土结构的安装影响尤为明显。日照变形测量的方法根据建筑物大小、高度和结构形式而不同。

一般来说，日照变形观测应符合下列要求：

（1）观测点应布置在观测体向阳台面的不同高度处，根据温度的变化测定各观测点相对于底部点的位移值。

（2）观测应选在昼夜晴朗、无风或微风、外界干扰少的时段。观测期间应在一天24h内定时观测；对于施工跨季度、跨年度的建筑物，日照变形观测一般每月进行一次。

（3）观测时应同时测定观测体的向阳面和背阳面的大气温度及观测体温度。

进行日照变形测量时常采用铅垂仪和经纬仪交会法测算观测点的坐标变化，并将这种变化换算成建筑物日照变形偏斜值和变形方向，然后绘出日照变形曲线图，列出日照变形最小区间，作为指导施工的依据。

日照对建（构）筑物变形的影响与时间、温度、建（构）筑物的高度都有一定的关系。一般来说，变形量与温度差、高度成比例。对北京地区来说，每天以 3 时～6 时的变形量最小，9时～15时的变形量最大。这种变形时间规律各地区不同，其原因为各地区日出、日落的时间有所差异。

14.7　变形测量新技术

随着科技的快速发展，一些新技术也在变形测量技术上发展应用起来，其表现在以下几个方面。在全球性变形监测方面，空间大地测量是最基本且最适用的技术，主要包括全球定位系统（GPS）、甚长基线干涉测量（VLBI）、卫星激光测距（SLR）、激光测月技术（LLR）以及卫星重力探测技术（卫星测高、卫星跟踪卫星和卫星重力梯度测量）等技术手段。在区域性变形监测方面，以 GPS 为代表的卫星定位技术已成为主要的技术手段。近几十年发展起来的空间对地观测遥感新技术合成孔径雷达干涉测量，在监测地震变形、火山地表移动、冰川漂移、地面沉降、山体滑坡等方面，其试验成果的精度已可达厘米或毫米级，表现出了很强的技术优势，但精密水准测量依然是高精度高程信息获取的主要方法。在工程和局部性变形监测方面，地面常规测量技术、地面摄影测量技术、特殊和专用的测量手段以及以 GPS 为主的空间定位技术等均得到了较好的应用。随着新技术的应用发展，以传统的大地测量法和近景摄影测量法在地表变形监测得到进一步补充。

下面就以隔河岩水库大坝外观变形 GPS 自动化监测系统为例，介绍 GPS 测量技术在变形监测中的应用。隔河岩水库位于湖北省长阳县境内，是清江中游的一个水利水电工程——隔河岩水电站。隔河岩水电站的大坝为三圆心变截面重力拱坝，坝长 653m，坝高 151m。隔河岩大坝外观变形 GPS 自动化监测系统于 1998 年 3 月投入运行，这是国内最早，并且也是当时世界上最早最先进的 GPS 自动化变形监测系统之一，该系统由数据采集、数据传输、数据处理与分析和管理三大部分组成。

1. 数据采集

GPS 数据采集分基准点和监测点两部分，由 7 台 AshtechZ－12GPS 接收机组成。为提高大坝监测的精度和可靠性，大坝监测基准点宜选两个，并分别位于大坝两岸。点位地质条件要好，点位要稳定且能满足 GPS 观测条件。

监测点能反映大坝形变，并能满足 GPS 观测条件。根据以上原则，隔河岩大坝外观变形 GPS 监测系统基准点为 2 个（GPS_1 和 GPS_2），监测点为 5 个（GPS_3～GPS_7），如图 14-6 所示。

2. 数据传输

根据现场条件，GPS 数据传输采用有线（坝面监测点观测数据）和无线（基准点观测数据）相结合的方法，网络结构如图 14-7 所示。

3. GPS 数据处理与分析和管理

整个系统有 7 台 GPS 接收机，在一年 365 天中，需连续观测，并实时将观测资料传输至控制中心，进行处理、分析、存储。系统反应时间小于 10min（即从每台 GPS 接收机传输数据开始，到处理、分析、变形显示为止，所需总的时间小于 10min），为此，必须建立一个局域网，有一个完善的软件管理、监控系统。

本系统的硬件环境及配置如图 14-8 所示。

整个系统全自动，应用广播星历 1～2hGPS 观测资料解算的监测点位水平精度优于 1.5mm（相对于基准点，以下同），垂直精度优于 1.5mm；6hGPS 观测资料解算水平精度优于 1mm，垂直精度优于 1mm。

图 14-6　隔河岩水库大坝外观变形 GPS 自动化监测系统

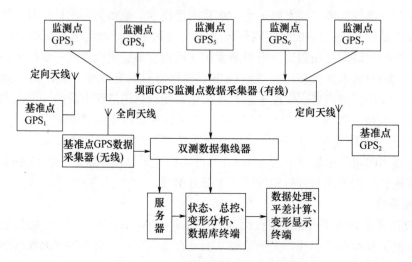

图 14-7　GPS 自动监测系统网络结构

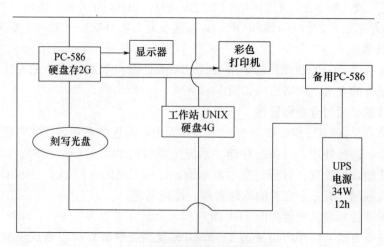

图 14-8　硬件环境及配置

本章思考题

1. 变形观测的目的是什么？变形观测的种类有哪些？
2. 为了保证变形观测的精度，在周期性观测时应注意哪些事项？
3. 如何布设沉降观测基准点，布设的原则是什么？
4. 垂直位移测量的内容及注意事项有哪些？
5. 试简述变形测量的新技术。

参 考 文 献

[1] 宁津生，陈俊勇，李德仁，等．测绘学概论［M］．武汉：武汉大学出版社，2016.

[2] 潘正风，程效军，成枢，等．数字地形测量学［M］．武汉：武汉大学出版社，2015.

[3] 潘正风，程效军，成枢，等．数字测图原理与方法［M］．武汉：武汉大学出版社，2014.

[4] 张正禄．工程测量学［M］．武汉：武汉大学出版社，2016.

[5] 顾孝烈，鲍峰，程效军．测量学［M］．上海：同济大学出版社，2011.

[6] 翟翊等．现代测量学［M］．北京：测绘出版社，2008.

[7] 徐绍铨，张华海，杨志强，等．GPS测量原理及其应用（第四版）［M］．武汉：武汉大学出版社，2017.

[8] 魏二虎，黄劲松．GPS测量操作与数据处理［M］．武汉：武汉大学出版社，2004.

[9] 高俊．地图制图基础［M］．武汉：武汉大学出版社，2014.

[10] 祁向前．地图学原理［M］．武汉：武汉大学出版社，2015.

[11] 李秀江．测量学［M］．北京：中国农业出版社，2013.

[12] 胡伍生．土木工程测量学［M］．南京：东南大学出版社，2011.

[13] 王晓光．测量学［M］．北京：北京理工大学出版社，2011.

[14] 李刚．工程测量［M］．北京：化学工业出版社，2011.

[15] 梁勇，齐建国．测量学［M］．北京：中国农业大学出版社，2004.

[16] 覃辉．土木工程测量［M］．重庆：重庆大学出版社，2014.

[17] 王国辉．土木工程测量［M］．北京：中国建筑工业出版社，2011.

[18] 中华人民共和国国家标准．工程测量规范（GB20026—2007）［M］．北京：中国计划出版社，2008.

[19] 国家测绘局人事司，国家测绘局职业技能鉴定指导中心．工程测量［M］．北京：测绘出版社，2009.

[20] 国家测绘局人事司，国家测绘局职业技能鉴定指导中心．测量基础［M］．北京：测绘出版社，2009.

[21] 邹永廉．土木工程测量［M］．北京：高等教育出版社，2013.

[22] 付开隆．工程测量［M］．北京：科学出版社，2013.

[23] 邰连河，张家平．测量学［M］．哈尔滨：哈尔滨工业大学出版社，2010.

[24] 杨松林．测量学［M］．北京：中国铁道出版社，2013.